智能制造领域高素质技术技能型人才培养方案教材

数字电子技术基础

主　编◎宋　薇　赵　铎　张文都

副主编◎王晓蒙　李　雷　陈　卓

　　　　曹　恒　侯加文

U0172513

华中科技大学出版社
http://www.hustp.com
中国·武汉

图书在版编目(CIP)数据

数字电子技术基础/宋薇,赵铎,张文都主编.—武汉:华中科技大学出版社,2022.1(2024.1重印)
ISBN 978-7-5680-7853-5

Ⅰ.①数… Ⅱ.①宋… ②赵… ③张… Ⅲ.①数字电路-电子技术-教材 Ⅳ.①TN79

中国版本图书馆 CIP 数据核字(2021)第 277788 号

数字电子技术基础
Shuzi Dianzi Jishu Jichu

宋薇　赵铎　张文都　主编

策划编辑：张　毅
责任编辑：张　毅
封面设计：孢　子
责任校对：刘　竣
责任监印：朱　玢
出版发行：华中科技大学出版社(中国·武汉)　　　电话：(027)81321913
　　　　　武汉市东湖新技术开发区华工科技园　　　邮编：430223
录　　排：武汉正风天下文化发展有限公司
印　　刷：武汉市洪林印务有限公司
开　　本：787mm×1092mm　1/16
印　　张：17.75
字　　数：440千字
版　　次：2024 年 1 月第 1 版第 2 次印刷
定　　价：54.00 元

数字电子技术是一门重要的专业基础课,它不仅涵盖了大量的基础理论知识,还与实践环节密切相关。本书以培养应用型人才为目标,在内容编写上做到通俗易懂,力求在保证掌握必要的基本理论和基本技能的基础上,贯彻"以必需、够用为度"的原则,以跟上电子技术和高职高专教育的发展形势。本书在编写时注意突出以下几点:

(1)阐明基本概念,文字表述注重条理清晰,浅显易懂,使学生易于理解、记忆。并且考虑到学生的学习基础,尽可能避免大量的理论分析和数学公式推导。对一些重要的参数和特性不过于深究,而是侧重于把握其内在含义,学会对已有结论的认识和应用。

(2)当今电子器件的生产应用越来越趋向于集成化,中小规模数字集成电路的应用已趋于成熟,大规模专用集成电路更是大量涌现。本书除了部分电路利用分立元件介绍原理性的概念外,主要以介绍集成电路为重点,并且以使用比较广泛、成熟的典型芯片为主。

(3)淡化器件内部结构,对于较复杂的器件也仅仅通过功能框图的形式介绍其功能的实现机理,更多的是侧重于从符号、引脚、功能表等整体上把握器件的使用方法,再结合典型芯片的应用实例进行分析,以利于学生举一反三,提高解决问题的能力。

(4)注重吸收新知识、新技术。例如,电子产品公司在新产品的设计开发中对于可编程逻辑器件的使用日益广泛,其涉及范围较广,设计方法新颖,软硬件相结合。本书对这些器件也做了知识性的介绍,并对器件的特点进行比较,使学生对 CPLD/FPGA 等新器件及其设计方法有所了解,便于加强后续学习的针对性。

(5)在每个模块结束后设有模块小结,对重要的知识点进行归纳比较,并配有适量有针对性的习题,便于练习巩固所学知识。为加强实践环节,结合各部分理论知识,在内容上尽量淡化教学设备对实验的影响,注重对学生实际动手能力的培养。

本书由陕西交通职业技术学院宋薇、赵铎、张文都担任主编,陕西交通职业技术学院王晓蒙、李雷、陈卓、曹恒和河南中烟工业有限责任公司驻马店卷烟厂侯加文担任副主编,具体编写分工如下:陈卓编写模块 1,宋薇编写模块 2,曹恒编写模块 3,赵铎编写模块 4,张文都编写模块 5,李雷编写模块 6、各模块技能实训及附录,侯加文编写模块 7,王晓蒙编写模块8。全书由赵铎和张文都统稿。

由于编者的教学经验和学术水平有限,且编写时间比较仓促,书中的不足之处在所难免,恳请读者批评指正。

编 者

模块 1
数字逻辑基础

◀ **学习目标**

(1) 了解数字集成电路的命名方法；

(2) 了解逻辑函数的意义，能进行逻辑函数的化简；

(3) 了解组合逻辑电路的设计流程，能进行简单应用电路的设计；

(4) 掌握数字集成电路的识别方法；

(5) 掌握仿真测试集成电路逻辑功能的方法，进而掌握实际数字集成电路的测试方法；

(6) 掌握如何选用数字集成电路芯片，能按照逻辑电路图搭建实际电路；

(7) 能使用仿真软件进行应用电路的设计。

◀ 学习任务1 数字逻辑基础概述 ▶

随着数字电子技术的快速发展,数字通信系统、高清晰数字电视、数字视听设备、数控机床等越来越多的数字化产品进入我们工作和生活的各个领域,让我们的生产、生活以及思维方式悄悄地发生着变革。那么,数字电子技术究竟是一门怎样的技术呢?为什么它能在近几十年取得如此瞩目的变化?现在就让我们一起探索其中的奥秘吧!

一、模拟信号和数字信号

自然界中存在各种各样的物理量,从变化规律来看,大致可以分为模拟量和数字量两大类。模拟量具有时间上连续变化、值域内任意取值的特点,如温度、速度、压力、交流电压等就是典型的模拟量;数字量具有时间上离散变化、数值也离散取值的特点,如机床上记录零件个数的计数信号就是典型的数字量。在电子设备中,无论是数字量还是模拟量都是以电信号的形式出现的。用于表示模拟量的电信号称为模拟信号,如图 1-1(a)所示,模拟信号不易于进行存储、处理和传输。用于表示数字量的电信号称为数字信号,如图 1-1(b)所示。

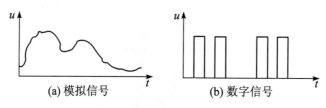

(a) 模拟信号   (b) 数字信号

图 1-1 模拟信号和数字信号

数字信号在时间上和数值上均是离散的,常用数字 0 和 1 表示,这里的 0 和 1 是一种符号,称为逻辑 0 和逻辑 1,用来表示客观世界中相互关联又相互对立的两种状态,如高低、真假、开关等,因而称之为二值数字逻辑,简称数字逻辑。数字逻辑在电路上可以很方便地通过电子器件的开关特性来实现,也就是用高、低电平分别表示逻辑 1 和逻辑 0 两种状态。表 1-1 所示为电压与逻辑电平的对照关系。

表 1-1 电压与逻辑电平的对照关系

电压	二值逻辑	逻辑电平
+5 V	1	H(高电平)
0 V	0	L(低电平)

表 1-1 中用"1"表示高电平,用"0"表示低电平,这是一种正逻辑;反之,则称为负逻辑。除特别说明外,本书都是采用正逻辑表示方法。

图 1-2 数字信号的传输波形

图 1-2 所示为信号 11010100 的数字波形,即数字信号用逻辑电平对时间的图形表示,一般都画成理想波形表示高低电平所经历的时间,其中 1 和 0 每位数据占用的最小时间为位时间,我们常说的比特率就是每秒钟所

传输的数据位数,也称为数据率。

数字信号是一种脉冲信号,理想的脉冲波形的突变部分是瞬时的,不占用时间,如图 1-2 所示的方波信号。但在实际波形中,脉冲电压从零值跃变到最大值时或从最大值跃变到零值时都需要经过一定的时间。如图 1-3 所示,从脉冲幅值的 10% 到 90% 所经历的时间称为脉冲波形的上升时间(t_r),从脉冲幅值的 90% 下降到 10% 所经历的时间称为脉冲波形的下降时间(t_f)。把脉冲幅值的 50% 的两个时间点之间的部分称为脉冲宽度(t_w),它表示脉冲持续的时间,它占整个周期的百分比就称为占空比(q),$q(\%) = \dfrac{t_w}{T} \times 100\%$。占空比是一个常用参数,显然,图 1-3 所示的方波信号的占空比为 50%。

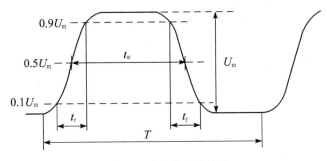

图 1-3 实际的脉冲波形

二、数字电路

工作于数字信号下的电路称为数字电路,它可以实现数字信号的变换、处理和传输。由于数字信号的离散特性,所以数字电路中的二极管、三极管以及由它们组成的集成电路主要工作在开关状态,因此我们更多关注的是它们工作的饱和区和截止区,而放大区只是其过渡状态。

如果把数字电路的基本单元逻辑门电路集成在一块半导体芯片上,就构成了数字集成电路,这也是当前应用的主流形式,它从 20 世纪 60 年代的小规模集成电路,发展到现在的中规模、大规模、超大规模、甚大规模集成电路,集成度不断提高,在工业自动化、通信系统等领域得到广泛应用。表 1-2 为从集成度角度对数字集成电路进行的分类。

表 1-2 从集成度角度对数字集成电路进行的分类

分类	集成度(门的个数)	典型集成电路
小规模集成电路	最多 12 个	逻辑门、触发器
中规模集成电路	12~99	计数器、加法器
大规模集成电路	100~9 999	小型存储器、门阵列
超大规模集成电路	10 000~99 999	大型存储器、微处理器
甚大规模集成电路	10^6 以上	可编程逻辑器件、多功能专用集成电路

另外,如果按照半导体材料、结构和生产工艺还可以把数字集成电路分为 TTL 型和 CMOS 型器件,特别是 CMOS 工艺的发展,使得 CMOS 型集成电路具有更低的功耗、更高的集成度和工作速度,而且抗干扰能力强,目前逐渐在应用中占据了主导地位。

三、数字电路的特点

数字电路在信号的存储、处理和传输上比模拟电路具有更大的优势:

(1) 数字技术能够完成许多复杂的信号处理工作。数字电路主要对用 0 和 1 表示的数字信号进行运算和处理,只要能可靠地区分 0 和 1 这两种状态就可以正常工作,易于完成复杂信号的处理工作。

(2) 数字电路不仅能够完成算术运算,而且能够完成逻辑运算,具有逻辑推理和逻辑判断的能力,因此其也被称为数字逻辑电路或逻辑电路,这在控制系统中非常重要。

(3) 由数字电路组成的数字系统,抗干扰能力强,可靠性高,精确性和稳定性好,还原度高,便于使用、维护和进行故障诊断,容易完成实时处理任务。

(4) 高速度,低功耗,可编程。现代化的生产工艺使得数字器件的工作速度越来越快,而功耗却可以越来越低,超大规模集成芯片的功耗甚至可以达到毫瓦级。另外,可编程器件的使用可以让用户根据自己的需要来定制芯片,提高了电路设计的灵活性,并大大缩短了研发周期。

但数字电路也有自身的局限性,自然界中大多数物理量都是模拟量,数字技术不能直接处理模拟信号,也不能直接使用处理后的数字信号,必须经过模/数和数/模转换器把模拟信号和数字信号进行相互转换,所以实际的电子系统通常都是模拟电路和数字电路的结合体,在发展数字电子技术的同时也要重视模拟电子技术的发展。

◀ 学习任务 2 数制及二进制代码 ▶

一、进位计数制

人们在日常生活中经常使用十进制数来计数,即把 0~9 十个数码中的一个或几个按照一定的规律排列起来表达物体数量的多少。像这种多位数码的特定构成方式及从低位到高位的进位规则就称为进位计数制,简称数制。除了常用的十进制数,在计算机这样的数字系统中,广泛采用的还有二进制数、十六进制数等表示方式。

1. 十进制

十进制是用 0,1,2,…,9 十个不同的数码按一定的规律排成序列计数。数码的个数称作基数,十进制就是以 10 为基数的计数体制。当数码处于数字序列的不同位置时,它所表示的数值也不同。

例如,十进制数 108.2 可写成

$$(108.2)_D = 1 \times 10^2 + 0 \times 10^1 + 8 \times 10^0 + 2 \times 10^{-1}$$

一般十进制数用下标"D"或"10"来表示。左边是最高位,右边是最低位,各位的数值就是这一位的数码乘上处于这位的固定常数,如最高位的数值就是这一位的数码 1 乘上处于这一位的固定常数 10^2,这里的固定常数称为"权"。10^2、10^1、10^0 分别为百、十、个位的权值,小数点右边的权值以 10 的负幂表示,相邻两位的权值正好相差基数的 10 位倍,位即遵循逢

十进一的进位规则。因此,可以这样表示任意一个十进制数:

$$(N)_D = \sum_{i=-\infty}^{\infty} K_i \times 10^i$$

式中,K_i 为基数 10 的第 i 次幂的系数,它可以是 0~9 中的任意一个数字。

综上所述,十进制数的基本特点是:

(1) 采用 0,1,2,…,9 这十个不同的数码来计数,基数为 10。

(2) 计数规律是"逢十进一"或"借一当十"。

由于十进制数需要表示十个数码,用数字电路实现很复杂且不经济,因此数字电路中一般不直接采用十进制。

2. 二进制

二进制数与十进制数的排序规律相似,区别仅在于基数不同。仿照十进制的描述,可知二进制数的基本特点是:

(1) 采用 0 和 1 两个数码来计数,基数为 2。

(2) 计数规律是"逢二进一",即 $1+1=10$(读作"壹零")。

任意一个二进制数可表示为

$$(N)_B = \sum_{i=-\infty}^{\infty} K_i \times 2^i$$

式中,二进制数用下标"B"或"2"来表示,K_i 为 0 或 1。根据此式可以方便地把二进制数转换为十进制数。

例 1.2.1 $(1001)_B = 1 \times 2^3 + 0 \times 2^2 + 1 \times 2^1 + 1 \times 2^0 = (11)_D$

$(1001.1)_B = 1 \times 2^3 + 0 \times 2^2 + 0 \times 2^1 + 1 \times 2^0 + 1 \times 2^{-1} = (9.5)_D$

二进制的运算规则有:

加法　　$0+0=0$　　$0+1=1$　　$1+0=1$　　$1+1=10$

乘法　　$0 \times 0=0$　　$0 \times 1=0$　　$1 \times 0=0$　　$1 \times 1=1$

二进制比较简单,只有 0 和 1 两个数码,在数字电路中能通过三极管的饱和与截止、电平的高与低等方便地表示两种状态,只要规定其中一种状态为"1",另一种状态为"0",就可以用来表示二进制数,而且二进制的运算简单,所以二进制在数字电路中被广泛应用。

3. 十六进制

用二进制表示数时位数很多,不便于书写和记忆,为了便于描述二进制数,通常采用易于转换的十六进制数。

十六进制数的基本特点是:

(1) 采用 0~9 和 A(10)、B(11)、C(12)、D(13)、E(14)、F(15)共 16 个数码,基数为 16。

(2) 计数规律是"逢十六进一"。

任意一个十六进制数可表示为

$$(N)_H = \sum_{i=-\infty}^{\infty} K_i \times 16^i$$

式中,十六进制数用下标"H"或"16"来表示,K_i 为 0~9 和 A~F 中的任一数字。

二、不同数制之间的转换

出于习惯,人们通常采用十进制数计数,但数字系统内部运算都按二进制来进行,因此必须知道这几种数制间的相互转换关系。

1. 其他进制数转换成十进制数

根据二进制数、十六进制数的位权展开式展开相加,可以很方便地将一个数转换成十进制数。

例 1.2.2

$$(1011001.001)_B = 2^6 \times 1 + 2^5 \times 0 + 2^4 \times 1 + 2^3 \times 1 + 2^2 \times 0 + 2^1 \times 0 + 2^0 \times 1 + 2^{-1} \times 0 +$$
$$2^{-2} \times 0 + 2^{-3} \times 1$$
$$= 64 + 0 + 16 + 8 + 0 + 0 + 1 + 0 + 0 + 0.125 = (89.125)_D$$

$$(4EA)_H = 4 \times 16^2 + 14 \times 16^1 + 10 \times 16^0 = (1258)_D$$

2. 十进制数转换成其他进制数

将十进制数转换成其他进制数时要对整数部分和小数部分分开转换。整数部分采用连除基数取余,再将余数逆序排列得到转换数据的整数部分;小数部分则采用连乘基数取整,再将整数顺序排列得到转换数据的小数部分。下面以十进制数转换为二进制数为例来说明转换的过程。

例 1.2.3 将十进制数 25.625 转换成二进制数。

解 整数部分的转换过程如下:

```
                        余数
   2 │ 25    ……1    最低位
   2 │ 12    ……0      ↑
   2 │ 6     ……0      │
   2 │ 3     ……1      │
   2 │ 1     ……1    最高位
       0
```

小数部分的转换过程如下:

```
                              整数
   0.626 × 2 = 1.25   ……1    最高位
   0.25  × 2 = 0.5    ……0      ↓
   0.5   × 2 = 1      ……1    最低位
```

所以 $(25.625)_D = (11001.101)_B$

3. 二进制数与十六进制数的相互转换

因为 $2^4 = 16$,所以 4 位二进制数共有 16 种组合状态,可以分别用来表示十六进制的 16 个数码。这样,二进制数转换为十六进制数时,每 4 位二进制数对应转换成 1 位十六进制数。整数部分从小数点往左每 4 位一组,最高位组若不够四位则补 0;小数部分从小数点往右每 4 位一组,最后一组不够四位也补 0。将十六进制数转换成二进制数,只要把每 1 位十六进制数转换成对应的 4 位二进制数即可。

例 1.2.4 $(0110\ 1010\ 1111.0010)_B = (6AF.2)_H$

$$(A7E)_H = (1010\ 0111\ 1110)_B$$

三、二进制代码

在数字系统中,常用一定位数的二进制数来表示一些符号信息,这就是二进制代码。1位二进制代码可以表示 2 个信号,2 位二进制代码可以表示 4 个信号,依次类推,n 位二进制代码可以表示 2^n 个不同的信号。在信息符号与二进制代码之间建立这种一一对应的关系就是编码。

若要求编码的信息有 N 项,则所需的二进制代码的位数 n 应满足 $2^n \geqslant N$。

1. 二-十进制码

二-十进制码(简称 BCD 码)就是指用一组 4 位二进制码表示一位十进制数的编码方式。这种代码具有二进制数的形式,又具有十进制数的特点,可以作为人与计算机联系时的一种中间表示。4 位二进制码最多可以有 16 种不同的组合方式,可以从中取任意 10 种组合来表示 0~9 这十个数码。当采用不同的编码方案时,可以得到不同形式的 BCD 码,如表 1-3 所示。

表 1-3　几种常用的 BCD 码

十进制数	8421 码	2421 码	5421 码	余 3 码	格雷码
0	0000	0000	0000	0011	0000
1	0001	0001	0001	0100	0001
2	0010	0010	0010	0101	0011
3	0011	0011	0011	0110	0010
4	0100	0100	0100	0111	0110
5	0101	1011	1000	1000	0111
6	0110	1100	1001	1001	0101
7	0111	1101	1010	1010	0100
8	1000	1110	1011	1011	1100
9	1001	1111	1100	1100	1101

最基本、最常用的是 8421BCD 码,选用 0000~1001 这 10 种组合来代表十进制的 0~9。各位二进制数的权值分别为 2^3、2^2、2^1、2^0(8、4、2、1),故称为 8421BCD 码。由于它保存了二进制位权的特点,所以将二进制码各自乘以其权值后相加,即得所代表的十进制数。因而它与十进制数之间的转换是一种直接按位转换,即一组 4 位二进制数码代表 1 位十进制数。

例 1.2.5　$(15)_D = (0001\ 0101)_{8421BCD}$

$(0011\ 0110\ 1001\ 0000)_{8421BCD} = (3690)_D$

2. 可靠性编码

可靠性编码可以减少代码在形成和传输过程中由于各位变化速度不同而产生错误的概率。格雷(Gray)码又称循环码,就是一种可靠性编码。从表 1-3 中的排列情况可以看出其特点就是任何相邻的两组代码中仅有一位不同,所以在传输过程中不容易出错。

3. ASCII 码

计算机系统中有数字、字符和各种专用符号。美国标准信息交换码(American Standard

Code for Information Interchange)简称 ASCII 码,就是一种常用的用二进制代码表示符号的编码方式,代码由 7 位二进制码组成,共有 $2^7 = 128$ 种状态,可以用来表示 128 个字符,这些字符包括数字、英文字母、控制符及其他一些符号和标记。ASCII 码常用在计算机的输入/输出设备上。

◀ 学习任务 3　逻辑代数基础 ▶

一、基本逻辑运算

逻辑代数又称布尔代数,由英国数学家乔治·布尔在 1847 年首先提出,它是研究逻辑函数(因变量)与逻辑变量(自变量)之间规律性的一门应用数学,是分析和设计逻辑电路的数学工具。和普通代数一样,逻辑代数也用字母 A、B、C 等来表示变量,但不同的是这些变量的取值范围只有 0 和 1 两种对立的逻辑状态,因而又称为二值逻辑变量。

基本的逻辑运算有三种:与、或、非。

1. 与运算

如图 1-4(a)所示的串联开关电路是一个简单的与逻辑电路,开关 A、B 与灯 F 的状态关系如表 1-4 所示。显然,只有当开关 A 和 B 都接通时,灯 F 才能亮,它们之间满足这样一种关系:"只有当决定一件事情的条件全部具备之后,这件事情才会发生。"这种关系称为与逻辑。如果设图中的开关接通为 1,断开为 0,灯亮为 1,灯灭为 0,则由状态表可列出其真值表,如表 1-5 所示。

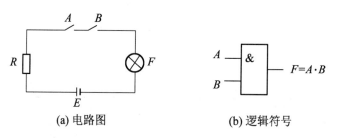

(a) 电路图　　　　　　(b) 逻辑符号

图 1-4　与逻辑运算

表 1-4　与逻辑状态关系表

开关		灯 F
A	B	
断	断	灭
断	通	灭
通	断	灭
通	通	亮

表 1-5　与逻辑状态真值表

A	B	F
0	0	0
0	1	0
1	0	0
1	1	1

与运算的逻辑表达式为：$F=A \cdot B=AB$。

其中"·"表示与逻辑，通常可以省略。

与运算的运算规则有：$0 \cdot 0=0,0 \cdot 1=0,1 \cdot 0=0,1 \cdot 1=1$。

由此推出：$A \cdot 0=0,A \cdot 1=A,A \cdot A=A$。

输入、输出端能实现与运算的逻辑电路称为与门。其逻辑符号如图 1-4(b)所示，图中的"&"表示与逻辑。

2. 或运算

图 1-5(a)所示的并联开关电路为一个简单的或逻辑电路，开关 A、B 与灯 F 的状态关系如表 1-6 所示。显然，当开关 A 和 B 任意一个接通，灯 F 都能亮，它们之间满足这样一种关系："决定一件事情的几个条件中，只要有一个条件得到满足，这件事情就会发生。"这种逻辑关系称为或逻辑，其真值表如表 1-7 所示。

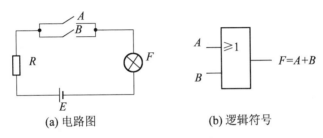

(a) 电路图   (b) 逻辑符号

图 1-5 或逻辑运算

表 1-6 或逻辑状态关系表

开关		灯 F
A	B	
断	断	灭
断	通	亮
通	断	亮
通	通	亮

表 1-7 或逻辑状态真值表

A	B	F
0	0	0
0	1	1
1	0	1
1	1	1

或运算的逻辑表达式为 $F=A+B$。

符号"+"表示 A、B 做或运算，也称逻辑加。

或运算的运算规则有：$0+0=0,0+1=1,1+0=1,1+1=1$。

由此推出：$A+0=A,A+1=1,A+A=A$。

或运算的逻辑符号如图 1-5(b)所示。

3. 非运算

图 1-6(a)所示是非逻辑电路，开关 A 与灯 F 的状态关系如表 8 所示。很明显，开关 A 接通时灯不亮，A 断开时灯亮。它们之间满足"某事的发生以另一件事不发生为条件"，这种逻辑关系称为非逻辑。其真值表如表 1-9 所示。从表中可以看出，A 与 F 总是处于相反的逻辑状态，所以非运算的逻辑表达式为 $F=\overline{A}$。

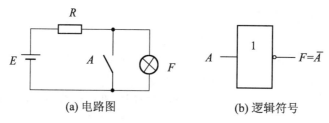

(a) 电路图　　　　　　(b) 逻辑符号

图 1-6　非逻辑运算

表 1-8　非逻辑状态关系表

开关 A	灯 F
断	亮
通	灭

表 1-9　非逻辑状态和真值表

A	F
0	1
1	0

非运算的运算规则有：$\overline{0}=1,\overline{1}=0$。

由此推出：$A+\overline{A}=1,A\cdot\overline{A}=0,\overline{\overline{A}}=A$。

非运算的逻辑符号如图 1-6(b)所示。

4. 复合逻辑运算

与、或、非三种基本逻辑运算按不同的方式组合,还可以构成与非、或非、与或非、异或、同或等复合逻辑运算,并构成相应的复合门电路。

1）与非运算

将与和非运算组合在一起可以构成与非运算,或称与非逻辑。与非运算的逻辑符号和真值表分别如图 1-7 和表 1-10 所示。逻辑表达式为 $F=\overline{A\cdot B}$,输入、输出端能实现与非运算的电路称为与非门。

表 1-10　与非逻辑真值表

A	B	F
0	0	1
0	1	1
1	0	1
1	1	0

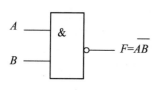

图 1-7　与非逻辑符号

2）或非运算

将或和非运算组合在一起构成或非运算,逻辑符号和真值表分别如图 1-8 和表 1-11 所示。

表 1-11　或非逻辑真值表

A	B	F
0	0	1
0	1	0
1	0	0
1	1	0

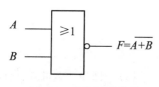

图 1-8　或非逻辑符号

逻辑表达式为 $F=\overline{A+B}$，能实现或非运算的电路称为或非门。

3）与或非运算

将与、或、非三种运算组合在一起可以构成与或非运算，逻辑符号如图 1-9 所示。

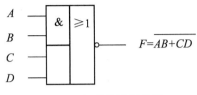

图 1-9　与或非逻辑符号

逻辑表达式为 $F=\overline{AB+CD}$。

4）异或运算

异或逻辑关系是：输入不同时，输出为 1；输入相同时，输出为 0。异或逻辑符号和真值表分别如图 1-10 和表 1-12 所示。由真值表可知输出 $F=1$ 的条件是 $A\neq B$，而当 $A=B$ 时有 $F=0$。

表 1-12　异或逻辑真值表

A	B	F
0	0	0
0	1	1
1	0	1
1	1	0

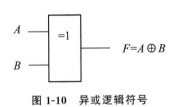

图 1-10　异或逻辑符号

异或逻辑表达式为 $F=A\overline{B}+\overline{A}B=A\oplus B$。

异或逻辑功能可以通过异或门来实现。

5）同或运算

同或逻辑关系是：输入相同时，输出为 1；输入不同时，输出为 0。同或与异或逻辑正好相反，其逻辑符号和真值表分别如图 1-11 和表 1-13 所示。由真值表可知 $A=B$ 时 $F=1$，$A\neq B$ 时 $F=0$。

表 1-13　同或逻辑真值表

A	B	F
0	0	1
0	1	0
1	0	0
1	1	1

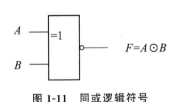

图 1-11　同或逻辑符号

同或逻辑表达式为 $F=AB+\overline{A}\,\overline{B}=A\odot B=\overline{A\oplus B}$。

同或逻辑功能可以通过同或门来实现。

二、基本定律、常用公式和基本规则

1. 基本定律和常用公式

根据逻辑与、或、非三种基本运算规则,可推导出逻辑运算的一些基本定律和常用公式,如表 1-14 所示。

表 1-14　基本定律和常用公式

基本定律	表达式	
0-1 律	$A+0=A$	$A \cdot 0=0$
	$A+1=1$	$A \cdot 1=A$
	$A+A=A$	$A \cdot A=A$
	$A+\overline{A}=1$	$A \cdot \overline{A}1=0$
		$\overline{\overline{A}}=A$
结合律	$(A+B)+C=A+(B+C)$	$(AB)C=A(BC)$
交换律	$A+B=B+A$	$AB=BA$
分配律	$A(B+C)=AB+AC$	$A+BC=(A+B)(A+C)$
反演律	$\overline{A+B}=\overline{A} \cdot \overline{B}$	$\overline{AB}=\overline{A}+\overline{B}$
吸收律	$A+AB=A$	$A(A+B)=A$
	$AB+A\overline{B}=A$	$(A+B)(A+\overline{B})=A$
	$A+\overline{A}B=A+B$	$A(\overline{A}+B)=AB$
多余项定律	$AB+\overline{A}C+BC=AB+\overline{A}C$	$(A+B)(\overline{A}+C)(B+C)=(A+B)(\overline{A}+C)$

表 1-14 中的公式可直接用真值表或其他基本定律来证明,用真值表时,需要列出等式左右两边函数的真值表,如果两边真值表相同,说明等式成立。

例 1.3.1　证明分配律 $A(B+C)=AB+AC$ 成立。

证明　将变量 A、B、C 的全部取值组合分别代入等式两边,结果如表 1-15 所示,即对于任意一组取值,等式 $A(B+C)=AB+AC$ 均成立。

表 1-15　例 1.3.1 真值表

A	B	C	$A(B+C)$	$AB+AC$
0	0	0	0	0
0	0	1	0	0
0	1	0	0	0
0	1	1	0	0
1	0	0	0	0
1	0	1	1	1
1	1	0	1	1
1	1	1	1	1

例 1.3.2 证明等式 $AB+\overline{A}C+BC=AB+\overline{A}C$ 成立。

证明 直接利用基本定律,有

$$
\begin{aligned}
AB+\overline{A}C+BC &= AB+\overline{A}C+(A+\overline{A})BC \\
&= AB+\overline{A}C+ABC+\overline{A}BC \\
&= AB(1+C)+\overline{A}C(1+B) \\
&= AB+\overline{A}C
\end{aligned}
$$

2. 基本规则

逻辑代数中还有三个重要规则,可以帮助我们利用已知基本定律方便地推导出更多的公式。

1) 代入规则

在任何一个逻辑等式中,如果等式两边出现相同的变量,如变量 A,可以将所有含 A 的地方代之以同一个逻辑函数 F,等式仍然成立,这个规则就称为代入规则。

因为任何一个逻辑函数 F 只有两种可能的取值 0 和 1,所以代入规则正确,可以把代入规则看作是公理,利用它来扩大等式的应用范围。

例如,将摩根定律 $\overline{A+B}=\overline{A}\cdot\overline{B}$ 两边的 B 用函数 $B+C$ 代替,有

$$
\overline{A+B+C}=\overline{A}\cdot\overline{B+C}=\overline{A}\cdot\overline{B}\cdot\overline{C}
$$

从而说明摩根定律对于多变量的情况依然成立。

2) 反演规则

对逻辑等式 F 取非(求其反函数)称为反演。可以通过反复使用摩根定律求得,也可以运用由摩根定律得到的反演规则一次写出。

在对逻辑等式 F 取非时,如果将等式 F 做如下变换:

$$
\text{将 } F \text{ 中所有的}
\begin{cases}
\text{运算符}\begin{cases} \cdot \to + \\ + \to \cdot \end{cases} \\
\text{变量}\begin{cases} \text{原变量} \to \text{反变量} \\ \text{反变量} \to \text{原变量} \end{cases} \\
\text{常量}\begin{cases} 0 \to 1 \\ 1 \to 0 \end{cases}
\end{cases}
$$

则得到的就是等式 F 的反函数 $\overline{F}$,这就是反演规则。

利用反演规则可以一次写出反函数表达式,使用起来非常方便,但要特别注意以下两个方面:

(1) 变换时要注意加括号来保持原式中的运算顺序。

(2) 不是在单个变量上面的非号应保持不变。

例 1.3.3 试求 $F=A\cdot\overline{B}\cdot C+(\overline{A}+\overline{B}\cdot C)\cdot(A+C)$ 的反函数 $\overline{F}$。

解 按照反演规则,注意保持运算顺序和反变量以外的非号不变,得

$$
\overline{F}=(\overline{A}+\overline{\overline{B}}+\overline{C})\cdot[A\cdot(B+C)+\overline{A}\cdot\overline{C}]
$$

3) 对偶规则

$$
\text{如果将逻辑表达式 } F \text{ 中所有的}
\begin{cases}
\text{运算符}\begin{cases} \cdot \to + \\ + \to \cdot \end{cases} \\
\text{常量}\begin{cases} 0 \to 1 \\ 1 \to 0 \end{cases}
\end{cases}
$$

就可得到一个新的表达式 F'，F' 称为 F 的对偶式。

在变换时除了要保持原式中的运算顺序,还要注意和反演规则不同的是此处不应将原变量和反变量进行互换。

可以证明,如果两个逻辑式相等,那么它们的对偶式也一定相等,这就是对偶规则。

例如,$A+\overline{A}B=A+B$ 成立,则它的对偶式 $A(\overline{A}+B)=AB$ 也成立。

例 1.3.4 已知 $F=(\overline{A}+BC)\overline{\overline{CD}}$,求 $\overline{F}$ 和 F'。

解 根据反演规则有 $\overline{F}=A(\overline{B}+\overline{C})+\overline{C}+\overline{D}$；

根据对偶规则有 $F'=\overline{A}(B+C)+\overline{\overline{C}+D}$。

◀ 学习任务 4　逻辑函数及其化简 ▶

一、逻辑函数表达式

比较复杂一些的逻辑电路往往有多个逻辑变量,用来描述输入、输出逻辑变量之间因果关系的函数就称为逻辑函数。逻辑函数的描述方法有真值表、逻辑函数表达式、逻辑图、波形图和卡诺图等,下面先讨论逻辑函数建立的过程,一般实际问题往往要复杂得多,但基本过程都类似。

例 1.4.1 图 1-12 所示是一个控制楼梯照明的双联开关电路,A 装在楼上,B 装在楼下,楼下开灯可在楼上关灯,楼上开灯可在楼下关灯,即两个开关都同时处于上或下时电路才导通。试找出描述开关 A、B 与灯 F 之间逻辑关系的逻辑函数表达式。

解 要建立逻辑函数,一般可以根据实际问题先使用真值表来描述逻辑关系,再根据真值表找到逻辑函数表达式。

根据此问题取变量 A、B、F,设 $F=1$ 为灯亮,$F=0$ 为灯熄灭,开关向上扳为 1,开关向下扳为 0,则可把 A、B、F 之间的所有组合情况列出,得真值表如表 1-16 所示。

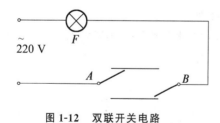

图 1-12　双联开关电路

表 1-16　例 1.4.1 真值表

A	B	F
0	0	1
0	1	0
1	0	0
1	1	1

由真值表可知,只有在输入 $A=B=0$ 和 $A=B=1$ 两种组合时才能使灯亮(输出 $F=1$),用原变量表示取 1,反变量表示取 0,可以写出电路的逻辑函数表达式为 $F=\overline{A}\,\overline{B}+AB$。

二、逻辑函数的代数化简法

逻辑函数可以有多种不同的表达方式,如果逻辑表达式比较简单,那么用来实现的逻辑电路所用元件也较少,这样不仅可以降低成本,而且可以提高电路的可靠性,因此我们经常需要通过化简的手段找出逻辑函数的最简形式,并且根据不同类型的表达式选择不同的化简标准。由于使用中最常见的是与或式,而且也容易同其他形式的表达式互相转换,所以我们主要介绍与或式的化简,即使得化简后的函数具有最少的项数且每一项中所含变量个数也最少。化简逻辑函数的常用方法主要有代数化简法和卡诺图化简法。

代数化简法又称为公式化简法,就是反复运用逻辑代数的基本定律和公式消去多余的乘积项或多余的因子。这种方法没有固定的步骤,需要熟练掌握公式和运用一些技巧。下面介绍一些常用的化简方法。

1. 并项法

利用公式 $A+\overline{A}=1$ 将两项合并为一项,同时消去一个变量。

例 1.4.2 $A\overline{B}\,\overline{C}+\overline{A}\,\overline{B}\,C=(A+\overline{A})\overline{B}\,\overline{C}=\overline{B}\,\overline{C}$

$A(B+C)+A\,\overline{B+C}=A(B+C+\overline{B+C})=A$

2. 吸收法

利用公式 $A+AB=A$ 吸收多余项 AB。

例 1.4.3 $A+ABC+\overline{C}D=A+\overline{C}D$

$AB+ABC(\overline{D}+E)=AB$

3. 消去法

利用公式 $A+\overline{A}B=A+B$ 消去多余因子,或利用公式 $AB+\overline{A}C+BC=AB+\overline{A}C$ 消去多余项。

例 1.4.4 $AB+\overline{A}C+\overline{B}C=AB+(\overline{A}+\overline{B})C=AB+\overline{AB}C=AB+C$

4. 配项法

利用公式 $A+\overline{A}=1$ 将某一项展开为两项以增加必要的乘积项,再利用前面的方法与其他乘积项合并使项数减少,得到最简结果。

例 1.4.5 $AB+\overline{A}C+BC=AB+\overline{A}C+(A+\overline{A})BC=AB+\overline{A}C+ABC+\overline{A}BC$

$=AB(1+C)+\overline{A}C(1+B)=AB+\overline{A}C$

通常要综合运用上述方法来进行逻辑函数的化简。

例 1.4.6 化简函数 $F=AD+A\overline{D}+AB+\overline{A}C+BD+ACEF+\overline{B}E+DEF$。

解 (1)用公式 $A+\overline{A}=1$ 合并 $AD+A\overline{D}=A$,得

$$F=A+AB+\overline{A}C+BD+ACEF+\overline{B}E+DEF$$

(2) 用公式 $A+AB=A$ 合并 $A+AB+ACEF=A$,得

$$F=A+\overline{A}C+BD+\overline{B}E+DEF$$

(3) 用公式 $A+\overline{A}B=A+B$ 合并 $A+\overline{A}C=A+C$,用公式 $AB+\overline{A}C+BC=AB+\overline{A}C$ 合并 $BD+\overline{B}E+DEF=BD+\overline{B}E$,最后得 $F=A+C+BD+\overline{B}E$。

三、逻辑函数的卡诺图化简法

使用代数化简法需要记忆大量公式,在化简过程中没有统一的模式或步骤可以遵循,并且很难判断化简结果是否最简。因此,在逻辑变量不是很多的情况下(一般不超过 6 个),使

用下面介绍的卡诺图化简法可以很方便地得到最简逻辑表达式。

1. 逻辑函数的最小项表达式

1) 逻辑函数的最小项及其性质

在 n 变量的逻辑函数中,如果某个乘积项含有逻辑问题的全部 n 个变量,每个变量都以它的原变量或反变量的形式出现且仅出现一次,这样的乘积项就称为 n 变量逻辑函数的最小项。

例如,对于三变量 A、B、C 来说,可以构成许多乘积项,但只有 8 个最小项:$\overline{A}\,\overline{B}\,\overline{C}$、$\overline{A}\,\overline{B}C$、$\overline{A}B\overline{C}$、$\overline{A}BC$、$A\overline{B}\,\overline{C}$、$A\overline{B}C$、$AB\overline{C}$、$ABC$,而 A、AB、$A\overline{A}B$、$\overline{A}BB$ 等就不是最小项。因此,对于 n 个变量共有 2^n 个最小项。

为了叙述和书写方便,通常用"m_i"表示最小项来进行编号,即把最小项中的原变量用 1 表示,反变量用 0 表示,对应的组合取值转换成十进制数作为下标 i 的值。如 $\overline{A}B\overline{C}$ 对应的取值为 010,而 010 相当于十进制数 2,所以把 $\overline{A}B\overline{C}$ 记作 m_2,以此类推,可以得到三变量最小项编号如表 1-17 所示。

表 1-17 三变量最小项编号

变量 ABC 取值	最小项	编号
000	$\overline{A}\,\overline{B}\,\overline{C}$	m_0
001	$\overline{A}\,\overline{B}C$	m_1
010	$\overline{A}B\overline{C}$	m_2
011	$\overline{A}BC$	m_3
100	$A\overline{B}\,\overline{C}$	m_4
101	$A\overline{B}C$	m_5
110	$AB\overline{C}$	m_6
111	ABC	m_7

由表 1-17 可以看出,最小项具有下列性质:

(1) 对于任意一个最小项,有且仅有一组变量取值使它等于 1,而取其他各组值时,此最小项的值均为 0。如对于 $\overline{A}B\overline{C}$,只有 ABC 取值为 010 时其值才为 1,而其他取值全为 0。

(2) 任意两个不同最小项的乘积恒为 0,根据性质(1),当 ABC 取某个值时两个不同的最小项至少有一个为 0,因而乘积始终为 0。

(3) n 个变量的全部最小项的和恒为 1。

2) 最小项表达式

一个全以最小项组成的与或式逻辑函数就是最小项表达式。它可以写成如下形式:

$$F = F(A,B,C) = \overline{A}B\overline{C} + \overline{A}\,\overline{B}\,\overline{C} + AB\overline{C} + A\overline{B}C$$
$$= m_2 + m_0 + m_6 + m_5 = \sum m(0,2,5,6)$$

任何一个逻辑函数都能展开成最小项表达式。

例 1.4.7 将 $F = AB + A\overline{B}C$ 化成最小项表达式。

解 AB 不是最小项,可以通过配项展开:

$$F = AB(C + \overline{C}) + A\overline{B}C = ABC + AB\overline{C} + A\overline{B}C$$

$$= m_7 + m_6 + m_5 = \sum m(5,6,7)$$

2. 用卡诺图表示逻辑函数

1) 逻辑变量的卡诺图

卡诺图是一种能直观表示最小项逻辑关系的方格图,是逻辑函数的图形表示。由于卡诺图中每一小方块都表示了一个最小项,并且最小项的逻辑相邻关系表现在几何位置上的相邻,所以通过卡诺图使得寻找、合并、化简最小项的工作变得更加直接、简便。

卡诺图的画法很多,这里仅介绍常用的一种。

如图 1-13 所示画出了二变量卡诺图的基本形式和简化形式。每个小方格代表一个最小项,并且任何两个逻辑相邻的最小项,其所对应的小方格在几何位置上也相邻,相邻的两格所表示的最小项都仅有一个因子不同。

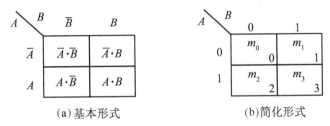

图 1-13 二变量卡诺图

如图 1-14 所示分别画出了三变量、四变量的卡诺图。

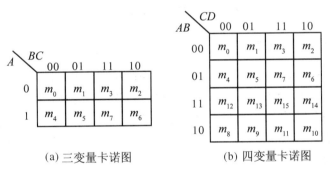

图 1-14 多变量卡诺图

在多变量卡诺图中要注意相邻的特性,因为卡诺图可以卷起来看。也可以折叠起来看,在寻找相邻性上要注意上、下、左、右尤其是边和角的邻格。如四变量卡诺图中,当左、右卷起来看时,左边第一列与右边第四列相邻;当上、下卷起来看时,上边第一行还与下边第四行相邻,因此,四个角的小方格也具有相邻性。

2) 用卡诺图表示逻辑函数

由于任何一个逻辑函数都可以展开成最小项表达式,所以只要根据变量数画出对应的卡诺图,然后按最小项编号把逻辑函数中包含的最小项在相应的方格中填1,没有包含的项填0(也可不填),就可以得到用卡诺图表示的逻辑函数。

例 1.4.8 画出 $F = AB + A\,\overline{B}C$ 的卡诺图。

解 先化成最小项表达式:

$$F = AB(C + \overline{C}) + A\,\overline{B}C = ABC + AB\,\overline{C} + A\,\overline{B}C$$

$$= m_7 + m_6 + m_5 = \sum m(5,6,7)$$

根据三变量的卡诺图形式,将所包含的最小项填进去,如图 1-15 所示。

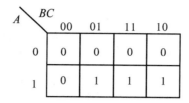

图 1-15　$F = AB + A\overline{B}C$ 的卡诺图

实际上当我们熟悉卡诺图之后,可以不必每次都先求出最小项表达式,而只要根据函数与或式寻找变量的公共部位就可以得到卡诺图了。

如例 1.4.8 中的乘积项 AB 不是最小项,填图时可以寻找 A 和 B 的公共部位直接填入,所找的公共部位既要在图 1-16(a) 所示的阴影部分中,又要在图 1-16(b) 所示的阴影部分中,其公共部位恰好是 m_6、m_7 两格,如图 1-16(c) 所示,填好后与刚才的结果一致。

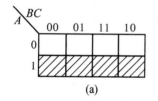
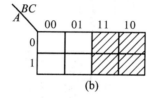
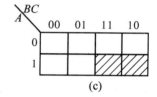

(a)　　　　　　　(b)　　　　　　　(c)

图 1-16　寻找变量的公共部位

3. 利用卡诺图化简逻辑函数

用卡诺图化简逻辑函数,实质上就是利用相邻性反复运用公式 $AB + A\overline{B} = A$ 合并最小项,消去相异的变量,得到最简与或式。具体的化简方法就是"画包围圈"。由于图中任意两个相邻项都仅有一个因子不同,所以两个相邻项合并可消去一个相异变量,4 个相邻项合并可消去两个相异变量,以此类推,2^n 个相邻项合并时,可消去 n 个相异变量。因此,画包围圈应遵循如下原则:

(1) 必须包含函数所有的最小项,即为 1 的小方格必须全部含在包围圈中。

(2) 包围圈只能圈 2^n 个方格,且圈越大越好,因为圈越大消去的相异变量越多,得到的结果越简单。

(3) 不同的包围圈可以重复圈同一个区域,但每个圈中至少要包含一个尚未被圈过的 1。

(4) 包围圈的圈数要尽可能的少,这也意味着最后乘积项的数目少,圈数越少,电路中所用的门数也越少。

画好包围圈,就可以进行最小项合并了。将包围圈中既含有原变量又含有反变量的那些变量消去,而保留变量取值不变的项,如图 1-17 所示合并最小项的几种情况。最后把所有乘积项相加就得到最简与或表达式了。

因此,归纳起来,用卡诺图化简逻辑函数可分成以下三个步骤进行:

(1) 根据逻辑函数建立卡诺图,注意要包括所有的逻辑变量。

(2) 将相邻含 1 的小方格画入包围圈,对应每个包围圈合并成一个新的乘积项。

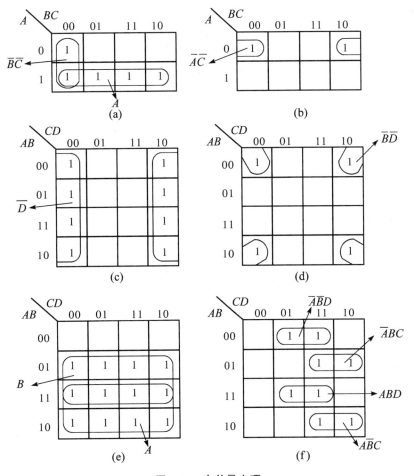

图 1-17　合并最小项

（3）将所有包围圈对应的乘积项相加即可得到最简与或式。

例 1.4.9　用卡诺图法化简逻辑函数 $F = \overline{A}B + A\overline{B} + BC + AB\overline{C} + \overline{A}\,\overline{B}\,\overline{C}$。

解　画出逻辑函数 F 的卡诺图，如图 1-18 所示，按照合并规律画出最小项的包围圈，得最简式为 $F = A + B + \overline{C}$。

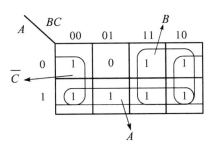

图 1-18　例 1.4.9 的卡诺图

例 1.4.10　用卡诺图法化简逻辑函数 $F(A,B,C,D) = \sum m(0,2,4,8,10,12)$。

解　由表达式画出卡诺图，如图 1-19 所示，画包围圈合并最小项，得最简与或表达式为
$F = \overline{C}\,\overline{D} + \overline{B}\,\overline{D}$。

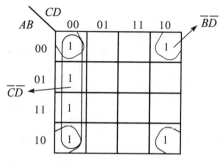

图 1-19 例 1.4.10 的卡诺图

4. 具有约束项的逻辑函数化简

约束条件反映了逻辑函数中各逻辑变量之间的制约关系。约束条件所含的最小项称为约束项,它表示输入变量某些取值组合不允许出现,或者不影响逻辑函数的输出,因此也被称为无关项、任意项,一般用 d_i 表示,i 仍为最小项序号,填入卡诺图时约束项用"×"表示。

约束项可以视需要取值为 1 或 0,而不会影响其函数值,可以充分利用约束项使表达式大大简化。

例 1.4.11 某逻辑电路的输入 $ABCD$ 是十进制数 X 的 8421BCD 码,设计一个逻辑电路实现四舍五入的判断功能,即当 $X \geqslant 5$ 时,输出 $F = 1$,否则输出 $F = 0$,求 F 的最简与或表达式。

解 根据题意,列出真值表如表 1-18 所示,因为 0~9 这 10 个数码对应的 8421BCD 码是 0000~1001,而取值 1010~1111 是不允许出现的,也就是说,这 6 个最小项是约束项。由真值表可以写出含有约束项的逻辑函数表达式为 $F = \sum m(5,6,7,8,9) + \sum d(10,11,12,13,14,15)$。

表 1-18 例 1.4.11 真值表

X	$ABCD$	F	X	$ABCD$	F
0	0000	0	8	1000	1
1	0001	0	9	1001	1
2	0010	0	10	1010	×
3	0011	0	11	1011	×
4	0100	0	12	1100	×
5	0101	1	13	1101	×
6	0110	1	14	1110	×
7	0111	1	15	1111	×

画出卡诺图如图 1-20 所示,化简可得 $F = A + BD + BC$。

如果不考虑约束项,那么 $F = \overline{A}BD + \overline{A}BC + A\overline{B}\,\overline{C}$,显然,利用约束项后化简结果更简单。

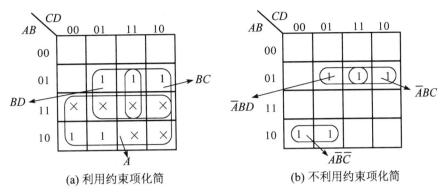

(a) 利用约束项化简　　　　　　　　(b) 不利用约束项化简

图 1-20　例 1.4.11 的卡诺图

◆ 技能实训　裁判表决器电路的设计与调试 ◆

一、项目制作目的

(1) 了解并掌握裁判表决器电路的设计和制作方法。

(2) 掌握用仿真软件进行实际电路设计和调试的方法。

二、项目要求

(1) 设计电路应能完全满足项目题目的要求。

(2) 绘出裁判表决器电路的逻辑图。

(3) 完成裁判表决器电路的仿真调试。

(4) 完成裁判表决器电路的模拟接线安装。

三、项目步骤

(1) 根据项目要求列出真值表。设 A 代表主裁判，B、C、D 分别代表副裁判，真值表如图 1-21 所示。

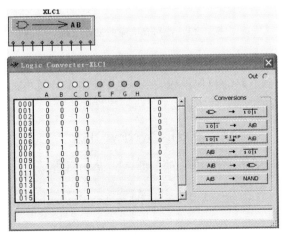

图 1-21　裁判表决器电路的真值表

（2）由真值表到逻辑表达式和电路的逻辑图。逻辑表达式为 $F = BCD + AB + AC + AD$ 或 $F = \overline{\overline{BCD} \cdot \overline{AB} \cdot \overline{AC} \cdot \overline{AD}}$。由仿真软件生成的逻辑图如图 1-22 所示。

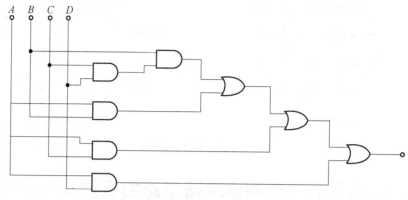

图 1-22　裁判表决器电路的逻辑图

需要说明的是，由于是软件自动生成的逻辑图，所以元件逻辑门的选取不尽合理，但该逻辑图的逻辑功能完全满足要求。具体选择什么型号的元件，由设计者根据工作需要进行选取。

（3）选择合适的集成电路芯片，连接并调试。

（4）发现调试中的问题并解决。

（5）确定合适的裁判表决器设计电路，如图 1-23 所示。

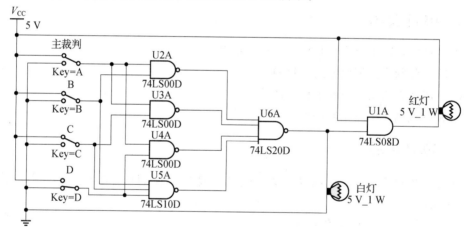

图 1-23　裁判表决器的设计电路

图 1-23 所示电路此时的状态，仿真的是举重运动员成绩有效时的情形。

（6）进行裁判表决器电路的模拟接线安装，打开控制工具栏中的调用面包板按钮，如图 1-24 所示。模拟接线后的效果，如图 1-25 所示。

图 1-24　面包板的调用

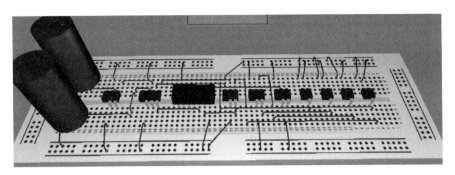

图 1-25　裁判表决器电路接线

四、注意事项

（1）模拟接线完全按照在实际接线时的操作要求，在面包板上进行接线。

（2）表决结果的显示可以用灯泡，也可以选用发光二极管。

五、项目考核

班级		姓名		组号		扣分记录	得分
项目	配分	考核要求		评分细则			
正确使用逻辑转换仪	15 分	能使用逻辑转换仪将实际问题转化为真值表、逻辑表达式的形式		（1）不会使用逻辑转换仪，扣 10 分； （2）未能正确将实际问题转化为真值表、逻辑表达式，扣 5 分			
能正确产生逻辑图	25 分	能使用逻辑转换仪产生逻辑图，并能进行修正		（1）不能使用逻辑转换仪产生逻辑图，扣 10 分； （2）逻辑图不合理，未能修正，每处扣 5 分； （3）逻辑图不正确，扣 10 分			
能根据逻辑图建立裁判表决器的仿真电路	35 分	能正确进行仿真，能满足本题目的要求		（1）连接方法不正确，每处扣 5 分； （2）不能正确进行仿真，扣 5 分； （3）结果不准确，每次扣 5 分； （4）电路出现问题，不能调试，每次扣 5 分； （5）仿真电路不能实现题目要求，扣 10 分			
能正确地进行仿真接线	15 分	能正确地在面包板上进行仿真接线		（1）不会使用仿真面包板接线，扣 10 分； （2）接线错误，每处扣 5 分			

续表

班级		姓名		组号		扣分记录	得分
项目	配分	考核要求		评分细则			
安全文明操作	10分	（1）安全用电，无人为损坏仪器、元件和设备； （2）保持环境整洁，秩序井然，操作习惯良好； （3）小组成员协作和谐，态度正确； （4）不迟到、早退、旷课		（1）违反操作规程，每次扣5分； （2）工作场地不整洁，扣5分			
总分							

模块小结

（1）数字信号在时间上和数值上均是离散变化的，工作于数字信号下的电路就是数字电路。在数字电路中采用高、低电平来表示数字信号的1和0两种状态，适于完成复杂的信号处理工作，在信号的存储、处理和传输上占有很大的优势。但是，信号的放大、转换和功能的执行却离不开模拟电路，因此，数字电路和模拟电路的发展总是相辅相成、互相促进的。

（2）数制是人们对计数进位的简称，生活中人们常用十进制数；而在数字电路中，则采用二进制数，它只使用0和1两个数码，遵从"逢二进一"的计数规律，将它按权展开即可得到十进制数，十进制数也可以通过"连除基数取余、连乘基数取整"的方法转换成二进制数。由于二进制数位数很多，不便于书写和记忆，通常采用易于转换的十六进制数来描述二进制数。

（3）逻辑代数又称布尔代数，是分析和设计逻辑电路的数学工具。逻辑变量是用来表示逻辑关系的一种二值变量，取值范围只有0和1两种对立的逻辑状态。基本的逻辑运算主要有三种：与、或、非，逻辑运算符号如图1-26所示。

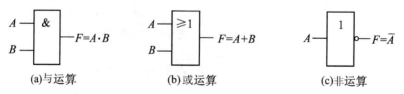

(a)与运算　　　　(b)或运算　　　　(c)非运算

图1-26　几种逻辑运算符号

（4）代入规则、反演规则和对偶规则是三个重要规则，可以帮助我们利用已知基本定律方便地推导出更多的公式。在运用时要注意写反函数和对偶式的区别。

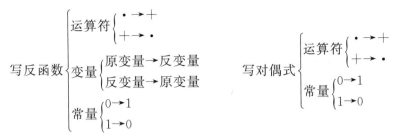

两者在变换时均要注意保持原式中的运算顺序,并且不是在单个变量上面的非号应保持不变。

（5）一个逻辑问题总可以用逻辑函数来描述。逻辑函数表达式越简单,逻辑电路就越简单,这有利于降低成本、提高电路的可靠性,因此逻辑函数的化简是本章的重点内容。常用的逻辑函数的化简主要有代数化简法和卡诺图化简法,代数化简法没有固定的方法和步骤,需要熟练运用各种定理和公式,有时还需要有一定的技巧和经验。常用公式化简方法如表 1-19 所示。

表 1-19 常用公式化简方法

方法	所用公式	说明
并项法	$A+\overline{A}=1$	将两项合并为一项,同时消去一个变量
吸收法	$A+AB=A$	吸收多余项 AB
消去法	$A+\overline{A}B=A+B$ $AB+\overline{A}C+BC=AB+\overline{A}C$	消去多余因子或多余项
配项法	$A+\overline{A}=1$	将某一项展开为两项以增加必要的乘积项

（6）卡诺图是一种能直观表示最小项逻辑关系的方格图,是逻辑函数的图形表示。每一小方块都表示了一个最小项,并且最小项的逻辑相邻关系表现在几何位置上的相邻。卡诺图化简法利用了几何相邻的特点,化简过程简单直观,有一定的步骤和方法可循,容易得到最简式。用卡诺图化简逻辑函数可分成以下三个步骤进行:

① 根据逻辑函数建立卡诺图,注意要包括所有的逻辑变量。

② 按照画包围圈的原则,将相邻含 1 的小方格画入包围圈,对应每个包围圈合并成一个新的乘积项。

③ 将所有包围圈对应的乘积项相加即可得到最简与或式。

根据约束项的特点合理使用约束项,可以使化简结果更简单。

思考与练习

1.1　一数字信号的波形如图 1-27 所示,试写出该波形所表示的二进制数。

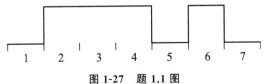

图 1-27 题 1.1 图

1.2 将下列十进制数转换为二进制数、十六进制数、8421BCD 码。

(1) 26   (2) 87   (3) 255   (4) 11.375

1.3 将下列二进制数转换为十进制数、十六进制数。

(1) 1011   (2) 1111111111 (3) 11000101   (4) 1010101.101

1.4 将下列十六进制数转换为十进制数、二进制数。

(1) 3E   (2) 7D8   (3) 3AF.E

1.5 已知 A、B 的波形如图 1-28 所示。设 $F=A\oplus B$,试画出 F 对应 A、B 的波形。

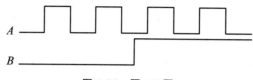

图 1-28　题 1.5 图

1.6 用真值表证明下列逻辑等式。

(1) $AB+A\overline{B}+\overline{A}B=A+B$。

(2) $\overline{AB+\overline{A}C}=A\overline{B}+\overline{A}\,\overline{C}$。

1.7 用公式法证明下列逻辑等式。

(1) $\overline{\overline{A}B+A\overline{B}}=(A+\overline{B})(\overline{A}+B)$。

(2) $ABC+\overline{A}\,\overline{B}\,\overline{C}=\overline{A\overline{B}+B\overline{C}+C\overline{A}}$。

1.8 写出下列函数的对偶式 F'。

(1) $F=\overline{A}\,\overline{B}+CD$。

(2) $F=\overline{A+B+\overline{C}+\overline{D+E}}$。

(3) $F=AB+\overline{B\overline{C}+\overline{C}D}$。

(4) $F=A\overline{BC}+(\overline{A}+\overline{BC})\cdot(A+C)$。

1.9 写出题 1.8 中函数的反函数 $\overline{F}$。

1.10 列出下列问题的真值表,并写出逻辑表达式。

(1) 设三变量 A、B、C,当变量组合值中出现奇数个 1 时,输出(F_1)为 1,否则为 0。

(2) 设三变量 A、B、C,当输入端信号不一致时,输出(F_2)为 1,否则为 0。

(3) 列出三变量多数表决器的真值表(输出用 F_3 表示)。

1.11 用代数法化简下列各式。

(1) $F=\overline{A}B\overline{C}+A\overline{C}+B\overline{C}$。

(2) $F=ABC+\overline{A}+\overline{B}+\overline{C}$。

(3) $F=A(\overline{A}+B)+B(B+C)+B$。

(4) $F=(\overline{\overline{A}B+C})ABD+BD$。

(5) $F=AC+\overline{B}\overline{C}+\overline{\overline{A}+B}$。

(6) $F=\overline{A}\overline{B}C+\overline{A}B\overline{C}+\overline{A}BC+ABC$。

(7) $F=\overline{\overline{\overline{AB+\overline{A}\overline{B}}}\ \overline{BC}+\overline{B}\overline{C}}$。

(8) $F=A\overline{C}\overline{D}+BC+\overline{B}D+A\overline{B}+\overline{A}C+\overline{B}\overline{C}$。

1.12 逻辑函数项 $A\overline{B}C$ 的逻辑相邻项有哪些?

1.13 画出下列各逻辑函数的卡诺图。

(1) $F_1(A,B,C)=\sum m(0,5,6,7)$。

(2) $F_2(A,B,C,D)=ABC+BCD+\overline{A}\ \overline{B}CD$。

1.14 写出图 1-29 中各卡诺图的逻辑函数式。

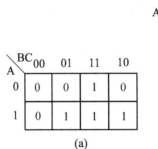

(a)　　　　(b)

图 1-29 题 1.14 图

1.15 用卡诺图化简下列逻辑函数。

(1) $F(A,B,C)=\overline{A}\overline{B}C+\overline{A}\overline{B}+C+ABC$。

(2) $F(A,B,C)=\overline{B}+ABC+\overline{A}\cdot\overline{C}+\overline{AB}$。

(3) $F(A,B,C)=\sum m(0,2,4,6)$。

(4) $F(A,B,C,D)=\sum m(0,2,5,6,7,8,10,13,14,15)$。

1.16 化简下列逻辑函数。

(1) $F(A,B,C)=\sum m(1,4)+\sum d(3,5,6,7)$。

(2) $F(A,B,C,D)=\sum m(2,3,5,7,8,9)+\sum d(10,11,12,13,14,15)$。

模块 2
集成逻辑门电路

◀ **学习目标**

(1) 了解数字集成电路的命名方法;

(2) 了解逻辑函数的意义,能进行逻辑函数的化简;

(3) 了解组合逻辑电路的设计流程,能进行简单应用电路的设计;

(4) 掌握数字集成电路的识别;

(5) 掌握仿真测试集成电路逻辑功能的方法,进而掌握实际数字集成电路的测试;

(6) 掌握选用数字集成电路芯片的方法,能按照逻辑电路图搭建实际电路;

(7) 能使用仿真软件进行应用电路的设计。

◀ 学习任务 1　概　　述 ▶

由具体器件构成的能够实现基本和常用逻辑关系的电子线路,称为逻辑门电路,简称门电路,它是实现逻辑功能的基本单元。在数字逻辑系统中,各种门电路均可用半导体器件构成,根据其电路构成的不同可分为分立元件门电路和集成逻辑门电路。分立元件门电路由二极管、三极管及电阻等构成,结构简单,而日常中更多使用的是集成逻辑门电路,即把构成门电路的元器件和连接线集成在一片半导体芯片上制成。

在数字集成电路的发展过程中,同时存在两种类型器件的发展。一种是由三极管组成的双极型集成电路,如晶体管-晶体管逻辑电路(TTL 电路)和射极耦合逻辑电路(ECL 电路)。另一种是由 MOS 管组成的单极型集成电路,如 N-MOS 逻辑电路和互补 MOS (CMOS)逻辑电路。常用的门电路都是小规模集成电路,从电路结构和实现的工艺来看,具有代表性的是 TTL 门电路和 CMOS 门电路两大类。TTL 系列逻辑电路出现在 20 世纪 60 年代,它在 20 世纪 90 年代以前占据了数字集成电路的主导地位。随着计算机技术和半导体技术的发展,20 世纪 80 年代中期出现了 CMOS 电路。虽然它出现较晚,但由于它有效地克服了 TTL 集成电路中存在的单元电路结构复杂、器件之间需要外加电隔离、功耗大、影响电路集成密度这些严重缺点,因而在集成电路中迅速得到了广泛应用,尤其在大规模和超大规模集成电路的发展中,CMOS 集成电路已占有统治地位。

尽管目前数字电路中集成逻辑门电路占据了主导地位,但是分立元件门电路结构简单,便于分析工作原理,有助于了解集成逻辑门电路的内部结构及其特性。下面先来讨论由分立元件构成的门电路。

◀ 学习任务 2　分立元件门电路 ▶

在电路中,理想开关具有以下特点:开关闭合时,开关两端电压为0;开关断开时,其流过的电流为0,开关两端间呈现的电阻为无穷大,且开关的转换在瞬间完成。理想开关的特性,我们可以用逻辑变量"1"和"0"来表示。分立元件门电路中的晶体管一般都工作在开关状态,导通时,相当于开关闭合;截止时,相当于开关断开。半导体二极管、三极管和 MOS 管则是构成这种电子开关的基本开关元件。

一、晶体管的开关特性

1. 二极管的开关特性

1) 静态特性

二极管是一种非线性器件,其电路符号及伏安特性曲线如图 2-1 所示。

可以把二极管当作开关来使用正是利用了二极管的单向导电性。从如图 2-1(b)所示的

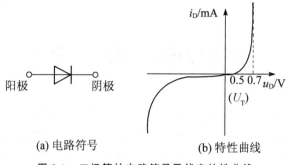

(a) 电路符号　　　　　　(b) 特性曲线

图 2-1　二极管的电路符号及伏安特性曲线

二极管的伏安特性曲线可见,当正向电压较小时,正向电流极小,几乎为零,这一部分称为死区,相应的电压称为死区电压(也称阈值电压或门槛电压),硅管的死区电压约为 0.5 V,锗管的死区电压约为 0.1 V。当外加正向电压大于死区电压时,正向电流就会急剧增大,二极管呈现很小的电阻而处于导通状态,此时相当于开关闭合。一般硅管的正向导通压降 U_D 为 0.6 ~0.7 V,锗管为 0.2~0.3 V。当二极管两端加上反向电压时,在开始的很大范围内,二极管相当于非常大的电阻,反向电流在一定电压范围内极小,且不随反向电压而变化,二极管处于截止状态,此时相当于开关断开。其开关特性等效电路如图 2-2 所示。

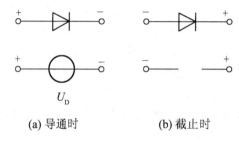

(a) 导通时　　　　　　(b) 截止时

图 2-2　二极管的开关特性等效电路

若二极管反向电压加到一定数值时,反向电流会急剧增大,即发生了反向击穿。对于普通的二极管,被击穿后,由于反向电流很大,一般会造成"热击穿",从而不能恢复原来的性能,二极管也就失去了单向导电性。

二极管击穿并不意味着二极管被损坏。当反向击穿时,只要注意控制反向电流的数值,不使其过大,即可避免因过热而烧坏二极管,而当反向电压降低后,二极管的性能仍能恢复正常。

2) 动态特性

通常情况下,二极管从截止变为导通和从导通变为截止都需要一定的时间,不能像理想开关那样瞬间完成,而且从导通变为截止所需的时间更长一些。一般把二极管从导通到截止所需的时间称为反向恢复时间(t_{re})。若输入信号频率过高,负半周宽度小于 t_{re} 时,二极管会双向导通,失去单向导电作用。因此,高频应用时需要考虑此参数的影响。

2. 三极管的开关特性

1) 静态特性

在数字电路中,三极管和二极管一样,也常作为开关来使用。三极管电路及伏安特性曲线如图 2-3(a)、(b)所示,从特性曲线上可以看出,三极管有三个工作区:放大区、饱和区、截止区。

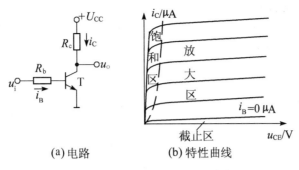

(a) 电路   (b) 特性曲线

图 2-3 三极管电路和伏安特性曲线

在开关状态下,三极管不像在模拟电路中那样主要工作在放大区,而是在饱和区(开关闭合)和截止区(开关断开)之间变换,放大区只是极短暂的过渡状态。

(1) 截止区。三极管工作在截止区的条件是 $u_{BE} < U_{TH}$,U_{TH} 为三极管的导通电压,如硅管 $U_{TH} = 0.5$ V。

当三极管发射结电压 $u_{BE} < U_{TH}$ 时,i_B 和 i_C 均近似为 0,三极管的集电极和发射极之间相当于开关断开,如图 2-4(a)所示。

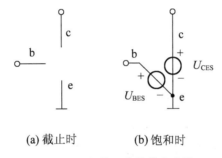

(a) 截止时   (b) 饱和时

图 2-4 三极管开关等效电路图

(2) 饱和区。当三极管发射结电压 $u_{BE} > U_{TH}$ 时,开始脱离截止状态,进入放大状态。在放大状态下,发射结正向偏置,电流关系为 $i_C = \beta \cdot i_B$,i_C 随 i_B 的增加而增加,但是 i_C 的增加是有限的,其最大值只能达到临界饱和电流值,即 $i_C = I_{CS} \approx \dfrac{U_{CC}}{R_C}$,对应的基极电流 $i_B = I_{BS} \approx \dfrac{U_{CC}}{\beta R_C}$。之后,再增大 i_B,由于 $i_C = I_{CS}$ 基本不变,I_{BS} 基本不变,有 $i_B > I_{BS}$,此时三极管进入饱和区。由三极管的输出特性可知,这时 $U_{BE} = 0.7$ V,$U_{CE} = U_{CES} \approx 0.3$ V。三极管如同一个带有很小压降的闭合了的开关。

所以三极管饱和的条件是 $i_B > i_{BS}$,其中,$I_{BS} \approx \dfrac{U_{CC}}{\beta R_C}$ 为临界饱和电流。

在饱和区,三极管的发射结正偏,集电结正偏,集电极和发射极间电压为反向饱和电压 U_{CES}(0.2~0.3 V)。饱和越深,U_{CE} 越小。三极管的集电极和发射极间相当于短路状态,如图 2-4(b)所示。

由此可见,三极管相当于一个由基极电流控制的开关。

例 2.2.1 三极管电路如图 2-5 所示。若三极管导通电压为 0.5 V,饱和时 $U_{BE}=0.7$ V,$U_{CES}=0.3$ V。当输入电压 u_1 分别为 0.3 V 和 10 V 时,三极管的工作状态处于哪个区域?对应的输出电压 u_O 为多少?

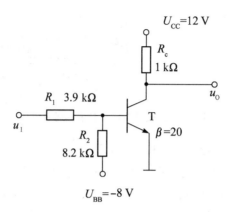

图 2-5 三极管电路

解 分析三极管电路,关键是要抓住三极管三种工作状态的条件和特点。

当 $u_1=0.3$ V 时,假设三极管已经截止,则 $i_B \approx i_C \approx 0$,可画出输入等效电路如图 2-6(a) 所示,可求得

$$U_{BE} = \frac{u_1 - U_{BB}}{R_1 + R_2} \times R_2 + U_{BB}$$

$$= \frac{(0.3+8)\text{V}}{(3.9+8.2)\text{k}\Omega} \times 8.2\text{ k}\Omega - 8\text{ V}$$

$$= -2.38\text{ V}$$

因为 $U_{BE} < 0.5$ V,三极管截止的假设成立,根据截止时三极管 $i_B \approx i_C \approx 0$ 的特点,可求出 $u_O = U_{CC} = 12$ V。

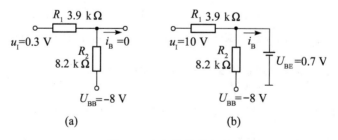

图 2-6 三极管等效电路图

当 $u_1=10$ V 时,假设三极管已经饱和,则 $U_{BE}=0.7$ V,可画出输入等效电路如图 2-6(b) 所示,可求得

$$i_B = i_1 - i_2 = \frac{u_1 - u_{BE}}{R_1} - \frac{u_{BE} - U_{BB}}{R_2}$$

$$= \frac{(10-0.7)\text{V}}{3.9\text{ k}\Omega} - \frac{(0.7+8)\text{V}}{8.2\text{ k}\Omega} = 1.32\text{ mA}$$

又知

$$I_{BS} = \frac{U_{CC} - U_{CES}}{\beta R_C} = \frac{(12-0.3)\text{V}}{20 \times 1 \text{ k}\Omega} = 0.58 \text{ mA}$$

因为 $i_B > I_{BS}$,三极管饱和的假设成立,可求出 $u_O = U_{CES} = 0.3$ V。

2）动态特性

三极管的开关过程就是管子在饱和与截止两种状态之间的相互转换,同样需要一定的时间才能完成。

如图 2-7(a)所示,在三极管输入端加入一个数字脉冲信号,则输出电流 i_C 和输出电压 u_O 均滞后于输入电压 u_I 的变化,其波形如图 2-7(b)、(c)所示。通常用延迟时间 t_d、上升时间 t_r、存储时间 t_s 和下降时间 t_f 来描述三极管开关的瞬态过程。从截止到饱和所需的时间称为开通时间(t_{on}),$t_{on} = t_d + t_r$。从饱和到截止所需的时间称为关闭时间(t_{off}),$t_{off} = t_s + t_f$。三极管的开关时间随着管子类型的不同会有很大差别,一般在几十到几百纳秒。三极管的开关时间限制了开关的速度,开关时间越短,开关速度越高,在高频应用时需要特别注意考虑这个问题。

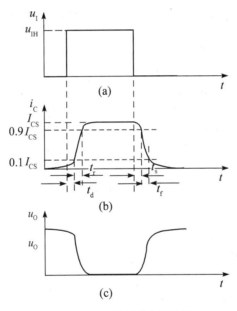

图 2-7 三极管开关电路波形

二、基本晶体管门电路

门电路的输入和输出信号都是用电平(或电位)的高低表示的。电位是指绝对电压的大小,电平是指一定的电压范围。高电平和低电平分别表示两段电压的范围。在 TTL 电路中,通常规定高电平的额定值为 3 V,但从 2 V 到 5 V 都算高电平;低电平的额定值为 0.3 V,但从 0 V 到 0.8 V 都算低电平。同时,高电平和低电平又可用逻辑"1"和逻辑"0"分别表示,这样可以得到逻辑电路的真值表,便于进行逻辑分析。

1. 与门

由二极管构成的双输入单输出与门电路和与门符号如图 2-8 所示。A、B 为输入端，F 为输出端。当 A、B 任一端为"0"(0 V)时，二极管 D_1、D_2 至少有一个导通，如 $U_A=0$ V，$U_B=5$ V，则 D_1 导通，D_2 截止，使得 F 输出为"0"(其电位等于二极管导通时的端电压，硅管约 0.7 V)。当 A、B 端同时为"1"($U_A=U_B=5$ V)时，二极管 D_1、D_2 均截止，R 中无电流流过(其两端电压为 0 V)，输出端 F 为"1"(其电位为电源电压 5 V)。可见，只要输入端中任意一端为"0"，输出端为"0"，只有输入端全为"1"时，输出才为"1"，即输入与输出信号状态满足"与"逻辑关系。其状态表如表 2-1 所示。

表 2-1　与门逻辑状态表

A	B	F
0(0 V)	0(0 V)	0(0.7 V)
0(0 V)	1(5 V)	0(0.7 V)
1(5 V)	0(0 V)	0(0.7 V)
1(5 V)	1(5 V)	1(5 V)

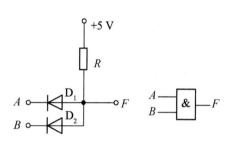

图 2-8　与门电路图和符号

与门电路波形图如图 2-9 所示。

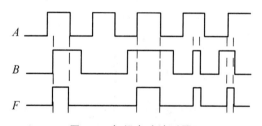

图 2-9　与门电路波形图

2. 或门

由二极管构成的双输入单输出或门电路及或门符号如图 2-10 所示。A、B 为输入端，F 为输出端。当 A、B 任一端为"1"(5 V)时，二极管 D_1、D_2 至少有一个导通，如 $U_A=5$ V，$U_B=0$ V，则 D_1 导通，D_2 截止，使得 F 输出为"1"(4.3 V)。当 A、B 端同时为"0"(0 V)时，二极管 D_1、D_2 均截止，电阻中无电流(其两端电压为 0 V)，输出端 F 为"0"(0 V)。可见，只要输入端中任意一端为"1"时，输出端为"1"，只有输入端全为"0"时，输出端才为"0"，即输入与输出信号状态满足"或"逻辑关系，其状态表如表 2-2 所示。

表 2-2　或门逻辑状态表

A	B	F
0(0 V)	0(0 V)	0(0 V)
0(0 V)	1(5 V)	1(4.3 V)
1(5 V)	0(0 V)	1(4.3 V)
1(5 V)	1(5 V)	1(4.3 V)

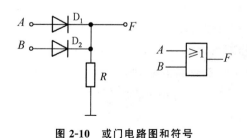

图 2-10　或门电路图和符号

或门电路波形图如图 2-11 所示。

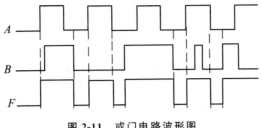

图 2-11 或门电路波形图

3. 非门

非门电路图及其逻辑符号如图 2-12 所示。电路中的三极管工作于开关状态,在截止区和饱和区间转换。非门电路中只有一个输入端 A 和输出端 F。当 A 为"1"时(设其电位为 3 V),三极管处于饱和状态,F 输出为"0"(其电位为 0.2~0.3 V,即三极管饱和电压值);当 A 为"0"(0 V)时,三极管处于截止状态,F 输出为"1"(其电位近似等于电源电压值 12 V)。其状态表如表 2-3 所示,该电路的输入与输出状态满足"非"逻辑关系。非门电路也常称为反相器。

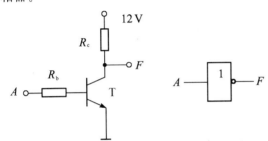

图 2-12 非门电路图及其逻辑符号

表 2-3 非门逻辑状态表

A	F
0(0 V)	1(12 V)
1(3 V)	0(0.3 V)

非门电路波形图如图 2-13 所示。

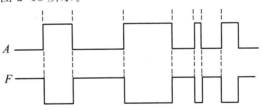

图 2-13 非门电路波形图

非门逻辑符号的输出端有一个小圆圈。在数字电路逻辑符号中,若在输入端加小圆圈,则表示输入低电平信号有效。若在输出端加小圆圈,则表示输出信号取反。

上述三种是基本逻辑门电路,可以将它们组合构成其他常用的复合逻辑门电路。如与非门电路,它就是将二极管与门电路和非门连接而成,如图 2-14 所示。

当输入端 A、B 中的任何一端接"0"时,所接二极管 D_1、D_2 中至少有一个导通,如 $U_A = 0$ V,$U_B = 5$ V,此时看似 D_1、D_2 都会导通,但 D_1 导通后会使得 u_1 箝位在 0.7 V,从而 D_2 截止,所以 u_1 为"0",使得三极管 T 截止,输出端为"1"(此时二极管 D 导通,使得输出略大于

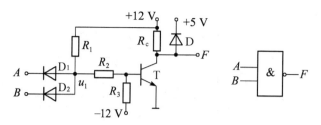

图 2-14 与非门电路图和符号

5 V）。当输入端同时为"1"（＋5 V）时，所接二极管 D_1、D_2 均导通，此时 u_1 为 5.7 V，即 u_1 为"1"，三极管 T 饱和导通，F 输出为"0"（电位为三极管饱和电压值 0.3 V 左右）。电路中加负电源是为了保证三极管 T 能够可靠截止。与＋5 V 相连的二极管 D 在三极管截止时起箝位作用，保证此时输出端电位略大于 5 V，使输出、输入的"1"电平一致。与非门电路的逻辑状态表如表 2-4 所示。

表 2-4 与非门电路的逻辑状态表

A	B	F
0(0 V)	0(0 V)	1(5.7 V)
0(0 V)	1(5 V)	1(5.7 V)
1(5 V)	0(0 V)	1(5.7 V)
1(5 V)	1(5 V)	0(0.3 V)

与非门电路波形图如图 2-15 所示。

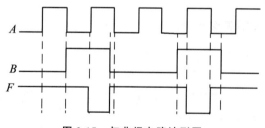

图 2-15 与非门电路波形图

这种分立元件构成的门电路虽然电路结构简单，但由于二极管正向压降的影响会产生电平偏离，并且速度较低、带负载能力差，现在一般都被集成逻辑门电路所取代。

◀ 学习任务 3 TTL 集成逻辑门电路 ▶

TTL 集成逻辑门电路的输入级和输出级均采用晶体三极管，所以又称为晶体三极管-晶体三极管逻辑电路，简称为 TTL 电路。下面以 TTL 与非门电路为例，介绍 TTL 电路的一般组成、原理、特性和参数。

一、TTL 与非门电路

1. 电路结构

典型 TTL 与非门电路如图 2-16 所示,它由输入级、中间级和输出级三个部分构成。

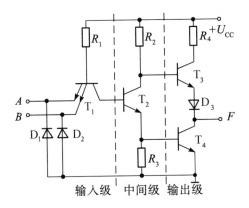

图 2-16 典型 TTL 与非门电路

1) 输入级

输入级由多发射极三极管 T_1、基极电阻 R_1 及两个二极管组成。多发射极三极管的等效电路如图 2-17 所示,它的作用是对输入变量实现"与"运算,输入级相当于一个与门。

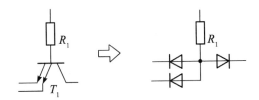

图 2-17 集成电路中的多发射极三极管

2) 中间级

中间级由三极管 T_2、电阻 R_2 和 R_3 组成,实现放大和倒相功能。向后级提供两个相位相反的信号,分别驱动三极管 T_3、T_4。

3) 输出级

输出级是由三极管 T_3、T_4 及电阻 R_4 组成的推挽式功率放大电路。此种电路结构可以减小电路的输出电阻,提高输出的带负载能力和抗干扰能力。由于三极管 T_3 和 T_4 分别由两个相位相反的电压来控制,因此,T_3 和 T_4 总处于一管导通而另一管截止的工作状态。

2. 工作原理

当输入全为高电平时,$U_A = U_B = 3.6$ V,粗看似乎 T_1 的两个发射结都正偏,T_1 的基极电压 $U_{B1} = 4.3$ V,但 U_{CC} 通过 R_1 和 T_1 的集电结为 T_2 和 T_4 提供基极电流,使得 T_2 和 T_4 饱和导通,此时 T_1 的基极电压 $u_{B1} = U_{BC1} + U_{BE2} + U_{BE3} = 2.1$ V,所以 T_1 的 u_{B1} 被箝位在 2.1 V 上,于是 T_1 的两个发射结都反偏,集电结正偏。由于 T_2 和 T_4 饱和导通,使 T_2 的 $u_{C2} = U_{CES2} + U_{BE4} \approx 1$ V。该电压作用于 T_3 的发射结和二极管 D_3 两个 PN 结上,显然 T_3 和 D_3 都

截止。所以输出为低电平，$u_O = u_{C4} = U_{CES} = 0.3$ V。

当输入中至少有一个为低电平时，T_1 的两个发射结必然有一个导通，如 $U_A = 0.3$ V 时，A 端导通，T_1 基极电压 $u_{B1} = 1$ V，该电压作用于 T_1 的集电结和 T_2、T_4 的发射结上，不足以使各结导通，所以 T_2 和 T_4 均截止，而此时 T_3 和 D_3 导通，因此输出为高电平，$u_O = U_{CC} - U_{BE3} - U_{D3} = 3.6$ V。

根据上面的分析，当输入端为一个或多个低电平时，输出为高电平；输入全为高电平时，输出为低电平，实现了"与非"的逻辑关系。

3. TTL 与非门传输特性

电压传输特性是指输出电压 u_O 随输入电压 u_I 变化的关系曲线，即 $u_O = f(u_I)$。图 2-18 所示为 TTL 与非门的电压传输特性，该曲线大致可以分为四段。

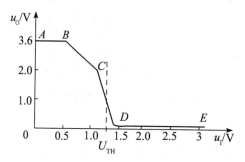

图 2-18 TTL 与非门的电压传输特性

（1）截止区（AB 段）：由上述分析可知，在传输特性曲线的 AB 段，因为输入电压 $u_I <$ 0.6 V，所以 $u_{B1} < 3$ V，T_2 和 T_4 截止而 T_3 导通，输出为高电平。这一段称为特性曲线的截止区。

（2）线性区（BC 段）：由于输入电压 $u_I > 0.6$ V，但低于 1.4 V，所以 T_2 导通而 T_4 仍然截止，这时 T_2 工作在放大区，随着 u_I 的升高，u_{C2} 和 u_O 线性地下降。这一段称为特性曲线的线性区。

（3）转折区（CD 段）：当输入电压继续上升，使得 T_4 导通并工作在放大区，输出电位急剧下降为低电平。转折区中点对应的输入电压称为阈值电压或门槛电压，用 U_{TH} 表示。

（4）此后 u_I 继续升高，但 u_O 不再变化，进入特性曲线的 DE 段。DE 段称为特性曲线的饱和区。

4. 主要参数

生产集成逻辑门电路的厂家，通常都要为用户提供各种逻辑器件的数据手册，手册中一般会给出门电路的电压传输特性，输入和输出的高、低电平，噪声容限，传输延迟时间，功耗等。为了正确使用 TTL 集成电路，在选择时要特别注意各项参数，否则电路就不能正常工作。下面介绍几个主要的技术参数。

1）输入和输出的高、低电平

由 TTL 与非门的电压传输特性曲线可知，在不同输入电压条件下，有不同的输出电压。实际门电路中高低电平的大小是允许在一定范围内变化的。一般在生产厂家的数据手册中都会给出四种逻辑电平参数：输入低电平的上限值 $U_{IL(max)}$、输入高电平的下限值 $U_{IH(min)}$、输

出低电平的上限值 $U_{OL(max)}$、输出高电平的下限值 $U_{OH(min)}$。根据这些参数可以判断不同的集成电路的高、低电平所对应的电压范围。如 U_{OH} 的典型值为 3.6 V,U_{OL} 的典型值为 0.3 V。

2)开门电平 U_{ON} 和关门电平 U_{OFF}

保证输出电压为额定低电平时,所允许的最小输入高电平称为开门电平 U_{ON},即只有当 $U_I > U_{ON}$ 时,输出才是低电平。一般产品的 U_{ON} 在 1.5 V 左右,它表示了使门开通所需要的最小输入高电平。

保证输出电压为额定高电平时,所允许的最大输入低电平称为关门电平 U_{OFF},即只有当 $U_I \leqslant U_{OFF}$ 时,输出才是高电平。一般产品的 U_{OFF} 为 0.8~1 V。

3)阈值电压 U_{TH}

电压传输特性曲线转折区的中点所对应的输入电压值称为阈值电压 U_{TH},它是三极管 T_4 导通和截止的分界线,所以在分析 TTL 与非门工作状态时,当 $u_I < U_{TH}$ 时,T_4 截止,输出为高电平;当 $u_I > U_{TH}$ 时,T_4 导通,输出为低电平。因此阈值电压是使输出发生高低电平转换的输入电压值,也称作门槛电压。TTL 与非门的阈值电压 U_{TH} 为 1.4 V 左右。

4)噪声容限

在数字系统中,各逻辑电路之间的连线可能会受到各种噪声的干扰,但当输入端高、低电平受到干扰而发生变化时,并不引起输出端低、高电平的变化,即在保证电路正常输出的前提下,允许输入电平有一定的波动范围。噪声容限就是指输入电平允许波动的最大范围。它包括输入高电平噪声容限 U_{NH} 和输入低电平噪声容限 U_{NL}。图 2-19 所示为噪声容限的定义示意图。

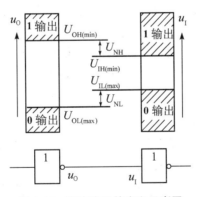

图 2-19 噪声容限的定义示意图

（1）输入高电平噪声容限 U_{NH}:输入高电平时,保证 TTL 电路仍可正常输出的最大允许负向干扰电压。显然有

$$U_{NH} = U_{OH(min)} - U_{IH(min)}$$

（2）输入低电平噪声容限 U_{NL}:输入低电平时,保证 TTL 电路仍可正常输出的最大允许正向干扰电压。显然有

$$U_{NL} = U_{IL(max)} - U_{OL(max)}$$

输入信号的噪声容限越大,说明集成门电路的抗干扰能力越强。

5)传输延迟时间

传输延迟时间 t_{pol} 是用来描述门电路开关速度的动态参数,门电路在动态脉冲信号作用下,输出脉冲相对于输入脉冲延迟了多长时间,如图 2-20 所示。图中 t_{pHL} 表示输出电压由高变低输出脉冲的延迟时间;t_{pLH} 表示输出电压由低变高输出脉冲的延迟时间。这两个延迟时间的平均值称为平均传输延迟时间 t_{pd},TTL 门电路的平均传输延迟时间 t_{pd} 一般在 20 ns 左右,即门电路的最高工作频率 f_{max} 在 20~30 MHz。

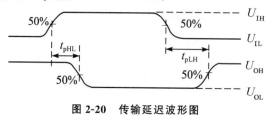

图 2-20　传输延迟波形图

6) 扇入/扇出数

扇入数通常是指门电路输入端的个数,用 N_I 表示,对于一个 2 输入的或非门,其扇入数 $N_I = 2$。

扇出数是指门电路在正常工作时所能带同类门电路的最大数目,它表示带负载能力。扇出数计算要根据负载性质来分别考虑。在数字电路中负载可分为拉电流负载(负载电流从驱动门向外电路流出)和灌电流负载(负载电流从外电路灌入驱动门)两种。

(1) 拉电流负载。如图 2-21(a)所示,右边称为负载门,左边称为驱动门。驱动门输出为"1"(高电平)时,电流将从驱动门流向负载门,这个电流就好像是负载门受作用将电流从驱动门中拉出一样,因此称为拉电流负载。设流入每个负载门的电流为 I_{IH},从驱动门流出的电流为 I_{OH},由图 2-21(a)知,I_{OH} 等于所有流入负载门的电流 I_{IH} 之和。显然负载门的个数越多,形成的 I_{OH} 越大,这将会引起输出高电压的降低。由于高电平下限值的存在,负载门的个数不能过多。在输出高电平时,扇出数可以根据下式计算:

$$N_{\text{OH}} = \frac{I_{\text{OH}}(\text{驱动门})}{I_{\text{IH}}(\text{负载门})}$$

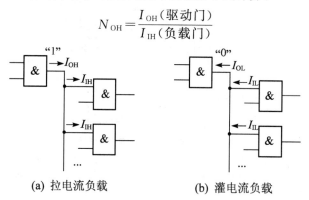

(a) 拉电流负载　　　　　　(b) 灌电流负载

图 2-21　扇出数计算

(2) 灌电流负载。如图 2-21(b)所示,同样地,右边为负载门,左边为驱动门。驱动门输出为"0"(低电平)时,电流将从负载门流向驱动门,就好像是电流灌入驱动门一样,因此称为灌电流负载。设从每个负载门流出的电流为 I_{IL},灌入驱动门中的电流为 I_{OL},由图 2-21(b)知,I_{OL} 等于所有从负载门流出的电流 I_{IL} 之和。显然负载门的个数越多,形成的 I_{OL} 也越大,这将会引起输出低电平的升高。由于低电平也存在上限值,要保证输出低电平不超过上限值,也必须限制负载门的个数。输出低电平时,扇出数可以根据下式计算:

$$N_{OL} = \frac{I_{OL}(驱动门)}{I_{IL}(负载门)}$$

通常逻辑器件手册中不会给出扇出数,必须通过计算或用实验的方法求得。在实际计算中,常会出现 $N_{OL} \neq N_{OH}$ 的情况,一般取两者中的较小值。为了能够保证数字电路或系统正常工作,在设计时还需要注意留有一定的余地。

5. 常用 TTL 与非门集成芯片

常用的 TTL 与非门集成芯片有 74LS00(4-2 输入双与非门)、74LS04(6 反相器)、74U20(2-4 输入与非门)、74LS08(4-2 输入与门)、74LS02(4-2 输入或非门)和 74LS86(异或门)等。

4-2 输入双与非门 74LS00,即在一块集成块内含有两个互相独立的与非门,每个与非门有四个输入端,其逻辑框图和符号如图 2-22 所示。此类电路多数采用双列直插式封装,在封装上有一个小豁口,可用来标识管脚的排列顺序。

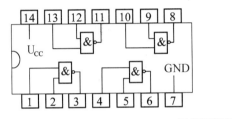

图 2-22　74LS00 逻辑框图和符号

例 2.3.1　如图 2-23 所示电路,已知 74LS00 门电路的参数为

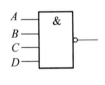

$$\frac{I_{OH}}{I_{OL}} = \frac{1.0\ \text{mA}}{-20\ \text{mA}}$$

$$\frac{I_{IH}}{I_{IL}} = \frac{50\ \mu\text{A}}{-1.43\ \text{mA}}$$

试求门 G_P 的扇出数是多少。

解　门 G_P 输出低电平时,设可带门数为 N_L,有

$$N_L \times I_{IL} \leqslant I_{OL}$$

$$N_L \leqslant \frac{I_{OL}}{I_{IL}} = \frac{20}{1.43} = 14$$

门 G_P 输出高电平时,设可带门数为 N_H,有

$$N_H \times I_{IH} \leqslant I_{OH}$$

$$N_H \leqslant \frac{I_{OH}}{I_{IH}} = \frac{1.0}{0.05} = 20$$

图 2-23　74LS00 门电路

取较小值,即扇出数为 14。

二、TTL 集电极开路门和三态门电路

常用的 TTL 集成逻辑门电路除了与非门及基本门电路外,还有集电极开路门(OC 门)和三态门等特殊门电路。

1. TTL 集电极开路门电路

在实际应用中,如总线传输等,需要将多个门的输出端并联连接使用,而一般 TTL 集成门电路输出端并不能直接并联连接使用。将两个以上门电路的输出端直接并联以实现"与"逻辑的功能称为"线与"。如图 2-24 所示,当 F 输出处于高电平时,T_3 导通;而若 F' 输出处于低电平,则 T_4' 导通。这样就会形成一低阻通路,从而产生很大的电流,有可能烧坏器件,并且也无法确定输出是高电平还是低电平。这一问题可以采用 TTL 集电极开路门解决。

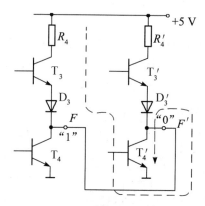

图 2-24　两个门的输出端直接相连

TTL 集电极开路门电路和逻辑符号如图 2-25(a)、(b)所示。与普通 TTL"与非"门相比,OC 门的输出级三极管 T_4 的集电极不是接有源负载而是悬空的,即输出管 T_4 的集电极开路,故称为集电极开路门。这种门电路由于 T_4 的集电极开路,所以在使用时需要外接负载电阻 R_L(或称上拉电阻)及电源。该电源可以是 +5 V 的 TTL 工作电源 U_{CC},也可以是其他电压值的电源 U_{CC}',以实现逻辑电平的转换。T_4 截止时的输出(高电平)电压由其所接外电路决定。如图 2-25(c)所示,$F=\overline{AB}\cdot\overline{CD}$。

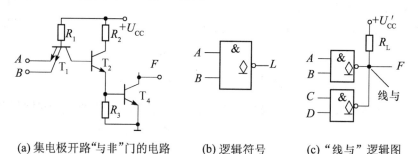

(a) 集电极开路"与非"门的电路　(b) 逻辑符号　(c) "线与"逻辑图

图 2-25　集电极开路"与非"门电路和逻辑符号

普通 TTL 与非门不允许直接驱动电压高于 5 V 的负载,否则"与非"门将被损坏。

如图 2-26 所示,集电极开路门接上拉电阻 R_L 的作用是:低电平输出时,限制灌入集电极开路门电路的灌电流,以保证输出低电平 U_{OL} 不超过上限值 $U_{OL(max)}$,因此所接上拉电阻 R_L 不能太小,就存在 R_{Lmin};高电平输出时,又起到限制集电极开路门电路拉电流的作用,以保证输出高电平 U_{OH} 大于下限值 $U_{OH(min)}$,因此所接上拉电阻 R_L 不能太大,存在 R_{Lmax}。

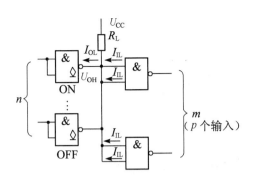
(a) 计算OC门上拉电阻R_L下限R_{Lmin}电路

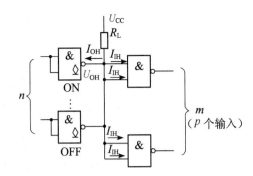
(b) 计算OC门上拉电阻R_L上限R_{Lmax}电路

图 2-26　OC 门上拉电阻的计算

基于以上两方面的考虑,上拉电阻 R_L 的选定应满足下列不等式:

$$R_{Lmin} \leqslant R_L \leqslant R_{Lmax}$$

在 OC 门带 TTL 门电路条件下,R_{Lmin} 和 R_{Lmax} 分别由下式计算确定:

$$R_{Lmin} = \frac{U_{CC} - U_{OL(max)}}{I_{OL(max)} - pI_{IL}}$$

n 个门"线与",带 m 个负载。

$$R_{Lmax} = \frac{U_{CC} - U_{OH(min)}}{nI_{OH} + pI_{IH}}$$

n 个门"线与",带 m 个负载门共接入 p 个输入端。

OC 门主要应用于实现线与、电平转换以及用作驱动显示。将若干个 OC 门输出端连接在一起,再接一个上拉电阻和电源,即可构成各输出变量间的"与"逻辑,即"线与",如图 2-25(c)所示;并且可进一步实现"与或非"函数,还可用于逻辑电平的转换。如图 2-27 所示,如果 TTL 门电路输入端 A、B 均为高电平(3.6 V),输出为低电平(0.3 V),输入 CMOS 电路信号为低电平,输出管截止,输出为高电平(10 V),实现了电平转换。有的 OC 门的输出管尺寸设计得比较大,可以承受较大的电流和较高的电压,可用来驱动发光二极管、指示灯、继电器和脉冲电压等。如图 2-28 所示,当 OC 门输出低电平时,发光二极管导通发光;当 OC 门输出高电平时,发光二极管截止不发光。

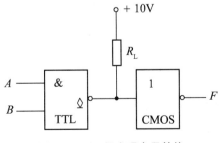
图 2-27　OC 门实现电平转换

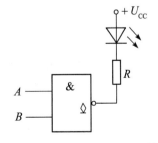
图 2-28　OC 门驱动发光二极管

2. 三态门输出

TTL 三态与非门电路和逻辑符号如图 2-29 所示。

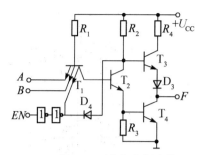 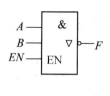

(a) TTL 三态与非门电路   (b) TTL 三态与非门逻辑符号

图 2-29　TTL 三态与非门电路和逻辑符号

当使能输入端 $EN=1$ 时，二极管 D_4 截止（开关断开），与其相连的多发射极管 T_1 的相应发射结反偏截止，此时门电路相当于二输入的与非门；当使能输入端 EN 为低电平时，二极管 D_4 导通（开关闭合），与之相连的 T_1 相应的发射结正偏，使 U_{B1} 被箝位在低电平，从而 T_2、T_4 均截止，同时 T_2 集电极电位为低电平，T_3 也截止，这时从输出端看进去，对地和电源都相当于开路，呈现高阻态。高阻态并无逻辑值，仅表示电路与

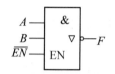

**图 2-30　低电平有效的三态
与非门逻辑符号**

其他电路无关联，所以三态电路仍是二值逻辑电路。除了这种高电平有效的三态门电路外，还有控制端低电平（$\overline{EN}$）有效的电路，图 2-30 所示为低电平有效的三态与非门逻辑符号。

由于该电路有高电平、低电平和高阻态三种状态，所以称为三态门。高电平有效的三态与非门电路的真值表如表 2-5 所示。

表 2-5　高电平有效的三态与非门电路的真值表

EN	A	B	F
1	0	0	1
1	0	1	1
1	1	0	1
1	1	1	0
0	×	X	高阻

门电路的三态输出主要应用于多个门输出共享数据或控制信号总线传输，这样可以减少输出连线。为避免多个门输出同时占用数据总线，这些门的使能信号（EN）中只允许有一个为有效电平（如高电平），如图 2-31 所示。在数据总线上挂接了三个高电平有效的三态门，当 $EN_0=1$，$EN_1=EN_2=0$ 时，门电路 G_0 接到数据总线，$D=F_0$；当 $EN_1=1$，$EN_0=EN_2=0$ 时，门电路 G_1 接到数据总线，$D=F_1$；当 $EN_2=1$，$EN_0=EN_1=0$ 时，门电路 G_2 接到数据总线，$D=F_2$。因此，只要保证任何时刻只有一个三态门的使能端有效，即可实现多路数据通过一条总线进行传送的功能。

另外，利用三态门还可以实现数据的双向传输，如图 2-32 所示。当 $EN=1$ 时，G_1 工

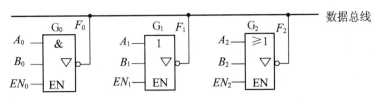

图 2-31　三态门总线传输应用

作，G_2 处于高阻态，则总线上的数据 D_0 经门 G_1 送到总线上；当 $EN=0$ 时，G_1 处于高阻态，G_2 工作，则总线上的数据 D_1 由门 G_2 反相后输出。

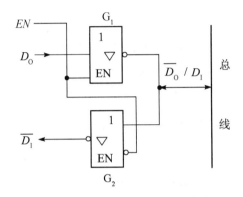

图 2-32　三态门实现数据双向传输

三、TTL 集成电路的系列产品

常见的 TTL 集成电路根据其工作范围的不同，分为 54 和 74 两大系列。74 系列与 54 系列的电路具有完全相同的电路结构和电气性能参数，差别主要是工作环境温度和电压工作范围有所不同，而且 54 系列为军用品，74 系列为民用品。

对于广泛使用的 74 系列 TTL 门电路，除了基本型集成门电路外，为了提高工作速度、降低功耗、提高抗干扰能力等，各生产厂家对门电路做了多次改进，从而有 74H、74S、74LS、74AS、74ALS、74F 等系列产品。对于不同系列的 TTL 器件，只要器件型号的后几位数码一样，它们的逻辑功能、外形尺寸、引脚排列就完全相同。如 7420、74H20、74S20、74LS20 都是四输入双与非门，都采用 14 条引脚的双列直插式封装，而且各引脚的位置也相同。

（1）74 系列：它是中速系列，TTL 集成电路的早期产品，其平均传输延迟时间约为 10 ns，但平均功耗每门约 10 mW，现已基本淘汰。

（2）74L 系列：为低功耗 TTL 系列，又称 LTTL 系列。

（3）74H 系列：它是高速系列，采用了抗饱和三极管，将 R_3 用"有源泄放电路代替"，输出级采用了达林顿结构，输入端加了 3 个保护二极管。在工作速度方面得到改善，平均传输延迟时间约为普通型的 1/2，约为 6 ns，但是平均功耗增加了，每门约为 22 mW。

（4）74S（又称 STTL）系列：为肖特基系列。此系列门电路在电路中采用肖特基势垒二极管（SBD）和有源泄放回路，工作速度和功耗均得到了明显改善。

（5）74LS 系列：它为低功耗肖特基系列，在 74S 肖特基系列的基础上进一步减小门电路功耗,成为比较理想的 TTL 门电路。这一系列的集成电路综合性能较好,价格较 ALS 系列优越,因此得到了较广泛的应用。

(6) 74AS 和 74ALS 系列:速度和功耗上较前系列进一步提高。

(7) 74F 系列:其速度和功耗介于 74AS 系列和 74ALS 系列之间,广泛应用于速度要求较高的 TTL 逻辑电路。

学习任务4　CMOS 集成逻辑门电路

由金属氧化物绝缘栅型场效应(MOS)管构成的单极型集成电路称为 MOS 电路。MOS门电路主要有三种类型:NMOS 门电路、PMOS 门电路和 CMOS 门电路。CMOS 电路较之TTL 电路具有以下优点:功耗低、静态电流小(约为纳安数量级)、抗干扰能力强、电源电压范围宽、输入阻抗高、带负载能力强等,目前广泛应用的都是 CMOS 集成逻辑门电路。

一、MOS 管开关及其等效电路

在数字电路或系统中,MOS 管作为开关电路应用非常广泛,这主要是因为 MOS 管有极高的输入电阻,而且栅极几乎不取电流,是一种电压控制开关器件,其开关速度和可靠性都比机械开关优越得多。

1. MOS 管开关等效电路

图 2-33 所示为增强型 NMOS 管开关电路及其输出特性曲线,输出特性曲线中的斜线为直流负载线。

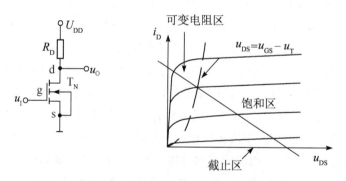

图 2-33　增强型 NMOS 管开关电路及其输出特性曲线

当输入电压 u_I 较小时,有 $u_{GS}<U_T$,MOS 管截止,$i_D=0$,$u_O=U_{DD}$,此时器件不损耗功率。随着 u_I 增大,栅源电压 u_{GS} 增大,当 $u_{GS}\geqslant U_T$ 且 $u_{DS}\geqslant u_{GS}-U_T$ 时,MOS 管工作在饱和区,i_D 基本不变。当 u_I 增大到一定程度时,$u_{DS}\leqslant u_{GS}-U_T$,MOS 管工作在可变电阻区。根据输出特性曲线知,i_D 随 u_{DS} 近似呈线性变化,d、s 之间可近似等效为线性电阻 R_{ON}(又称导通电阻),此时的 MOS 管相当于受 u_{GS} 控制的可变电阻,而且 u_{GS} 越大,输出特性曲线越陡峭,R_{ON} 越小。

根据上述分析,当 MOS 管分别工作在截止区和可变电阻区时,其相当于受 u_{GS} 控制的一个无触点开关,其等效电路如图 2-34 所示。

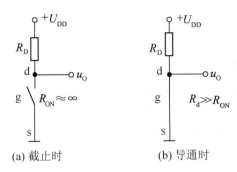

(a) 截止时　　　　　　　(b) 导通时

图 2-34　MOS 管的开关等效电路

截止时,可认为 R_{ON} 无穷大;导通时,为使 MOS 管输出电压较小,一般将 u_{GS} 值取足够大,从而使 R_D 远远大于 R_{ON}。输出电压可按下式估算:

$$u_O = \frac{R_{ON}}{R_{ON}+R_D} \times U_{DD}$$

当输入为高电平,即 u_{GS} 取足够大时,MOS 管工作在可变电阻区,有 R_D 远远大于 R_{ON},此时 MOS 管看作开关"闭合",$u_O \approx \frac{R_{ON}}{R_D} \times U_{DD}$,是个很小的值,即输出为低电平;当输入为低电平时,u_{GS} 很小,MOS 管处于截止区,R_{ON} 趋于无穷大,可以看作开关"断开",$u_O \approx U_{DD}$,输出为高电平。

2. MOS 管开关特性

由于 MOS 管本身存在电容效应及导通电阻,所以当在 MOS 管的开关电路输入端加入一个理想的脉冲信号时,其导通及闭合两种状态之间的转换会受到电容充放电的影响,使输出波形边沿变得缓慢,输出电压的变化也会滞后于输入电压的变化,如图 2-35 所示。为减小开关时间,可以用 P 沟道 MOS 管来代替电阻 R_D,这就构成了所谓的 CMOS 开关。

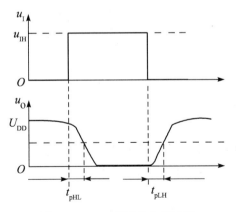

图 2-35　MOS 管开关电路波形

二、常用 CMOS 逻辑门电路

常用 CMOS 电路系列产品包括 CMOS 反相器、与非门、或非门、异或门、漏极开路门

（OD 门）、三态门以及传输门等。

1. CMOS 反相器

1）工作原理

如图 2-36 所示，CMOS 反相器由两个管型互补的场效应管 T_N 和 T_P 组成。T_N 为工作管，是 N 沟道 MOS 增强型场效应管，开启电压为 U_{TN}。T_P 为负载管（作为漏极负载 R_d），是 P 沟道 MOS 增强型场效应管，开启电压为 U_{TP}。工作管和负载管的栅极 g 接在一起，作为输入端 u_I；工作管和负载管的漏极 d 接在一起，作为输出端 u_O。T_P 源极 s 接电源 U_{DD}，T_N 源极 s 接地。为了使电路正常工作，要求电源电压 U_{DD} 等于两只 MOS 管的开启电压的绝对值之和，即 $U_{DD}=U_{TN}+|U_{TP}|$。

当输入电压 u_I 为低电平"0"时，工作管 T_N 因其 U_{GS} 小于开启电压 U_{TN} 而截止，负载管 T_P 因其 U_{GS} 小于开启电压 U_{TP} 而导通。工作管 T_N 截止，漏极电流近似为零，输出电压 u_O 为高电平"1"。

当输入电压 u_I 为高电平"1"时，工作管 T_N 因其 U_{GS} 大于开启电压 U_{TN} 而导通，负载管 T_P 因其 U_{GS} 大于开启电压 U_{TP} 而截止，输出电压 u_O 为低电平"0"。由此可见，图 2-36 所示电路实现反相器功能，工作管 T_N 和负载管 T_P 总是工作在互补的开关工作状态，即 T_N 和 T_P 的工作状态互补，所以 CMOS 电路称为互补型 MOS 电路。

2）CMOS 反相器的电压传输特性和电流传输特性

前面分析 CMOS 反相器时，假设 $U_{DD}=U_{TN}+|U_{TP}|$。实际应用时，CMOS 器件电源范围较宽，电源电压应该满足条件 $U_{DD}\geq U_{TN}+|U_{TP}|$。在输入电压变化过程中，$T_N$ 和 T_P 的工作状态并不总是互补的。通过测量，可得图 2-37(a)所示的电压传输特性。

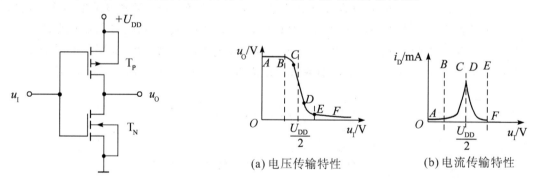

(a) 电压传输特性　　　(b) 电流传输特性

图 2-36 CMOS 反相器电路　　图 2-37 CMOS 反相器传输特性

CMOS 反相器的电压传输特性由五段曲线组成。

（1）AB 段：输入电压 u_I 小于 T_N 开启电压 U_{TN}，T_N 截止，$u_I-U_{DD}<U_{TP}$，T_P 导通，$u_O=U_{OH}=U_{DD}$。

（2）BC 段：输入电压 u_I 大于 T_N 开启电压 U_{TN}，T_N 导通，$u_I-U_{DD}<U_{TP}$，T_P 导通。由于 u_I 不够大，T_N 沟道电阻远大于 T_P 沟道电阻，输出电压下降。

（3）CD 段：输入电压 u_I 大于 T_N 开启电压 U_{TN}，T_N 导通，$u_I-U_{DD}<U_{TP}$，T_P 导通，两管栅源电压绝对值近似，T_N 沟道电阻和 T_P 沟道电阻的比值发生显著变化，引起输出电压急剧下降。

（4）DE 段：输入电压 u_I 大于 T_N 开启电压 U_{TN}，T_N 导通，$u_I<U_{TP}$，T_P 导通。由于 u_I 比较大，T_N 沟道电阻远小于 T_P 沟道电阻，输出电压进一步下降。

（5）EF 段：输入电压 u_I 大于 T_N 开启电压 U_{TN}，T_N 导通，$u_I-U_{DD}>U_{TP}$，T_P 截止。输出电压 $u_O=U_{OL}\approx 0$ V。

由 CMOS 反相器的电压传输特性可知，反相器状态转换时，电压变化率比较大，开启电压 U_T 较高（$U_{DD}/2$），因而 CMOS 器件有较高的抗干扰容限。

对应于电压传输特性，CMOS 反相器的电流传输特性是指输入电压 u_I 和漏极电流 i_D 之间的关系曲线，如图 2-37（b）所示。根据电压传输特性分析可知，输入电压在 $U_{TN}<u_I<U_{DD}-|U_{TP}|$ 范围内，即电压传输特性 BE 段，工作管和负载管同时导通，因此形成漏极电流 i_D。电压传输特性 CD 段非常陡直，且在 $u_I=U_T=U_{DD}/2$ 时两管沟道电阻之和最小，所以此时漏极电流 i_D 达到最大值。

2. 漏极开路门

漏极开路门（OD 门）电路是指 CMOS 门输出电路只有 NMOS 管，并且它的漏极是开路的，图 2-38 所示为漏极开路的与非门的输出级电路及符号。与 OC 门一样，只有外接上拉电阻电路才能正常工作。

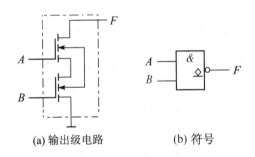

图 2-38 漏极开路的与非门输出级电路及符号

3. 三态输出门电路

与 TTL 三态门一样，CMOS 三态门也是在普通门电路的基础上加上控制电路构成的。图 2-39 所示为三态输出门电路及符号。其中 A 是输入端，F 为输出端，EN 是控制信号输入端，也称为使能端。

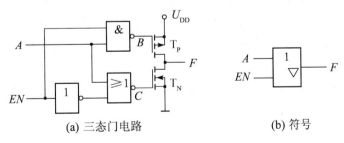

图 2-39 三态输出门电路及符号

当 $EN=1$ 时，与门、或门打开，若 A 为 0，则 B 和 C 均为 1，使得 T_N 导通，T_P 截止，输出

端 $F=0$；若 A 为 1，则 B 和 C 均为 0，使得 T_N 截止，T_P 导通，输出端 $F=1$。

当 $EN=0$ 时，不论 A 为何值，都使 $B=1$，$C=0$，则 T_N 和 T_P 均截止，电路的输出端出现开路，既不是低电平，又不是高电平，即是高阻态。

4. CMOS 传输门

传输门又称模拟开关，它是 CMOS 门电路特有的一种门电路。传输门既可以传输数字信号，也可以传输模拟信号，在信号的传输、选择和分配中有广泛的应用。CMOS 传输门的电路结构和逻辑符号如图 2-40 所示。

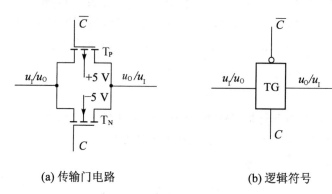

(a) 传输门电路   (b) 逻辑符号

图 2-40　CMOS 传输门的电路结构及逻辑符号

传输门由两个互补的增强型 MOS 管并联连接构成，T_N 和 T_P 是结构对称的器件。当场效应管的衬底内部未连接时，漏极（d）和源极（s）可以互换，所以传输门的输入端和输出端可以互换使用，即传输门的信号传输方向是双向的。两管的栅极分别接互补的控制逻辑信号 $\overline{C}$ 和 C。

CMOS 传输门用于数字电路信号传输时，两个互补的增强型 MOS 管的衬底分别接 0 V 和 5 V，输入信号 u_I 在 $0 \sim +5$ V 内。用于模拟电路信号传输时，其衬底分别接 -5 V 和 5 V，输入信号 u_I 在 $-5 \sim +5$ V 内。下面以模拟电路的信号传输为例分析其工作过程。

设 $u_I = -5 \sim +5$ V，$C=0$ 的电平值为 -5 V，$\overline{C}=1$ 的电平值为 $+5$ V，T_N 的开启电压 $U_{TN}=2$ V，T_P 的开启电压 $U_{TP}=-2$ V。

当 $C=0$ 时，T_N 栅极接 -5 V 电压，T_P 栅极接 $+5$ V 电压。在输入信号范围内，T_N 的栅源电压 $u_{GS} \leqslant 0$ V，T_N 截止；T_P 的栅源电压 $u_{GS} \geqslant 0$ V，T_P 也截止。也就是说，当 $C=0$ 时，传输门关闭，输入和输出之间呈现出高阻抗状态，为两个场效应管截止时的漏源电阻，输入和输出之间不能进行信号传输。

当 $C=1$ 时，T_N 栅极接 $+5$ V 电压，T_P 栅极接 -5 V 电压。在输入信号不同范围内，T_N 和 T_P 的工作状态不尽相同。

$u_I = -5 \sim -3$ V 时，T_N 的 $u_{GS} = +5$ V$-u_I$ 为 $10 \sim 8$ V，有 $u_{GS} > U_{TN}$，T_N 导通。T_P 的 $u_{GS} = -5$ V$-u_I$ 为 $0 \sim -2$ V，有 $u_{GS} \geqslant U_{TP}$，T_P 截止。

$u_I = -3 \sim +3$ V 时，T_N 的 $u_{GS} = +5$ V$-u_I$ 为 $8 \sim 2$ V，有 $u_{GS} \geqslant U_{TN}$，T_N 导通。T_P 的 $u_{GS} = -5$ V$-u_I$ 为 $-2 \sim -8$ V，有 $u_{GS} \leqslant U_{TP}$，T_P 导通。

$u_1=+2\sim+5$ V 时，T_N 的 $u_{GS}=+5$ V$-u_1$ 为 $3\sim0$ V，有 $u_{GS}\leqslant U_{TN}$，T_N 截止。T_P 的 $u_{GS}=-5$ V$-u_1$ 为 $-7\sim-10$ V，有 $u_{GS}<U_{TP}$，T_P 导通。

由此可见，在整个输入电压范围 $-5\sim+5$ V 内，至少有一个场效应管是导通的。场效应管导通，漏源极间的沟道导通电阻 R_{ON} 小于 1 kΩ，典型值为 80 Ω，漏极和源极之间相当于短路，输出等于输入。即当 $C=1$ 时，传输门打开，$u_O=u_1$。

三、CMOS 逻辑门系列

CMOS 逻辑门器件也有多种不同系列，应用广泛的有 4000 系列、74HC 系列等。

（1）4000 系列：早期基本的 CMOS 集成逻辑门系列，后来发展为 4000B 系列，应用十分广泛。其工作电压宽（3～18 V），功耗低，抗干扰能力强，但工作速度较慢，平均传输延迟时间为几十纳秒，最高工作频率小于 5 MHz，且与 TTL 不兼容。

（2）74HC 和 74HCT 系列：74HC 系列的工作电压为 2～6 V。与 4000B 系列相比，其工作速度快，且带负载能力强。74HCT 系列的工作电压为 4.5～5.5 V，并可与 TTL 兼容。

（3）74VHC 和 74VHCT 系列：保持 74HC 和 74HCT 系列的功耗低等优点，并且其工作速度达到 74HC 和 74HCT 系列的两倍。

（4）74LVC 和 74AUC 系列：近年来随着便携设备的发展，要求使用体积小、功耗低、电池耗电小的半导体器件，因此先后推出了低电压 CMOS 器件 74LVC 系列及超低压 CMOS 器件 74AUC 系列，并且半导体制造工艺可以使它们的成本更低、速度更快，同时大多数低电压器件的输入输出电平可以与 5 V 的 CMOS 或 TTL 电平兼容。

◀ 学习任务 5　集成门电路应用的注意事项 ▶

数字电路或系统往往由集成逻辑门电路构成，一定要在推荐的工作条件范围内使用，如果电路在超过极限参数的条件下工作，就可能导致性能下降、工作不正常，极易损坏器件。除了电源电压范围外，在利用逻辑门电路（CMOS、TTL）做具体的电路设计时要注意以下几个实际问题。

一、TTL 门电路的使用注意事项

1. 电源电压范围

TTL 集成电路的电源电压允许变化的范围比较窄，54 系列电源电压一般为 5 V±0.5 V，74 系列电源电压为 5 V±0.25 V。所以各个输入端不能直接与高于 +5.5 V 和低于 -0.5 V 的低内阻电源连接，因此必须使用 +5 V 稳压电源。

2. 对多余输入端的处理

对于 TTL 电路，多余的输入端允许悬空。悬空时，该端的逻辑输入状态一般都作为高电平"1"对待。但是最好不要悬空，这样容易受干扰，有时还会造成电路误动作。

对多余输入端的处理以不改变逻辑关系及稳定可靠性为前提，要根据实际需要做适当

处理。一种方法是将多余的输入端并联起来使用,但多余输入端并联使用时会增加门的输入电容,对前级也增加了容性负载,从而使信号传输速度降低,工作速度要求不高时可以采用这种方法。另一种方法可根据逻辑关系的要求将多余的输入端接地或接高电平。与门或者与非门的多余输入端可以通过一定阻值的电阻或直接接到电源正端,或门或者或非门的多余输入端可以接地。

3. 对输出端的处理

普通的 TTL 门电路输出端不允许直接并联或接电源、接地使用,否则将使电路的逻辑功能混乱并损坏器件。TSL 门电路输出端可以并联使用;OC 门输出端也可以并联使用,但公共端与电源间要接有负载 R_L。

4. 安装时避免干扰信号的侵入

在每一块插板的电源线上,并接几十微法的低频去耦电容和 $0.01\sim 0.047\ \mu F$ 的高频去耦电容,以防止 TTL 电路的动态尖峰电流产生的干扰。整机装置应有良好的接地系统。

二、CMOS 门电路的使用注意事项

1. 电源电压范围

4000 系列电源电压为 $3\sim 15\ V$,最大不超过 $18\ V$;HC 系列电源电压为 $2\sim 6\ V$;HCT 系列电源电压为 $4.5\sim 5.5\ V$,最大不超过 $7\ V$。

CMOS 电路要求输入信号的幅度满足 $U_{SS}\leqslant u_1\leqslant U_{DD}$。当 CMOS 电路输入端施加的电压过高(大于电源电压)或过低($< 0\ V$),或者电源电压突然变化时,电路电流可能会迅速增大,烧坏器件,这种现象称为可控硅效应,在使用时要注意采取措施预防可控硅效应发生。

如果 CMOS 门电路的输出接有大电容负载,流过输出管的冲击电流较大,易造成电路失效。为此,必须在输出端与负载电容间串联一限流电阻,将瞬态冲击电流限制在 $10\ mA$ 以下。

此外,CMOS 电路接电源时极性不能接反;在实验或调试时,开始先接电源后再接通信号源,结束时先关信号源后断电源。

2. 对多余输入端的处理

对于 CMOS 电路,多余的输入端不能悬空,因为 MOS 管的输入电阻很大,很容易受到静电或工作区域工频电磁场的影响产生高压,从而破坏电路的正常工作状态,容易造成器件损坏。对多余输入端的处理可和 TTL 门电路一样采用输入端并联的方法,这种方法适用于工作速度要求不高、功耗不太大的情况。另一种方法也是根据逻辑关系的要求接地或接高电平。

3. 对输出端的处理

普通的 CMOS 门电路与 TTL 门电路一样是不允许直接并联或接电源、接地使用的。由于不同的器件参数不一致,可能会使电路的逻辑功能混乱,还有可能导致输出级的 NMOS 和 PMOS 器件同时导通产生过流而损坏。只有 TSL 门和 OD 门的输出端可以并联使用,同样,公共端与电源间要接有负载 R_L。

4. 输入电路的静电保护

CMOS 电路的输入端设置了保护电路,给使用者带来很大方便。但是,这种保护还是有限的。由于 CMOS 电路的输入阻抗高,极易产生感应较高的静电电压,从而击穿 MOS 管栅极极薄的绝缘层,造成器件的永久损坏。为避免静电损坏,应注意所有与 CMOS 电路直接接触的工具、仪表等必须可靠接地;在存储和运输 CMOS 电路时,最好采用金属屏蔽层做包装材料。

三、门电路之间的接口问题

在数字电路或系统中,根据工作速度或功耗指标需要,往往将不同类型、不同系列的集成门电路在同一系统中使用,由于不同逻辑器件使用的电源电压、输入/输出电平的高低及电流参数是不同的,因此必须注意门电路之间的接口问题,必要时还需要采用接口电路来解决高、低电平和负载能力的匹配问题。一般主要考虑以下三方面因素。

(1) 逻辑电平匹配问题。它是指驱动器件的输出电压要符合负载器件所要求的高电平或低电平输入电压的范围。

(2) 电流匹配问题。驱动门要为负载门提供足够大的驱动电流。

(3) 噪声容限、输入输出电容、开关速度等参数需要满足某些设计要求的问题。

1. CMOS 门驱动 TTL 门电路的连接方法

电平匹配:CMOS 门电路作为驱动门,$U_{OH} \approx 5$ V,$U_{OL} \approx 0$ V;TTL 门电路作为负载门,$U_{IH} \geq 2.0$ V,$U_{IL} \leq 0.8$ V。电平匹配是符合要求的。

电流不匹配:如 CMOS 门电路 4000 系列的最大允许灌电流为 0.4 mA,TTL 门电路的最大允许灌电流为 1.4 mA,CMOS4000 系列驱动电流不足。

解决方法:一是选用 CMOS 缓冲器,如 CC4009 的驱动电流可达 4 mA。二是选用高速 CMOS 系列产品,如选用 CMOS 的 54HC/74HC 系列产品可以直接驱动 TTL 电路。但要注意根据电流大小计算扇出数,负载门个数不能超过扇出数。

2. TTL 门驱动 CMOS 门电路的连接方法

当 TTL 门电路的输出端与 CMOS 门电路的输入端接口时,即 TTL 门电路驱动 CMOS 门电路,若它们的高低电平参数兼容,则无须另加接口电路,可直接连接,如 TTL 电路驱动 74HCT 系列 CMOS 电路。

若 TTL 门电路与 CMOS 门电路的电源电压相同,但其高低电平参数不兼容,如 74LS 系列 TTL 门电路驱动 74HC 系列 CMOS 门电路时,电源电压 $U_{CC} = U_{DD} = 5$ V,且其低电平参数兼容,但高电平参数不兼容,74LS 系列输出高电平最小值为 2.7 V,而 74HC 系列的输入高电平最小值为 3.5 V。通常可采用图 2-41 所示的方法,在 TTL 的输出端加一个上拉电阻 R_p 以提高 TTL 电路的输出电平。上拉电阻的值取

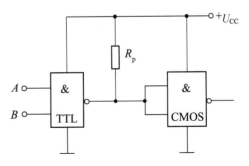

图 2-41 接上拉电阻作为接口电路

决于负载器件的数目及 TTL 和 CMOS 的电流参数。

由于 TTL 驱动 74HCT 系列 COMS 时无须另加接口电路,因此在数字电路设计中也常将 74HCT 系列器件当作接口电路使用,以省去上拉电阻。

若 CMOS 电路的驱动电流较小,而 TTL 电路的输入短路电流较大,当 CMOS 电路输出低电平时,不能承受这样大的灌电流,可采用具有电平移动功能的电平转换器(如 CC4049 和 CC4050,CC4049 为反相驱动,CC4050 为同相驱动)作为缓冲驱动,如图 2-42 所示。

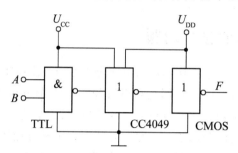

图 2-42   采用电平移动电路作为接口电路

四、需要注意的其他事项

1. 信号干扰问题

通常集成电路共用同一理想直流电源,但实际的电源一般由稳压电路供电,因此具有一定的内阻抗。当数字电路在高低状态之间交替变换时,会产生较大的脉冲电流或尖峰电流,当它流经公共地域时,必然会产生相互干扰,甚至使逻辑功能发生错乱。为了防止干扰,一般要在电源和地之间接入去耦合滤波电容。如在电源与地间接 $10\sim100$ mF 的大电容器,每隔 $6\sim8$ 个门接高频滤波电容 $0.01\sim0.1$ mF。

2. 设计和安装工艺

在印制电路板的设计或安装中,要注意连线尽可能短,防止信号之间的串扰和对信号的传输延迟,减少电容产生寄生反馈而引起的寄生振荡。此外,要把电源线设计得宽一些,地线要进行大面积接地,通常将电源地与信号地分开,先将信号地汇集一点,然后将二者用最短的导线连在一起,以避免含有多种脉冲波形的大电流引入某器件的输入而扰乱正常的逻辑功能,减少接地噪声干扰。

3. 电容负载问题

在 CMOS 逻辑系统的设计中,应尽量减少电容负载。电容负载会降低 CMOS 集成电路的工作速度和增加功耗。

此外,由于 CMOS 电路输入阻抗高,容易受静电感应发生击穿,除电路内部设置保护电路外,在使用和存放时应注意静电屏蔽。焊接 CMOS 电路时,电烙铁应接地良好,或在电烙铁断电的情况下焊接,且焊接时间不宜过长,温度不要太高。更不能在通电的情况下拆卸或拔插集成电路。

◀ 学习任务 6　仿真软件 Multisim 10 的基本操作 ▶

一、Multisim10 简介

从事电子产品设计和开发等工作的人员,经常需要对所设计的电路进行实物模拟和调试。其一方面是为了验证所设计的电路是否能达到设计要求的技术指标;另一方面通过改变电路中元器件的参数,使整个电路性能达到最佳。而这种实物模拟和调试的方法不但费工费时,而且其结果的准确性受到实验条件、实验环境、实物制作水平等因素的影响,因而工作效率也不高。

从 20 世纪 80 年代开始,随着计算机技术的迅速发展,电子电路的分析与设计方法发生了重大变革,一大批各具特色的优秀仿真软件的出现改变了以定量估算和电路实验为基础的电路设计方法。Multisim 软件就是其中之一。

Multisim 的早期版本称为 EWB。EWB 是 Electronics Workbench 的缩写,称为电子工作平台。EWB 的设计实验工作区好像一块"面包板",在上面可建立各种电路进行仿真实验。电子工作平台的器件库可提供几千种常用元器件库,用户设计和实验时可任意调用。EWB 的特点是系统高度集成,界面直观,操作方便,主要表现在元器件的选取、电路的输入、虚拟仪表的使用以及进行各种分析,都可以在屏幕窗口直接操作,与实物一样直观。EWB 的电路分析手段完备,提供多种不同的分析,包括对电路基本参数的分析、电路特性的分析、电路结果误差的分析等多种方法。

但随着电子技术的飞速发展,低版本的 EWB 仿真设计功能已远远不能满足新的电子线路的仿真与设计要求,EWB 软件也在进行不断升级。21 世纪初,IIT 公司在保留原版本优点的基础上增加了更多功能和内容,特别是改进了 EWB 5.0 软件虚拟仪器调用有数量限制的缺陷。将 EWB 软件更新换代推出 EWB 6.0 版本,并取名 Multisim(意为多重仿真),也就是 Multisim 2001 版本。

IIT 公司继 Multisim 2001、Multisim 7 后,于 2004 年推出了 Multisim 8.0。Multisim 8.0 继承了 EWB 的诸多优点,并且在功能和操作方法上有了较大改进,极大地扩充了元件数据库,特别是大量新增的与现实元件对应的元件模型,增强了仿真电路的实用性。

2005 年以后,加拿大 IIT 公司已经隶属于美国国家仪器公司(National Instrument,简称 NI 公司),NI 公司于 2006 年初推出 Multisim 9.0 版本。

2007 年年初,美国 NI 公司下属的 Electronics Workbench Group 又推出最新的 NI Multisim 10.0 版本,其启动画面如图 2-43 所示。在原来的 Multisim 前冠以 NL,启动画面右上角有美国国家仪器公司的徽标和英文"NATIONAL INSTRUMENTS™"字样。在安装 NI Multisim 10 软件的同时,也同时安装了与之配套的制版软件 NI Ultiboard 10,并且两个软件位于同一路径下面,给用户使用提供了极大的方便。

目前美国 NI 公司的仿真软件包含有电路仿真设计的模块 Multisim、PCB 设计软件 Ultiboard、布线引擎 Ultiroute 及通信电路分析与设计模块 Commsim 四个部分,能完成从电路的仿真设计到电路版图生成的全过程。Multisim、Ultiboard、Ultiroute 及 Commsim 四个部分相互独立,可以分别使用。这四个部分有增强专业版、专业版、个人版、教育版、学生版和演示版等多个版本,各版本的功能和价格有着明显的差异。

图 2-43 Multisim 10 的启动界面

二、Multisim 10 的用户界面

下面将系统的介绍 Multisim 10 用户界面的基本操作。在计算机"开始"中依次选择"程序"→"National Instruments"→"Circuit Design Suite 10.0"→"multisim",启动 multisim 10,弹出如图 2-44 所示的 Multisim 10 用户界面。

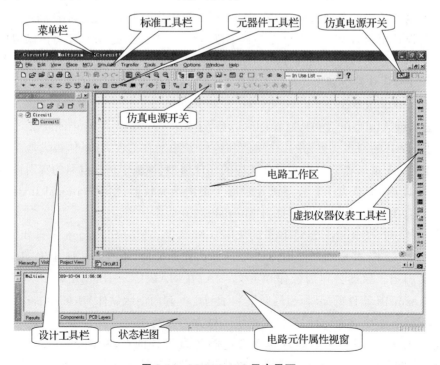

图 2-44 Multisim 10 用户界面

从图 2-44 可以看出,Multisim 的主窗口如同一个实际的电子实验台。屏幕中央区域最大的窗口就是电路工作区,在电路工作区上可将各种电子元器件和测试仪器仪表连接成实验电路。电路工作窗口上方是菜单栏和工具栏。从菜单栏可以选择电路连接及实验所需的各种命令。工具栏包含了常用的操作命令按钮。通过鼠标操作即可方便地使用各种命令和实验设备。电路工作窗口两边是元器件栏和仪器仪表栏。元器件栏存放着各种电子元器件,仪器仪表栏存放着各种测试仪器仪表,用鼠标操作可以很方便地从元器件和仪器库中,提取实验所需的各种元器件及仪器仪表到电路工作窗口并连接成实验电路。按下电路工作窗口上方的"启动/停止"开关或"暂停/恢复"按钮可以方便地控制实验的进程。

Multisim 10 用户界面由以下几个基本部分组成。

(1) 菜单栏(menu bar)。该软件的所有功能均可在菜单栏中找到。

(2) 标准工具栏(standard toolbar)。标准工具栏中的按钮是常用的功能按钮。

(3) 虚拟仪器仪表工具栏(instruments toolbar)。Multisim 10 的所有虚拟仪器按钮均可在虚拟仪器仪表工具栏中找到。

(4) 元器件工具栏(components toolbar)。元器件工具栏中的按钮是电路图中所需各类元器件的选择按钮。

(5) 电路窗口(circuit windows or workspace)。电路窗口即电路工作区,该工作区是用来创建和编辑电路图,进行仿真分析和波形显示的地方。

(6) 状态栏(status bar)。在电路窗口中电路标签的下方就是状态栏,状态栏主要用于显示当前的操作及鼠标指针所指条目的有关信息。

(7) 设计工具栏(design toolbox)。利用设计工具栏可以把有关电路设计的原理图、PCB 版图、相关文件及电路的各种统计报告进行分类管理,还可以观察分层电路的层次结构。

(8) 电路元件属性视窗(spreadsheet view)。电路元件属性视窗是当前电路文件中所有元件属性的统计窗口,可通过该视窗改变部分或全部元件的某一属性。

1.菜单栏

Multisim 10 的菜单栏提供了该软件的绝大部分功能命令,如图 2-45 所示。菜单栏从左到右依次为 File(文件)、Edit(编辑)、View(视图)、Place(放置)、MCU(单片机)、Simulate(仿真)、Transfer(转换)、Tools(工具)、Reports(报告)、Options(属性选项)、Window(窗口)和Help(帮助)。

File Edit View Place MCU Simulate Transfer Tools Reports Options Window Help

图 2-45 **Multisim 10 的菜单栏**

1) File 菜单

File 菜单用来对电路文件进行管理,其具体功能如图 2-46 所示。

2) Edit 菜单

Edit 菜单用来对电路窗口中的电路图或元件进行编辑操作,其具体功能如图 2-47 所示。

3) View 菜单

View 菜单用来显示或隐藏电路窗口中的某些内容(如电路图的放大缩小、工具栏、栅格和纸张边界等),其具体功能如图 2-48 所示。

图 2-46　File 菜单功能　　　图 2-47　Edit 菜单　　　图 2-48　View 菜单

4）Place 菜单

Place 菜单提供在电路工作窗口内放置元件、连接点、总线和文字等命令，其功能如图 2-49 所示。

5）MCU 菜单

MCU 菜单提供在电路工作窗口内 MCU 的调试操作命令，MCU 菜单中的命令及功能如图 2-50 所示。

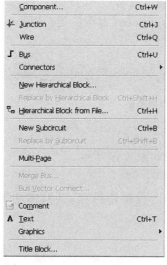

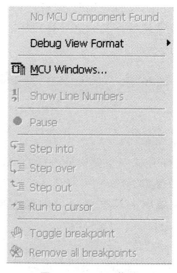

图 2-49　Place 菜单　　　　　图 2-50　MCU 菜单

6）Simulate 菜单

Simulate 菜单用于对电路仿真的设置与操作，其具体功能如图 2-51 所示。

7）Transfer 菜单

Transfer 菜单用于将 Multisim 10 的电路文件或仿真结果输出到其他应用软件，其具体功能如图 2-52 所示。

8）Tools 菜单

Tools 菜单用来编辑或管理元件库或元件命令，其具体功能如图 2-53 所示。

图 2-51　Simulate 菜单

图 2-52　Transfer 菜单

图 2-53　Tools 菜单

9）Reports 菜单

Reports 菜单用来产生当前电路的各种报告，其具体功能如图 2-54 所示。

10）Options 菜单

Options 菜单用于定制软件界面和某些功能的设置，其具体功能如图 2-55 所示。

图 2-54　Reports 菜单

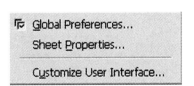

图 2-55　Options 菜单

11）Window 菜单

Window 菜单用于控制 Multisim 10 窗口的显示，其具体功能如图 2-56 所示。

12）Help 菜单

Help 菜单为用户提供在线技术帮助和指导，其具体功能如图 2-57 所示。

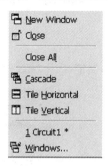

图 2-56　Window 菜单　　　　图 2-57　Help 菜单

2. 工具栏

在 Multisim 10 工具栏中主要包括标准工具栏（standard toolbar）、系统工具栏（main toolbar）、视图工具栏（view toolbar）、元器件工具栏（components toolbar）和虚拟仪器工具栏（instruments toolbar）等。由于该工具栏是浮动窗口，因而在不同用户界面的显示会有所不同。

 想一想

如果找不到需要的工具栏，可以通过单击"View"→"Toolbars"，在菜单项"Toolbars"的级联菜单中就可以找到。

1）标准工具栏

标准工具栏功能如图 2-58 所示，其基本功能按钮与 Windows 的同类应用软件中的按钮类似。

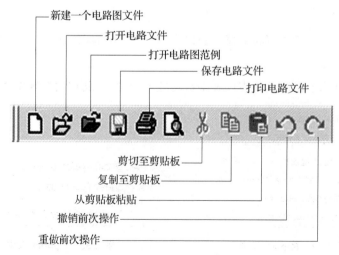

图 2-58　标准工具栏

2）系统工具栏

系统工具栏功能如图 2-59 所示。

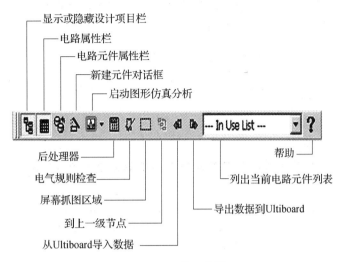

图 2-59　系统工具栏

3）视图工具栏

视图工具栏功能如图 2-60 所示。

4）元器件工具栏

Multisim 10 将所有的元器件分为 16 类,加上分层模块和总线,共同组成元器件工具栏。单击每个元件按钮,可以打开元器件库的相应类别。元器件库中的各个图标所表示的元器件含义如图 2-61 所示。关于这些元器件的功能和使用方法,可使用在线帮助功能查阅有关的内容。

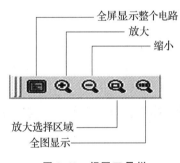

图 2-60　视图工具栏

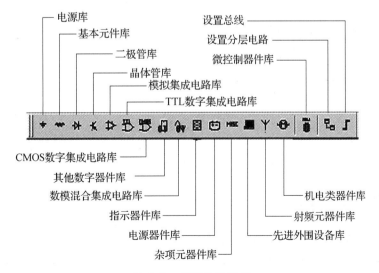

图 2-61　元器件工具栏

5) 虚拟仪器工具栏

虚拟仪器工具栏通常位于电路窗口的右边,也可以将其拖至菜单栏的下方,呈水平状。使用时,通过单击所需仪器的工具栏按钮,将该仪器添加到电路窗口中,并在电路中使用该仪器。虚拟仪器工具栏各个按钮功能如图 2-62 所示。

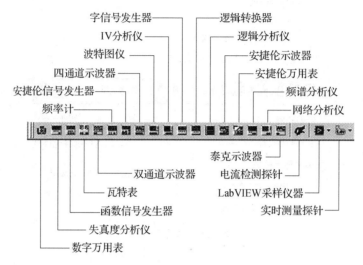

图 2-62　虚拟仪器工具栏

工具栏中还有其他的栏目,如虚拟元件工具栏(virtual toolbar)、图形注释工具栏(graphic annotation toolbar)和状态栏(status bar)等。

技能实训　用仿真软件 Multisim 10 仿真测试门电路逻辑功能

一、实训目的

(1)掌握基本门电路的逻辑功能及测试方法。

(2)熟悉仿真软件 Multisim 10 的使用。

二、实训器材

实训器材	计算机	仿真软件 Multisim 10	其他
数量	1 台	1 套	—

三、实训原理及操作

1. 测试与非门集成电路 74LS00 的逻辑功能

(1)按图 2-63 所示电路图连线,灯泡作为输出的指示,同时接有虚拟万用表 XMM1 作为电平数值的测定。

（2）自行设计真值表并将测试结果填入。

（3）查阅集成电路 74LS00 的管脚图及其逻辑功能的相关资料。

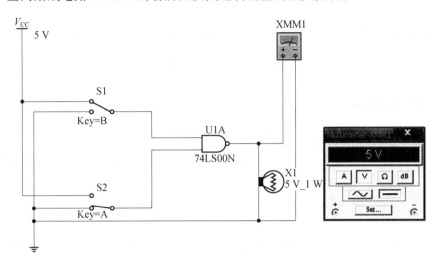

图 2-63　仿真测试 74LS00 接线图

2. 测试与非门集成电路 74LS20 的逻辑功能

（1）按图 2-64 所示电路图连线,灯泡作为输出的指示,同时接有虚拟万用表 XMM1 作为电平数值的测定。

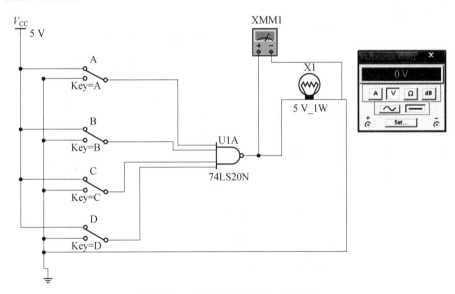

图 2-64　仿真测试 74LS20 接线图

（2）自行设计真值表并将测试结果填入。

（3）查阅集成电路 74LS20 的管脚图及逻辑功能的相关资料。

3. 测试其他逻辑门电路的逻辑功能

参照上述测试电路,自行设计并测试其他逻辑门电路的逻辑功能。例如,与或非、异或等。

想一想 ......

在仿真过程中,控制开关接高、低电平,以及输出指示灯泡的亮、灭与真值表中逻辑数值0和1的对应关系如何?

四、注意事项

(1) 熟悉 Multisim 10 仿真软件的基本操作。

(2) Multisim 10 仿真软件的使用重在测试,相当于在计算机上进行电路的实验,所以学会测量相关参数很重要。

五、实训考核

班级		姓名		组号		扣分记录	得分
项目	配分	考核要求		评分细则			
正确连接电路	20分	能使用仿真软件,并能正确连接电路		(1) 不会使用仿真软件,扣10分; (2) 未能正确选用元件,扣10分			
测试与非门集成电路 74LS00 的逻辑功能	30分	能正确进行仿真,并准确读出实验数据		(1) 连接方法不正确,每处扣10分; (2) 不能正确进行仿真,扣10分; (3) 读数不准确,每次扣5分			
测试与非门集成电路 74LS20 的逻辑功能	30分	能正确进行仿真,并准确读出实验数据		(1) 连接方法不正确,每处扣5分; (2) 不能正确进行仿真,扣10分; (3) 读数不准确,每次扣5分			
能正确记录实训数据	10分	能正确记录相关数据并分析		(1) 不能正确记录相关数据,每次扣5分; (2) 不能进行相关数据的分析,扣10分			
安全文明操作	10分	(1) 安全用电,无人为损坏仪器、元件和设备; (2) 保持环境整洁,秩序井然,操作习惯良好; (3) 小组成员协作和谐,态度正确; (4) 不迟到、早退、旷课		(1) 违反操作规程,每次扣5分; (2) 工作场地不整洁,扣5分			
总　　分							

模块小结

（1）门电路是构成各种复杂数字电路的基本单元,掌握各种门电路中的逻辑功能和电气特性,对正确使用集成电路十分必要。

（2）在门电路中作为开关器件的有二极管、三极管和 MOS 管。

半导体二极管利用其单向导电性,可作为开关元件。当加正向电压时,相当于开关闭合;加反向电压时,相当于开关断开。

半导体三极管作为开关使用时主要工作于截止区和饱和区,相当于一个由基极电流控制的开关。当 $u_{BE} < U_{TH}$ 时,三极管处于截止状态,相当于开关断开;当 $i_B > I_{BS}$ 时,三极管处于饱和状态,相当于开关闭合。

MOS 管是一种电压控制器件。在数字电路中 MOS 管工作于可变电阻区和截止区,导通时相当于开关闭合,截止时相当于开关断开。

（3）分立元件门电路是最简单的门电路,可由半导体二极管、三极管构成二极管与门、或门和三极管非门等基本逻辑电路,它们是集成逻辑门电路的基础,但体积大,工作可靠性较差。

（4）TTL 集成逻辑门电路的输入级采用双极型三极管,输出级采用达林顿结构,这不仅提高了门电路的开关速度,也使电路有较强的驱动负载的能力和抗干扰的优点。在 TTL 系列中,除了有实现各种基本逻辑功能的门电路以外,还有集电极开路门和三态门,它们能够实现线与,还可用来驱动需要一定功率的负载。

（5）CMOS 电路由 PMOS 管和 NMOS 管组成互补 MOS 电路,具有功耗低、集成度高、扇出系数大、开关速度高、噪声容限大、抗干扰能力强等优点,已成为数字集成电路的重要发展方向。

（6）除了广泛使用的 TTL 和 CMOS 门电路,还有其他几种常用的门电路,其性能比较如表 2-6 所示。

表 2-6　几种门电路性能比较

名　称	优　点	用　途
TTL （晶体管-晶体管逻辑）	功耗较低,速度高,但对电源变化敏感,抗干扰能力不强	中小规模集成电路、高速信号处理和各种接口应用
CMOS （互补金属氧化物半导体器件）	功耗很低,工艺简单,集成度高,抗干扰能力强,但速度一般,对静电破坏敏感	中小规模集成电路、自动控制系统、数字化仪表等
ECL （射极耦合逻辑）	速度快,负载能力强,但工艺复杂,功耗大,抗干扰能力较弱	中小规模集成电路,主要用在对速度要求较高的数字系统中
I^2L （集成注入逻辑）	电路简单易于集成,功耗低,但高低电平差值小,抗干扰能力差	不制成单个门电路,主要在大规模、超大规模集成电路中应用,如大规模逻辑阵列、存储器等

（7）在逻辑电路使用过程中，有可能遇到不同类型门电路间的接口问题、门电路与负载之间的接口问题及抗干扰问题等，为了更好地使用数字集成芯片，应熟悉 TTL 和 CMOS 各个系列产品的外部电气特性及主要参数，能正确处理多余输入端，正确分析与解决这些问题。

（8）为便于进行比较，现将常用系列门电路的主要参数列于表 2-7 中，由于不同厂家生产的同一类型产品性能差别较大，表中提供的参数仅供定性比较。

表 2-7　几种门电路主要参数

参　数	系　　列					
	TTL			CMOS	高速 CMOS	
	74	74LS	74ALS	4000	74HC	74HCT
$U_{OH(min)}/V$	2.4	2.7	2.7	4.6	4.4	4.4
$U_{OL(max)}/V$	0.4	0.5	0.5	0.05	0.1	0.33
$I_{OH(max)}/mA$	4	4	4	0.4	4	4
$I_{OL(max)}/mA$	16	8	8	0.4	4	4
$U_{IH(min)}/V$	2	2	2	3.5	3.15	2
$U_{IL(max)}/V$	0.8	0.8	0.8	1.5	1.35	0.8
$I_{IH(max)}/\mu A$	40	20	20	0.1	0.1	0.1
$I_{IL(max)}/\mu A$	1600	400	200	0.1	0.1	0.1

 思考与练习

2.1　什么是逻辑门电路？基本门电路是指哪几种逻辑门？

2.2　分立元件门电路、TTL 门电路和 CMOS 门电路的主要区别是什么？

2.3　电路如图 2-65 所示，写出输出表达式。

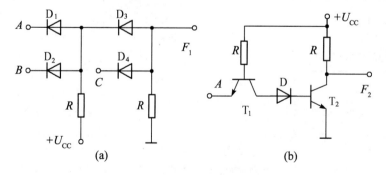

图 2-65　题 2.3 图

2.4　试分析为什么 TTL 与非门的输入端在以下四种接法时都属于逻辑 1 输入：

（1）输入端直接悬空；

（2）输入端接高于 2 V 的电源；

（3）输入端接同类与非门的输出高电压 3.6 V；

（4）输入端通过 10 kΩ 的电阻接地。

而在以下 4 种接法时都属于逻辑 0 输入：

（5）输入端接地；

（6）输入端接低于 0.8 V 的电源；

（7）输入端接同类与非门的输出低电平 0.3 V；

（8）输入端通过 200 Ω 的电阻接地。

2.5　MOS 管电路如图 2-66 所示。已知 $U_{DD}=10$ V，$U_{TP}=U_{TN}=4$ V。分析计算当输入电压 u_I 分别为 0 V 和 10 V 时 MOS 管的工作状态以及对应输出电压 u_O 的值，说明电路功能。

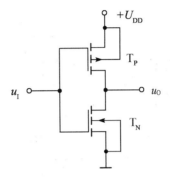

图 2-66　题 2.5 图

2.6　已知 MOS 管的 $|U_T|=2$ V，忽略电阻上的压降，试确定图 2-67 所示的 MOS 管的工作状态（导通或截止）。

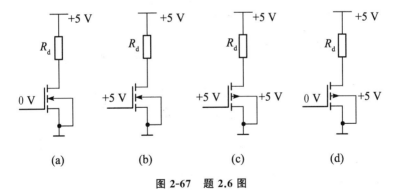

(a)　　　　　(b)　　　　　(c)　　　　　(d)

图 2-67　题 2.6 图

2.7　试分析为什么 CMOS 与非门的输入端在以下 4 种接法下都属于逻辑 0 输入：

（1）输入端接地；

（2）输入端接低于 1.5 V 的电源；

（3）输入端接同类与非门的输出低电平 0.1 V；

（4）输入端通过 10 kΩ 的电阻接地。

2.8　TTL 电路如图 2-68 所示，已知集成电路参数 $U_{IH(min)}=2$ V，$I_{IL}=-1.4$ mA，$I_{IH}=20$ μA，$U_T=1.1$ V，$R_{OFF}=2$ kΩ，$R_{ON}=40$ kΩ，$U_{OH}=3.6$ V，$U_{OL}=0.3$ V。写出输出 F 的表达式，确定电路输出 $F_1 \sim F_3$ 的状态。

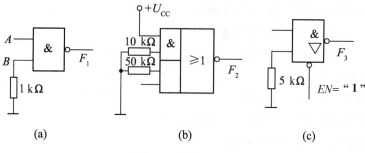

图 2-68　题 2.8 图

2.9　CMOS 电路如图 2-69 所示，确定电路输出 $F_1 \sim F_4$ 的状态。

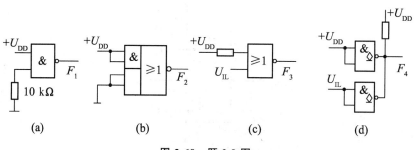

图 2-69　题 2.9 图

2.10　试分析图 2-70 所示电路的逻辑功能，写出逻辑函数表达式。

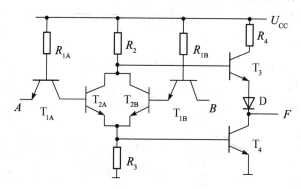

图 2-70　题 2.10 图

2.11　试分析图 2-71 所示 CMOS 门电路的逻辑功能。

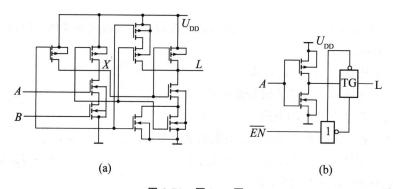

图 2-71　题 2.11 图

2.12 如图 2-72 所示是一个表示三态门作为总线传输的示意图,图中 n 个三态门的输出接到数据传输总线 D 上,A_0,A_1,$\cdots$,A_n 分别为各三态门的数据输入端,EN_0,EN_1,$\cdots$,EN_n 为片选端。

(1)为让数据 A_0,A_1,$\cdots$,A_n 通过该总线可以正常传输,EN 信号应如何进行控制?

(2)EN 信号如果出现两个或两个以上同时有效,会出现什么问题?

(3)如果所有 EN 信号均无效,总线状态如何?

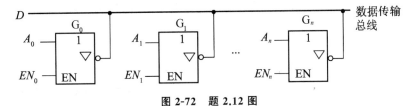

图 2-72 题 2.12 图

模块 3
组合逻辑电路

◀ **学习目标**

（1）了解并掌握常用中规模集成电路的性能和特点；

（2）了解并掌握编码器、译码器等常用器件的功能表、管脚图和内部逻辑图；

（3）掌握使用仿真软件 Multisim 10 测试编码器、译码器等常用器件的方法；

（4）掌握使用中规模集成电路设计实用电路的方法；

（5）掌握仿真调试由中规模集成电路组成的电路的方法。

◀ 学习任务 1　组合逻辑电路概述 ▶

逻辑门电路是数字电路的基本单元,将具有各种逻辑功能的门电路按照一定的方式、方法组装起来可以构造出不同作用的逻辑器件,从而设计出各种各样的数字控制系统。根据这些逻辑器件的结构和功能特点,可以把数字电路分为组合逻辑电路和时序逻辑电路两大类,相对应的也有不同的分析和设计方法。下面先从组合逻辑电路开始学习如何分析、设计数字电路,实现所需要的逻辑功能。

如果一个电路在任意时刻的输出仅取决于该时刻的输入,而与输入信号作用前电路所处的状态无关,该电路就称为组合逻辑电路。这种特点是由电路的结构所决定的。一般组合逻辑电路全部都由门电路构成,电路中不包含记忆单元,在输入、输出之间也没有反馈通路存在,可以用图 3-1 所示的方框图来表示。

图 3-1　组合逻辑电路的一般方框图

图 3-1 中有 n 个输入端和 m 个输出端,由于输出端的状态仅取决于该时刻的输入端状态,所以可以用以下逻辑函数来描述:

$$F_i = f_i(x_1, x_2, \cdots, x_n) \quad (i=1,2,3,\cdots,m)$$

逻辑函数表示第 i 个输出端与输入变量的逻辑关系,这表明任意一个输出端的输出与该时刻所有输入端的逻辑取值有关。对于组合逻辑电路,主要通过真值表、逻辑函数、逻辑图、波形图等手段进行分析和设计。

◀ 学习任务 2　组合逻辑电路的分析与设计 ▶

一、组合逻辑电路的分析

组合逻辑电路的分析是指对已给定的电路借助于逻辑函数、真值表等找出输入输出之间的关系,进而知道电路所实现的逻辑功能。进行分析的目的主要是了解电路的逻辑功能,或者是验证所设计的电路是否能实现预定的目标,以及找出设计中存在的问题。

组合逻辑电路的分析一般按以下步骤进行:

(1) 根据给定的逻辑电路写出逻辑函数表达式。

一般由输入端开始逐级向后推导,对每个门写出其输出表达式,最后得出整个电路的输出与输入的逻辑函数。如果函数表达式比较复杂,还需要利用公式法或卡诺图法进行化简,使结果更加明晰。

（2）列出真值表。

如果电路比较简单，由表达式就可以知道电路的逻辑功能。但大部分情况下还必须由逻辑函数表达式列出真值表，再根据真值表来确定电路的逻辑功能。写真值表时要注意列出输入变量所有的取值组合。

（3）分析得出电路的逻辑功能。

例 3.2.1 逻辑电路如图 3-2 所示，试分析其逻辑功能。

解 （1）从输入端依次写出：$F_1 = \overline{AB}$，$F_2 = \overline{AC}$，有 $F = \overline{F_1 \cdot F_2} = \overline{\overline{AB} \cdot \overline{AC}} = AB + AC$。

（2）列出真值表，如表 3-1 所示。

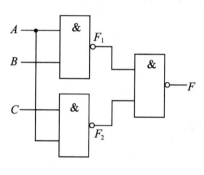

图 3-2　例 3.2.1 逻辑电路图

表 3-1　例 3.2.1 真值表

A	B	C	F
0	0	0	0
0	0	1	0
0	1	0	0
0	1	1	0
1	0	0	0
1	0	1	1
1	1	0	1
1	1	1	1

（3）由真值表可以看出该电路可以实现四舍五入的判别，当输入的二进制码大于等于 5 时输出为 1，而小于 5 时输出为 0。

例 3.2.2 分析图 3-3 所示电路的逻辑功能。

解 （1）从输入端依次写出：$F_1 = A \oplus B$，$F_2 = A \oplus B \oplus C$，有 $F = \overline{F_2} = \overline{A \oplus B \oplus C}$。

（2）可以根据异或的特点直接列出真值表，如表 3-2 所示。

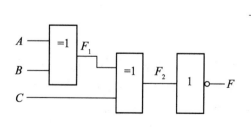

图 3-3　例 3.2.2 逻辑电路图

表 3-2　例 3.2.2 真值表

A	B	C	F
0	0	0	1
0	0	1	0
0	1	0	0
0	1	1	1
1	0	0	0
1	0	1	1
1	1	0	1
1	1	1	0

（3）从表 3-2 中可以看出此电路是 3 位奇偶校验电路，当有奇数个 1 时输出为 0，反之输出为 1。

二、组合逻辑电路的设计

组合逻辑电路的设计是指根据给定的逻辑功能要求，设计出能实现这个功能要求的逻辑电路。一般要求实现的电路要最简，即所用器件品种最少、数量最少、连线最少。

组合逻辑电路的设计一般按以下步骤进行：

（1）根据设计要求进行逻辑规定，并写出真值表。

也就是用逻辑语言来描述实际问题。首先对设计要求进行分析，明确因果关系，确定输入输出变量；然后规定变量的赋值规则，即变量何时取 1、何时取 0；最后根据这些逻辑关系写出真值表，真值表列写的是否完整、正确将直接影响到设计方案的最终结果。

（2）由真值表写出逻辑函数表达式并化简。

写出逻辑函数表达式后，需要根据实际设计要求来选择化简或变换的方式。如果使用小规模器件设计，可以将逻辑函数化为最简形式，以使电路中所使用的门的个数最少。如果使用中规模器件设计，则可以将逻辑函数变换成与所选用器件函数相类似的形式，以使电路中所使用的芯片个数最少。

（3）选用合适的器件画出逻辑图。

上述步骤在实际设计时可以根据需要进行调整。

例 3.2.3　用与非门设计一个三变量多数表决电路。当变量 A、B、C 中有 2 个或 2 个以上为 1 时，输出为 1，其他状态时输出为 0。

解　（1）根据题意可以直接写出真值表，如表 3-3 所示。

（2）将输出取值为 1 的输入变量组合相加，可得逻辑表达式为

$$F = \overline{A}BC + A\overline{B}C + AB\overline{C} + ABC$$

化简并变换成与非式得

$$F = AB + AC + BC = \overline{\overline{AB + AC + BC}} = \overline{\overline{AB} \cdot \overline{AC} \cdot \overline{BC}}$$

表 3-3　例 3.2.3 真值表

A	B	C	F
0	0	0	0
0	0	1	0
0	1	0	0
0	1	1	1
1	0	0	0
1	0	1	1
1	1	0	1
1	1	1	1

（3）用与非门实现的逻辑图如图 3-4 所示。

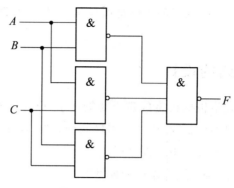

图 3-4　例 3.2.3 逻辑图

例 3.2.4　试设计一个交通灯故障自动检测器,以实现红、黄、绿三种灯的远程监控,要求用与非门实现。

解　(1) 进行逻辑规定。红、黄、绿三种灯分别用变量 A、B、C 表示,灯亮为 1,不亮为 0;输出用变量 F 表示,正常为 1,有故障为 0。由于正常工作时同一时刻只能有一种灯亮,故根据题意得真值表如表 3-4 所示。

表 3-4　例 3.2.4 真值表

A	B	C	F
0	0	0	0
0	0	1	1
0	1	0	1
0	1	1	0
1	0	0	1
1	0	1	0
1	1	0	0
1	1	1	0

(2) 由真值表可写出逻辑表达式为

$$F=\overline{A}\ \overline{B}C+\overline{A}B\overline{C}+A\overline{B}\ \overline{C}$$

变换成与非式得

$$F=\overline{\overline{\overline{A}\ \overline{B}C+\overline{A}\ B\overline{C}+A\overline{B}\ \overline{C}}}=\overline{\overline{\overline{A}\ \overline{B}C}\cdot \overline{\overline{A}B\overline{C}}\cdot \overline{A\overline{B}\ \overline{C}}}$$

(3) 画出逻辑图如图 3-5 所示。

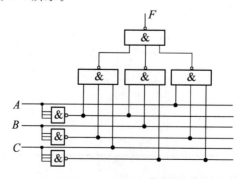

图 3-5　例 3.2.4 逻辑图

◀ 学习任务 3　典型的组合逻辑集成电路 ▶

随着半导体技术的发展,很多常用的组合逻辑电路都可以集成到一个芯片上构成中规模集成电路。这些集成器件标准化程度高,体积小,通用性强,可以提高设计的可靠性而且使电路设计更加灵活,广泛用于各种复杂的数字电路和大型数字系统中。常用的中规模组合逻辑器件品种很多,主要有编码器、译码器、数据选择器、数据分配器、数值比较器、加法器等,这些器件根据型号可以查找到详细的芯片资料,使用者可以通过资料了解芯片的引脚名称、功能等来设计自己的数字产品。

一、编码器

编码就是将信息符号与二进制代码之间建立一一对应的关系,能实现编码功能的逻辑电路就是编码器。

1. 编码器的工作原理

图 3-6 所示为二进制编码器的结构框图,它表示输入有 2^n 个信号时,输出为 n 位二进制代码。编码器在某一时刻只把一个输入信号转换为二进制码,这就是二进制编码器,下面以 4 线-2 线编码器为例介绍编码器的工作原理。

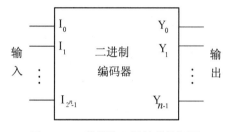

图 3-6　二进制编码器的结构框图

4 线-2 线编码器就是把 4 个输入编成对应的 2 位二进制代码输出的编码电路。其真值表如表 3-5 所示。

表 3-5　4 线-2 线编码器的真值表

输入				输出	
I_3	I_2	I_1	I_0	Y_1	Y_0
0	0	0	1	0	0
0	0	1	0	0	1
0	1	0	0	1	0
1	0	0	0	1	1

$I_0 \sim I_3$ 为 4 个输入端,高电平有效,输出为二进制代码 $Y_1 Y_0$。由于编码器在任一时刻只能对一个输入信号进行编码,所以 $I_0 \sim I_3$ 只能有一个取值为 1,输出的代码依次为 00、01、10、11,对应的信号分别为 I_0、I_1、I_2、I_3 将输出为 1 的输入变量取值组合加起来就可以得到相应的输出信号的与或表达式,即

$$Y_1 = \overline{I_3} \, I_2 \, \overline{I_1} \, \overline{I_0} + I_3 \, \overline{I_2} \, \overline{I_1} \, \overline{I_0}$$

$$Y_0 = \overline{I_3} \, \overline{I_2} \, I_1 \, \overline{I_0} + I_3 \, \overline{I_2} \, \overline{I_1} \, \overline{I_0}$$

根据表达式可以看出,如果某一时刻有两个输入端(以 I_1、I_2 为例)同时为 1,输出 $Y_1 Y_0$ 为 00,而 00 本应表示信号 I_0,此时输出就是错误输出。为了避免此问题,可以设定输入信号的优先级,这种编码器称为优先编码器。4 线-2 线优先编码器的真值表如表 3-6 所示,表

中 I_3 优先权最高,此时不论 I_0、I_1、I_2 是否有效,输出均为 11;I_0 优先权最低,只有 I_1、I_2、I_3 均为无效电平且 I_0 有效时,输出才为 00。

表 3-6　4 线-2 线优先编码器的真值表

输入				输出	
I_3	I_2	I_1	I_0	Y_1	Y_0
0	0	0	1	0	0
0	0	1	$\times$	0	1
0	1	$\times$	$\times$	1	0
1	$\times$	$\times$	$\times$	1	1

4 线-2 线优先编码器的与或表达式为

$$Y_1 = I_2 + I_3$$
$$Y_0 = \overline{I_2}I_1 + I_3$$

此时输出 I_1、I_2 即使同时为 1,输出为 10,仍然表示对优先级高的 I_2 的编码。很显然,优先编码器实质就是对优先级最高的一个输入信号进行编码来避免输出紊乱。

除了二进制编码器,常用的还有二-十进制编码器,也称为 BCD 码编码器,就是把 $0\sim9$ 十个十进制数码编成 BCD 代码,其工作原理与二进制编码器相同。

2. 集成编码器

现在的编码器基本上都有专用的集成电路供选用,常见的如 74LS148、74HC148、74LS147、74HC147、CD4532 等。74LS148(74HC148)为 TTL(CMOS)8 线-3 线优先编码器,两者电性能参数不同,但逻辑功能相同。74LS148 芯片引脚图如图 3-7(a)所示。

集成芯片引脚的这种排列方式(封装形式)称为双列直插式封装。$\overline{I_0}\sim\overline{I_7}$ 为输入端,变量上的非号表示低电平有效,$\overline{I_7}$ 优先级最高;输出端 $\overline{Y_2}\ \overline{Y_1}\ \overline{Y_0}$,变量上的非号表示输出为反码形式。另外,还有 3 个控制端:$\overline{EI}$ 为输入使能端,低电平有效;EO 为输出使能端;$\overline{GS}$ 为扩展输出端。为了方便读图,经常使用图 3-7(b)所示的功能示意图,可以按照连线的需要把端子画在不同的位置,序号表示引脚号,一般可以省略。输入端的小圆圈表示低电平有效,输出端的小圆圈表示反码输出,分别和各自的变量符号相对应。

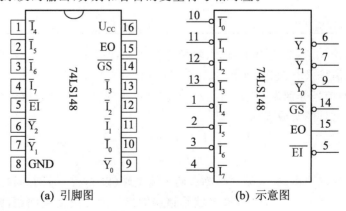

(a) 引脚图　　　　　　　　(b) 示意图

图 3-7　74LS148 引脚图和示意图

表 3-7 为 74LS148 的功能表。从功能表可以看出，当 $\overline{EI}=1$ 时，编码器处于非工作状态，无编码输出，输出均为 1，同时有 $\overline{GS}=1$，$EO=1$；当 $\overline{EI}=0$ 时表示编码器工作，此时 $\overline{I}_0$ ~ $\overline{I}_7$ 任意一个有效均使输出为有效编码输出，同时有 $\overline{GS}=0$，$EO=1$；当 $\overline{EI}=0$ 但输入均无效时，有 $\overline{GS}=1$，$EO=0$，表示此时 $\overline{Y}_2\overline{Y}_1\overline{Y}_0=111$ 为非编码输出，以示和 $\overline{I}_0$ 有效时的 111 编码输出相区别。一般集成电路都具有通用性、可扩展性，通过这些功能控制端可以把多块芯片组合起来实现功能扩展，构成新的逻辑电路，因此要特别重视对这些控制端的应用。

表 3-7　74LS148 的功能表

输入									输出				
$\overline{EI}$	$\overline{I}_7$	$\overline{I}_6$	$\overline{I}_5$	$\overline{I}_4$	$\overline{I}_3$	$\overline{I}_2$	$\overline{I}_1$	$\overline{I}_0$	$\overline{Y}_2$	$\overline{Y}_1$	$\overline{Y}_0$	EO	$\overline{GS}$
1	×	×	×	×	×	×	×	×	1	1	1	1	1
0	1	1	1	1	1	1	1	1	1	1	1	0	1
0	0	×	×	×	×	×	×	×	0	0	0	1	0
0	1	0	×	×	×	×	×	×	0	0	1	1	0
0	1	1	0	×	×	×	×	×	0	1	0	1	0
0	1	1	1	0	×	×	×	×	0	1	1	1	0
0	1	1	1	1	0	×	×	×	1	0	0	1	0
0	1	1	1	1	1	0	×	×	1	0	1	1	0.
0	1	1	1	1	1	1	0	×	1	1	0	1	0
0	1	1	1	1	1	1	1	0	1	1	1	1	0

例 3.3.1 试用 74LS148 和逻辑门电路实现 16 线-4 线优先编码器。

解 74LS148 为 8 个输入，现要对 16 个输入进行编码，因此至少要用两片 74LS148，根据功能表画出逻辑图如图 3-8 所示。片 1 为高位，片 0 为低位。片 1 的 EO 端和片 0 的 $\overline{EI}$ 级联，用于控制是否允许低位片编码输出。片 1 和片 0 的 $\overline{GS}$ 相与作为总的 $\overline{GS}$ 输出，用于标志输出端是否为有效编码输出；另外，将片 1 的 $\overline{GS}$ 引出，作为输出的最高位 $\overline{Z}_3$。

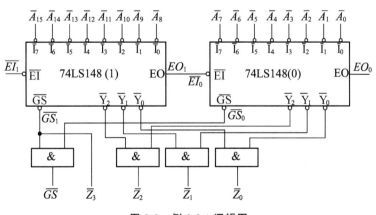

图 3-8　例 3.3.1 逻辑图

（1）$\overline{EI_1}=1$，有 $EO_1=1$ 使 $\overline{EI_0}=1$，从而片 1、片 0 处于非工作状态，均禁止编码。

（2）$\overline{EI_1}=0$，片 1 允许编码，此时片 1 若无有效输入，则 $EO_1=0$ 使 $\overline{EI_0}=0$，片 0 也允许编码；若片 0 输入有效，由于片 1 输出 $\overline{Y_2}\,\overline{Y_1}\,\overline{Y_0}=111$，使与门打开，$\overline{Z_2}\,\overline{Z_1}\,\overline{Z_0}$ 的输出取决于片 0 的输出，同时 $\overline{Z_3}=\overline{GS_1}=1$，所以 $\overline{Z_3}\,\overline{Z_2}\,\overline{Z_1}\,\overline{Z_0}$ 输出范围为 1111～1000，$\overline{GS}=\overline{GS_1}\cdot\overline{GS_0}=0$ 表示对片 0 编码，输出为编码输出。若片 0 也无有效输入，$\overline{Z_3}\,\overline{Z_2}\,\overline{Z_1}\,\overline{Z_0}=1111$，但 $\overline{GS}=1$，表示此时 1111 为非编码输出。

（3）$\overline{EI_1}=0$ 且片 1 输入有效，有 $EO_1=1$ 使 $\overline{EI_0}=1$，片 0 禁止编码，输出 $\overline{Y_2}\,\overline{Y_1}\,\overline{Y_0}=111$ 使与门打开，$\overline{Z_2}\,\overline{Z_1}\,\overline{Z_0}$ 的输出取决于片 1 的输出，同时 $\overline{Z_3}=\overline{GS_1}=0$，所以 $\overline{Z_3}\,\overline{Z_2}\,\overline{Z_1}\,\overline{Z_0}$ 输出范围为 0111～0000，$\overline{GS}=0$，表示对片 1 的输入编码有效。很显然，片 1 的优先级高于片 0 的优先级，输入端中 $\overline{A_{15}}$ 优先级最高，$\overline{A_0}$ 优先级最低。

74LS147 为 TTL 二-十进制优先编码器，芯片引脚图和示意图如图 3-9 所示，功能表如表 3-8 所示。

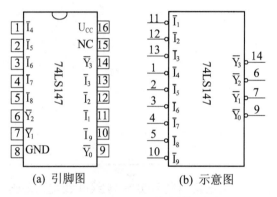

(a) 引脚图　　　　(b) 示意图

图 3-9　74LS147 引脚图和示意图

表 3-8　74LS147 功能表

输入									输出			
$\overline{I_9}$	$\overline{I_8}$	$\overline{I_7}$	$\overline{I_6}$	$\overline{I_5}$	$\overline{I_4}$	$\overline{I_3}$	$\overline{I_2}$	$\overline{I_1}$	$\overline{Y_3}$	$\overline{Y_2}$	$\overline{Y_1}$	$\overline{Y_0}$
0	×	×	×	×	×	×	×	×	0	1	1	0
1	0	×	×	×	×	×	×	×	0	1	1	1
1	1	0	×	×	×	×	×	×	1	0	0	0
1	1	1	0	×	×	×	×	×	1	0	0	1
1	1	1	1	0	×	×	×	×	1	0	1	0
1	1	1	1	1	0	×	×	×	1	0	1	1
1	1	1	1	1	1	0	×	×	1	1	0	0
1	1	1	1	1	1	1	0	×	1	1	0	1
1	1	1	1	1	1	1	1	0	1	1	1	0
1	1	1	1	1	1	1	1	1	1	1	1	1

输入端 $\overline{I}_1 \sim \overline{I}_9$ 低电平有效,虽然只有 9 个输入端,但当 $\overline{I}_1 \sim \overline{I}_9$ 全为 1 时,编码输出为 1111,相当于 $\overline{I}_0$ 输入有效,其中 $\overline{I}_9$ 优先级最高,$\overline{I}_0$ 优先级最低。输出端为反码输出,输出范围为 1111～0110,其原码(0000～1001)恰好为 0～ 9 这十个数字的 8421BCD 码。

CD4532 是 CMOS 4000 系列的 8 线-3 线优先编码器,引脚与 74LS148 排列相同,但输入/输出电平与 74LS148 相反,输入端高电平有效,输出端原码输出,输入使能端 EI、输出使能端 EO、扩展输出端 GS 电平也正好相反。

这些芯片都有相应的资料可供查询,具体的型号因厂家的不同而有很多种,因此对于芯 片内部结构不必深究,在学习时要学会看芯片引脚的名称和排列,分清输入和输出,会读功能表,弄懂输入输出之间的关系以及功能端的作用和有效电平,掌握如何运用器件。

二、译码器

译码是编码的逆过程,它把给定的二进制代码转换为相应的输出信号或另一种形式的代码。具有译码功能的逻辑电路称为译码器。译码器的一般结构框图如图 3-10 所示,它有 N 个输入和 M 个输出,输入输出之间关系要满足 $M \leqslant 2^N$。常用的译码器有二进制译码器、二-十进制译码器、显示译码器等。

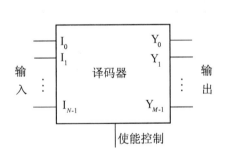

图 3-10 译码器的一般结构框图

图 3-11 74LS139 引脚图

1. 二进制译码器

二进制译码器将输入代码转换成一一对应的有效信号,在使能控制端有效的情况下,对应每一组输入代码,输出端只有一个输出有效,有效电平可以是高电平,也可以是低电平。即输入输出满足 $M = 2^N$,也称为 N 线-M 线译码器或唯一地址译码器。此处介绍常用的集成译码器 74LS138 和 74LS139,这是 TTL 系列的产品,而 CMOS 译码器除了和 74LS 相对应的 74HC 系列的 74HC138、74HC139,还有 4000 系列的产品等,在选用时需要查询具体的资料手册。

74LS139 为双 2 线-4 线译码器,即内部有两个相互独立的 2 线-4 线译码器,芯片引脚图如图 3-11 所示,功能表如表 3-9 所示。

表 3-9　74LS139 功能表

输入			输出			
$\overline{G}$	A_1	A_0	$\overline{Y}_3$	$\overline{Y}_2$	$\overline{Y}_1$	$\overline{Y}_0$
1	×	×	1	1	1	1
0	0	0	1	1	1	0
0	0	1	1	1	0	1
0	1	0	1	0	1	1
0	1	1	0	1	1	1

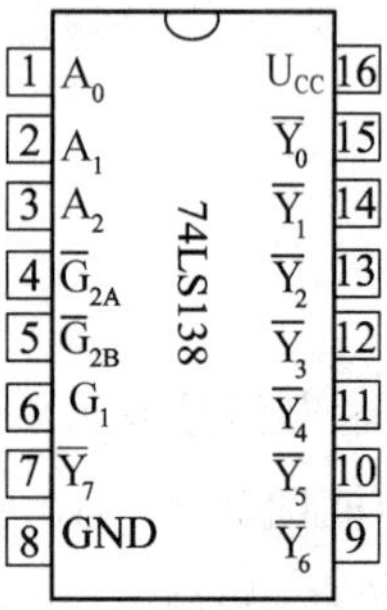

图 3-12　74LS138 引脚图

每个译码器有 2 个输入端,4 个反码输出端,$\overline{G}$ 为使能控制端,低电平有效。当 $\overline{G}=1$ 时,译码器处于非工作状态,输出为 1111。当 $\overline{G}=0$ 时,译码器工作,对应每个代码仅有一个输出端有效,从而识别四种不同的输入代码。

74LS138 为 3 线-8 线译码器,芯片引脚图如图 3-12 所示,功能表如表 3-10 所示。

表 3-10　74LS138 功能表

输入						输出							
G_1	$\overline{G}_{2A}$	$\overline{G}_{2B}$	A_2	A_1	A_0	$\overline{Y}_7$	$\overline{Y}_6$	$\overline{Y}_5$	$\overline{Y}_4$	$\overline{Y}_3$	$\overline{Y}_2$	$\overline{Y}_1$	$\overline{Y}_0$
0	×	×	×	×	×	1	1	1	1	1	1	1	1
×	1	×	×	×	×	1	1	1	1	1	1	1	1
×	×	1	×	×	×	1	1	1	1	1	1	1	1
1	0	0	0	0	0	1	1	1	1	1	1	1	0
1	0	0	0	0	1	1	1	1	1	1	1	0	1
1	0	0	0	1	0	1	1	1	1	1	0	1	1
1	0	0	0	1	1	1	1	1	1	0	1	1	1
1	0	0	1	0	0	1	1	1	0	1	1	1	1
1	0	0	1	0	1	1	1	0	1	1	1	1	1
1	0	0	1	1	0	1	0	1	1	1	1	1	1
1	0	0	1	1	1	0	1	1	1	1	1	1	1

译码器有 3 个输入,8 个反码输出,输出为低电平有效,3 个使能控制端为 G_1、$\overline{G}_{2A}$、$\overline{G}_{2B}$。由表 3-10 可以看出,当 $G_1=1$,$\overline{G}_{2A}=0$,$\overline{G}_{2B}=0$ 时,译码器工作,可以识别 8 种不同的输入状态。利用使能控制端可以方便地扩展电路功能。

例 3.3.2　图 3-13 所示为两片 74LS138 扩展的 4 线-16 线译码器,试分析其工作原理。

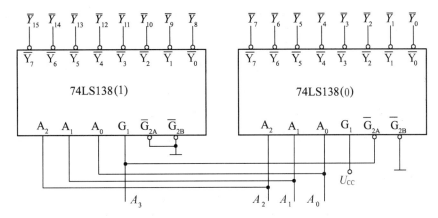

图 3-13　例 3.3.2 图

解　由图 3-13 可知片 1 为高位，片 0 为低位。A_3、A_2、A_1、A_0 为 4 个输入端。

当 A_3 为 0 时，片 1 的 $G_1=0$，禁止译码，高 8 位输出全为 1；而此时片 0 的 $G_1=1$，$\overline{G}_{2A}=0$，$\overline{G}_{2B}=0$ 时，译码器工作，低 8 位有有效输出。

当 A_3 为 1 时，片 1 的 $G_1=1$，$\overline{G}_{2A}=0$，$\overline{G}_{2B}=0$ 时，译码器工作，高 8 位有有效输出，而片 0 此时有 $\overline{G}_{2A}=1$，禁止译码，低 8 位输出全为 1。

例 3.3.3　试用 74LS138 实现逻辑函数 $F=\overline{A}BC+A\overline{B}C+AB\overline{C}+ABC$。

解　将函数表达式写成最小项之和：

$$F=\overline{A}BC+A\overline{B}C+AB\overline{C}+ABC=m_3+m_5+m_6+m_7$$

将输入变量 A、B、C 分别接入输入端，注意高位和低位的接法，使能端接有效电平。由于 74LS138 输出为反码输出，需要再将 F 变换一下：

$$F=\overline{\overline{m_3+m_5+m_6+m_7}}=\overline{\overline{m_3}\cdot\overline{m_5}\cdot\overline{m_6}\cdot\overline{m_7}}=\overline{\overline{Y}_3\cdot\overline{Y}_5\cdot\overline{Y}_6\cdot\overline{Y}_7}$$

所得逻辑电路如图 3-14 所示。

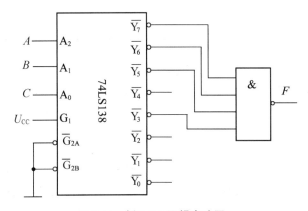

图 3-14　例 3.3.3 逻辑电路图

使用中规模集成译码器实现逻辑函数时，要注意译码器的输入端个数要和逻辑函数变

图 3-15　74HC42 引脚图

量的个数相同,并且需要将逻辑函数化成最小项表达式。

2. 二-十进制译码器

二-十进制译码器能将输入的 BCD 码译成十个输出信号,这种译码器有 4 个输入端、10 个输出端,也常称为 4 线-10 线译码器。根据 BCD 码的不同,对应着多种译码器。图 3-15 所示为常用的 8421BCD 码集成译码器 74HC42 的引脚图,其功能表如表 3-11 所示。

表 3-11　74HC42 功能表

数码	BCD 码输入				输　　出									
	A_3	A_2	A_1	A_0	$\overline{Y_9}$	$\overline{Y_8}$	$\overline{Y_7}$	$\overline{Y_6}$	$\overline{Y_5}$	$\overline{Y_4}$	$\overline{Y_3}$	$\overline{Y_2}$	$\overline{Y_1}$	$\overline{Y_0}$
0	0	0	0	0	1	1	1	1	1	1	1	1	1	0
1	0	0	0	1	1	1	1	1	1	1	1	0	1
2	0	0	1	0	1	1	1	1	1	1	0	1	1
3	0	0	1	1	1	1	1	1	1	0	1	1	1
4	0	1	0	0	1	1	1	1	1	0	1	1	1	1
5	0	1	0	1	1	1	1	1	0	1	1	1	1	1
6	0	1	1	0	1	1	1	0	1	1	1	1	1	1
7	0	1	1	1	1	1	0	1	1	1	1	1	1	1
8	1	0	0	0	1	0	1	1	1	1	1	1	1	1
9	1	0	0	1	0	1	1	1	1	1	1	1	1	1
10	1	0	1	0	1	1	1	1	1	1	1	1	1	1
11	1	0	1	1	1	1	1	1	1	1	1	1	1	1
12	1	1	0	0	1	1	1	1	1	1	1	1	1	1
13	1	1	0	1	1	1	1	1	1	1	1	1	1	1
14	1	1	1	0	1	1	1	1	1	1	1	1	1	1
15	1	1	1	1	1	1	1	1	1	1	1	1	1	1

74HC42 输出为低电平有效,如输入为 1001 时,输出端仅 Y_9 为低电平,其他输出端为高电平,对应于十进制数 9。当输入超过 0~9 范围时,输出均为高电平,无有效译码输出,这超出范围的六个代码 1010~1111 称为伪码,显然,电路具有拒绝伪码的功能。

3. 显示译码器

在数字系统中经常会遇到数据采集,并将采集到的数据以人们习惯的十进制数的形式表示出来,如实时温度监测、运行频率等,以便于观察和控制,这可以通过数码显示电路来完成。数码显示电路通常包括显示译码器、驱动电路和显示器等部分。

1)数码显示器件

数码显示器件用来显示数字、文字或其他符号,按发光物质不同有半导体发光二极管数码管（LED 数码管）、辉光数码管、荧光数码管、液晶显示器（LCD）、等离子显示板等；按组成方式不同又可分为分段式显示器、点阵式显示器等。此处介绍使用非常广泛的 LED 数码管，它是由发光二极管构成的七段显示器。

LED 数码管有共阳极和共阴极两种接法，如图 3-16 所示。它将 $a \sim g$ 七个发光二极管分段封装而成，共阳极接法将各段阳极接在一起作为公共阳极接到高电平，需要某段发光，则将相应二极管的阴极接低电平；共阴极接法正好相反，把各段阴极接在一起接到低电平，需要某段发光，则将相应二极管的阳极接高电平。

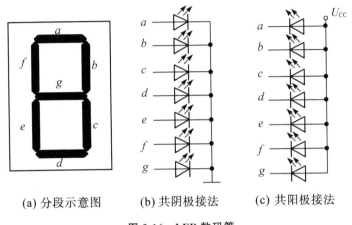

图 3-16　LED 数码管

2）七段集成显示译码器

LED 工作电压比较低，且工作电流不大，一般也可以直接用显示译码器驱动 LED 数码管。将需要显示的十进制数的代码经过译码器译出送到 LED 数码管，点亮相应的段即可在数码管上显示十进制数。图 3-17 所示为 0~9 十个数字需要点亮的段。

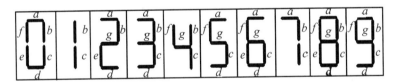

图 3-17　LED 数码管段组合图

例如，要想显示数字 7，其 8421BCD 码为 0111，经译码器输出后应使 a、b、c 段能点亮，即同时要使几个输出端有效。在选用显示译码器时要注意选择正确的驱动方式，共阳极接法的 LED 数码管要选用输出为低电平有效的译码器，共阴极接法的 LED 数码管要选用输出为高电平有效的译码器。

74HC4511 是常用的 CMOS 七段显示译码器，其引脚图如图 3-18 所示，功能表如表3-12 所示。A_3、A_2、A_1、A_0 为输入端，输入 8421BCD 码，$a \sim g$ 为七段输出，输出高电平有效，因此可以用来驱动共阴极 LED 数码管。

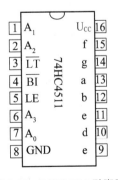

图 3-18　74HC4511 引脚图

表 3-12　74HC4511 功能表

功能/数字	输入							输出							显示
	LE	$\overline{BL}$	$\overline{LT}$	A_3	A_2	A_1	A_0	a	b	c	d	e	f	g	
测试	×	×	0	×	×	×	×	1	1	1	1	1	1	1	全显
灭灯	×	0	1	×	×	×	×	0	0	0	0	0	0	0	全灭
锁存	1	1	1	×	×	×	×	维持不变							维持
0	0	1	1	0	0	0	0	1	1	1	1	1	1	0	0
1	0	1	1	0	0	0	1	0	1	1	0	0	0	0	1
2	0	1	1	0	0	1	0	1	1	0	1	1	0	1	2
3	0	1	1	0	0	1	1	1	1	1	1	0	0	1	3
4	0	1	1	0	1	0	0	0	1	1	0	0	1	1	4
5	0	1	1	0	1	0	1	1	0	1	1	0	1	1	5
6	0	1	1	0	1	1	0	0	0	1	1	1	1	1	6
7	0	1	1	0	1	1	1	1	1	1	0	0	0	0	7
8	0	1	1	1	0	0	0	1	1	1	1	1	1	1	8
9	0	1	1	1	0	0	1	1	1	1	1	0	1	1	9
10	0	1	1	1	0	1	0	0	0	0	0	0	0	0	全灭
11	0	1	1	1	0	1	1	0	0	0	0	0	0	0	全灭
12	0	1	1	1	1	0	0	0	0	0	0	0	0	0	全灭
13	0	1	1	1	1	0	1	0	0	0	0	0	0	0	全灭
14	0	1	1	1	1	1	0	0	0	0	0	0	0	0	全灭
15	0	1	1	1	1	1	1	0	0	0	0	0	0	0	全灭

$\overline{LT}$ 为测试输入端，低电平有效。当 $\overline{LT}=0$ 时 $a \sim g$ 输出全为 1，用于检查译码器和 LED 数码管是否能正常工作。

$\overline{BL}$ 为灭灯输入端，低电平有效。在表示多位数据时，它可以强制将不需要显示的位消去使显示结果更符合惯例。如使用四位数码管，但某个时刻只需要显示最低的两位数据，则可以让显示最高两位数据的数码管的 $\overline{BL}=0,\overline{LT}=1$，达到最高两位消显的目的，使结果更易读。

LE 为锁存使能端，当 $LE=0$ 时锁存器不工作，输入码可以通过内部锁存器，译码器输出随输入变化而变化，当 $LE=1$ 时，输入码在 LE 由 0 跳变为 1 时被锁存，译码器输出只取决于此时锁存器中的内容,输入端的变化将不再引起输出端的变化,即此时输出将保持不变。对于 1010~1111 六个代码,输出均为低电平,显示器不显示。

例 3.3.4 七段显示译码电路如图 3-19(a)所示,对于图 3-19(b)所示的输入波形,分析在 LED 数码管上的显示结果。

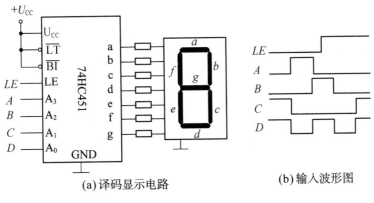

(a)译码显示电路   (b)输入波形图

图 3-19 例 3.3.4 图

解 由于 $\overline{LT}=1,\overline{BL}=1$,所以只需考虑 LE 的控制作用。

当 $LE=0$ 时,译码器正常工作,输入代码 $ABCD$ 分别为 0011、1000、0101,所以 LED 数码管依次显示 3、8、5。

当 LE 由 0 跳变到 1 时,输入代码为 0101,即数字 5 被锁存,所以当 $LE=1$ 时,即使输入代码发生了变化,LED 数码管仍然维持显示数字 5。

三、数据分配器和数据选择器

1. 数据分配器

如图 3-20 所示,数据分配器就是实现数据分配的逻辑电路,它可以将一路通道上的公共数据根据需要分配到多路通道上去,至于传送到哪路通道上,则需要用唯一地址译码器来决定,因此数据分配器实际上就是译码器的一种特殊应用。通常数据分配器有一根输入线,n 根地址控制线、2^n 根数据输出线,因此根据输出线的个数也称为 2^n 路数据分配器,如常用的四路数据分配器、八路数据分配器等。

图 3-21 所示是用 74LS138 译码器实现的数据分配器,它可以把一个数据信号分配到 8 个不同的通道上,所以称为八路分配器。图中译码器的 3 个输入端 A_2、A_1、A_0 作为选择通道用的地址信号输入,8 个输出端作为数据输出通道。3 个控制端的接法如下:$\overline{G_{2B}}$ 接低电平,G_1 接高电平,$\overline{G_{2A}}$ 接数据线 D 作为数据输入。

现分析其工作原理:设地址信号为 001,即选择的是 $\overline{Y_1}$ 通道。由于数据线上的数据只有两种,要么是 1,要么是 0,当 $D=1$ 时,$\overline{G_{2A}}=D=1$,根据译码器功能表知此时译码器不工作,输出全为 1,即有 $\overline{Y_1}$ 通道输出也为 1;当 $D=0$ 时,$\overline{G_{2A}}=D=0$,且 $\overline{G_{2B}}=0$,$G_1=1$,此时译码器工作,根据地址信号,应是 $\overline{Y}_1$ 输出有效低电平,即有 $\overline{Y}_1$ 通道输出为 0,因此不论 D 为何值,总有 $\overline{Y}_1$ 通道输出和 D 相同,也就是说数据 D 被分配到了 $\overline{Y}_1$ 通道。同理,当地址信号为其他通道时,数据 D 也相应地被分配到这些通道上去了,综上,可得到数据分配器的功能表如表 3-13 所示。

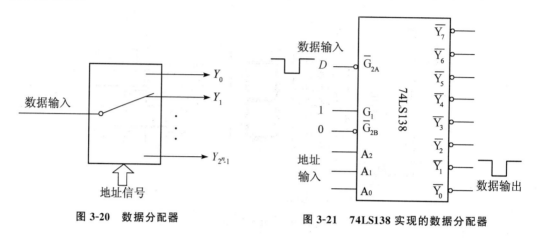

图 3-20　数据分配器　　　　　　　图 3-21　74LS138 实现的数据分配器

表 3-13　74LS138 实现的数据分配器功能表

输　入						输　出							
G	$\overline{G}_{2A}$	$\overline{G}_{2B}$	A_2	A_1	A_0	$\overline{Y}_7$	$\overline{Y}_6$	$\overline{Y}_5$	$\overline{Y}_4$	$\overline{Y}_3$	$\overline{Y}_2$	$\overline{Y}_1$	$\overline{Y}_0$
1	D	0	0	0	0	1	1	1	1	1	1	1	D
1	D	0	0	0	1	1	1	1	1	1	1	D	1
1	D	0	0	1	0	1	1	1	1	1	D	1	1
1	D	0	0	1	1	1	1	1	1	D	1	1	1
1	D	0	1	0	.0	1	1	1	D	1	1	1	1
1	D	0	1	0	1	1	1	D	1	1	1	1	1
1	D	0	1	1	0	1	D	1	1	1	1	1	1
1	D	0	1	1	1	D	1	1	1	1	1	1	1

2. 数据选择器

数据选择器是实现数据选择功能的逻辑电路,它可以通过选择,按需要把多个通道上的某路数据传送到唯一的公共数据通道,和数据分配器的功能正好相反。如图 3-22 所示,它有 2^n 根输入线和一根输出线、n 根选择控制线,因此根据输入线的个数也称为 2^n 选一数据选择器,常用的如四选一数据选择器、八选一数据选择器等。

图 3-23 所示为集成数据选择器 74HC151 的引脚图,是一个八选一数据选择器。它有 A_2、A_1、A_0 三位地址输入端,可实现 8 个数据源 $D_0 \sim D_7$ 的选择。输出端 Y 为同相输出,$\overline{Y}$ 为反相输出,$\overline{ST}$ 为片选信号,低电平有效。74HC151 的功能表如表 3-14 所示。

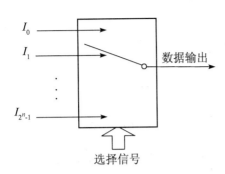

图 3-22　数据选择器

图 3-23　74HC151 的引脚图

表 3-14　74HC151 功能表

输　　　入				输　　　出	
$\overline{ST}$	A_2	A_1	A_0	Y	$\overline{Y}$
1	$\times$	$\times$	$\times$	0	1
0	0	0	0	D_0	$\overline{D_0}$
0	0	0	1	D_1	$\overline{D_1}$
0	0	1	0	D_2	$\overline{D_2}$
0	0	1	1	D_3	$\overline{D_3}$
0	1	0	0	D_4	$\overline{D_4}$
0	1	0	1	D_5	$\overline{D_5}$
0	1	1	0	D_6	$\overline{D_6}$
0	1	1	1	D_7	$\overline{D_7}$

当 $\overline{ST}=0$ 时,数据选择器工作,输出 Y 的表达式为

$$Y = m_0 D_0 + m_1 D_1 + m_2 D_2 + m_3 D_3 + m_4 D_4 + m_5 D_5 + m_6 D_6 + m_7 D_7$$

$$= \sum_{i=0}^{7} m_i D_i$$

式中,m_i 为 $A_2 A_1 A_0$ 的最小项。设 $A_2 A_1 A_0 = 110$,由最小项性质知此时只有 m_6 取值为 1,所以 $Y = D_6$,也就是数据 D_6 被选择传送到输出端。

当 $\overline{ST}=1$ 时,数据选择器不工作,输入数据和地址均不起作用。当数据源较多时,利用片选信号可以方便地实现功能扩展。

例 3.3.5　图 3-24 所示为用两片 74HC151 扩展成的十六选一数据选择器,试说明其工作原理。

解　$A_3 A_2 A_1 A_0$ 为十六选一数据选择器的地址输入端,A_3 经过非门和片 1 的 $\overline{ST}$ 相连,A_3 和片 0 的 $\overline{ST}$ 直接相连。当 $A_3 = 1$ 时,$\overline{ST}_0 = 1$,片 0 不工作,输出端 $Y_0 = 0$,$\overline{Y}_0 = 1$;$\overline{ST}_1 = 0$,片 1 工作,两个互补输出端输出数据,由于 $Y = Y_1 + Y_0$,$\overline{Y} = \overline{Y}_1 \cdot \overline{Y}_0$,所以总输出端输出与片 1 输出相同。当 $A_3 = 0$ 时,$\overline{ST}_1 = 1$,片 1 不工作,输出端 $Y_1 = 0$,$\overline{Y}_1 = 1$,而 $\overline{ST}_0 = 0$,片 0 工

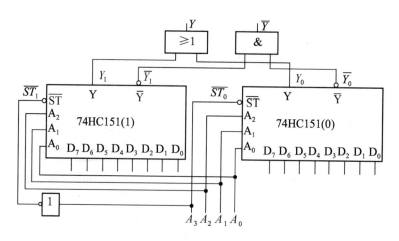

图 3-24　74HC151 扩展成的十六选一数据选择器

作,总输出端输出与片 0 输出相同,从而实现十六选一的功能。

数据选择器的应用非常广泛,除了可以从多路数据中选择一路输出外,还可以用来实现组合逻辑函数和将并行数据转换为串行数据。下面通过例题来说明。

例 3.3.6　用 74HC151 实现函数 $F=A\overline{B}C+AB+C+\overline{A}\,\overline{B}$。

解　74HC151 的输出 $Y=\sum\limits_{i=0}^{7}m_iD_i$,所以先根据图 3-25(a)的卡诺图将函数写成最小项表达式

$$F=\sum m_0+m_1+m_3+m_5+m_6+m_7$$

与式

$$Y=\sum_{i=0}^{7}m_iD_i=m_0D_0+m_1D_1+m_2D_2+m_3D_3+m_4D_4+m_5D_5+m_6D_6+m_7D_7$$

比较可知,有 $D_0=D_1=D_3=D_5=D_6=D_7=1,D_2=D_4=0$,将使能端接地,画出逻辑图如图 3-25(b)所示。

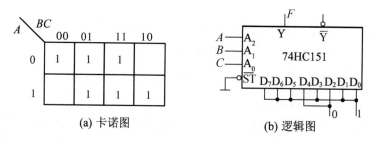

(a) 卡诺图　　　(b) 逻辑图

图 3-25　例 3.3.6 图

这种产生逻辑函数的方法利用数据输入作为控制信号,变量 A、B、C 从地址端输入构成最小项 m_i。当 $D_i=1$ 时,相应的最小项在输出表达式中出现,当 $D_i=0$ 时,相应的最小项不出现,从而实现需要的逻辑函数。这种方法只需要把函数变换成最小项表达式,而不需要进行函数化简,使用起来非常方便,但要注意地址输入端变量的接法。

例 3.3.7 试用 74HC151 将并行数据 10011100 转换为串行数据输出。

解 根据 74HC151 的功能表知,当地址输入从 $000\sim111$ 变化时,74HC151 依次选择 D_0、D_1、$\cdots$、D_7 作为同相端数据输出,因此将 10011100 直接送到芯片的数据端作为并行输入,逻辑图如图 3-26(a)所示。让地址信号按图 3-26(b)变化,这样从同相端取出的数据即为 1-0-0-1-1-1-0-0 的串行序列,实现了并行数据到串行数据的转换。

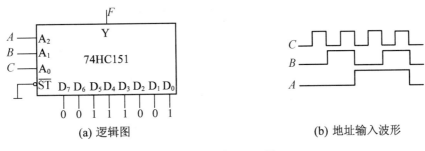

(a) 逻辑图　　　　　　　　　　　　(b) 地址输入波形

图 3-26　例 3.3.7 图

四、数值比较器

1. 一位数值比较器

能够实现两个二进制数比较的逻辑电路统称为数值比较器。在数字系统中,经常利用数值比较器对两个数的大小进行判断。下面先了解基本的一位数值比较器的工作原理。

设 A 和 B 是两个 1 位二进制数,它们的大小关系只有三种:$A>B$、$A<B$、$A=B$,A 和 B 的取值只能为 0 和 1。以 A、B 作为输入变量,$F_{A>B}$、$F_{A<B}$、$F_{A=B}$ 作为输出变量,当输出变量 取值为 1 时,表示相应的比较结果成立,取值为 0 时,表示比较结果不成立,则可以写出 1 位 数值比较器的真值表如表 3-15 所示。

表 3-15　1 位数值比较器的真值表

输	入	输	出	
A	B	$F_{A>B}$	$F_{A<B}$	$F_{A=B}$
0	0	0	0	1
0	1	0	1	0
1	0	1	0	0
1	1	0	0	1

从表 3-15 中可以看出,当 $A=0$,$B=1$ 时,有 $A<B$ 成立,因此 $F_{A<B}=1$ 而 $F_{A>B}=0$,$F_{A=B}=0$。当 $A=0$,$B=0$ 或 $A=1$,$B=1$ 时,都是 $A=B$,所以这两种情况下都有 $F_{A=B}=1$。

2. 多位数值比较器

一位数值比较器只能实现两个一位二进制数的比较,而实际应用中的数值比较器一般都是多位的,需要考虑各个位上的数值以及位与位之间的关系。现在先以两位数字的比较分析多位数值比较器的工作情况。设 A 和 B 是需要比较的两个二位二进制数,即 A_1A_0 和

B_1B_0，仍用 $F_{A>B}$、$F_{A<B}$、$F_{A=B}$ 作为输出变量表示比较结果。在两个数中，A_1、B_1 分别是两个数的高位，A_0、B_0 分别是两个数的低位，当高位不相等时，如有 $A_1>B_1$，无须比较低位，我们就可以知道有 $A>B$，即此时 A 和 B 的比较结果就是高位比较的结果。若高位相等，则需要考虑低位的比较结果，如低位 $A_0>B_0$，也有 $A>B$。根据一位数值的比较结果，可以得到二位数值比较器简化的真值表如表 3-16 所示。

表 3-16　二位数值比较器简化的真值表

输　入		输　出		
A_1　B_1	A_0　B_0	$F_{A>B}$	$F_{A<B}$	$F_{A=B}$
$A_1>B_1$	×	1	0	0
$A_1<B_1$	×	0	1	0
$A_1=B_1$	$A_0>B_0$	1	0	0
$A_1=B_1$	$A_0<B_0$	0	1	0
$A_1=B_1$	$A_0=B_0$	0	0	1

需要注意的是，数值比较器在工作时高位和低位是同时进行比较的，而高位具有高优先权，高位不相等，则高位比较结果就是两数比较结果，此时与低位无关；高位相等再由低位决定比较结果。用以上方法可以构成更多位的数值比较器。

集成数值比较器 74HC85 是常用的 CMOS 型四位数值比较器，其引脚图如图 3-27 所示，功能表如表 3-17 所示。

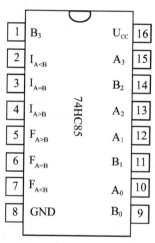

图 3-27　74HC85 引脚图

表 3-17　74HC85 功能表

输　入							输　出		
A_3　B_3	A_2　B_2	$A_1 B_1$	A_0　B_0	$I_{A>B}$	$I_{A<B}$	$I_{A=B}$	$F_{A>B}$	$F_{A<B}$	$F_{A=B}$
$A_3>B_3$	×	×	×	×	×	×	1	0	0
$A_3<B_3$	×	×	×	×	×	×	0	1	0

续表

输 入							输 出		
A_3 B_3	A_2 B_2	$A_1 B_1$	A_0 B_0	$I_{A>B}$	$I_{A<B}$	$I_{A=B}$	$F_{A>B}$	$F_{A<B}$	$F_{A=B}$
$A_3=B_3$	$A_2>B_2$	×	×	×	×	×	1	0	0
$A_3=B_3$	$A_2<B_2$	×	×	×	×	×	0	1	0
$A_3=B_3$	$A_2=B_2$	$A_1>B_1$	×	×	×	×	1	0	0
$A_3=B_3$	$A_2=B_2$	$A_1<B_1$	×	×	×	×	0	1	0
$A_3=B_3$	$A_2=B_2$	$A_1=B_1$	$A_0>B_0$	×	×	×	1	0	0
$A_3=B_3$	$A_2=B_2$	$A_1=B_1$	$A_0<B_0$	×	×	×	0	1	0
$A_3=B_3$	$A_2=B_2$	$A_1=B_1$	$A_0=B_0$	1	0	0	1	0	0
$A_3=B_3$	$A_2=B_2$	$A_1=B_1$	$A_0=B_0$	0	1	0	0	1	0
$A_3=B_3$	$A_2=B_2$	$A_1=B_1$	$A_0=B_0$	×	×	1	0	0	1
$A_3=B_3$	$A_2=B_2$	$A_1=B_1$	$A_0=B_0$	1	1	0	0	0	0
$A_3=B_3$	$A_2=B_2$	$A_1=B_1$	$A_0=B_0$	0	0	0	1	1	0

$A_3A_2A_1A_0$ 和 $B_3B_2B_1B_0$ 是两个用于比较的四位数输入端;$F_{A>B}$、$F_{A<B}$、$F_{A=B}$ 为总的比较结果输出端;$I_{A>B}$、$I_{A<B}$、$I_{A=B}$ 为扩展输入端,用于和其他数值比较器的输出相连接组成更多位数的数值比较器。若只比较两个四位数,将 $I_{A>B}=I_{A<B}=0$,$I_{A=B}=1$ 即可。该比较器的工作原理和二位数值比较器的工作原理相同。

例 3.3.8 试用两片 74HC85 设计一个四位二进制数的判别电路,设输入的二进制数为 X,要求当 $X\leqslant 4$ 时输出 $F_2=1$,当 $4<X<9$ 时输出 $F_1=1$,当 $X\geqslant9$ 时输出 $F_0=1$。

解 74HC85 可以实现四位数的比较,依题意,用一片 74HC85 完成 X 与 4 的比较,另一片完成 X 与 9 的比较,再将输出结果进行组合即可得到判别电路,如图 3-28 所示。

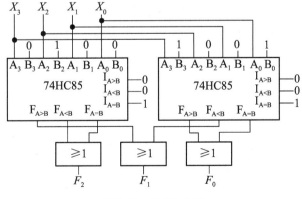

图 3-28 例 3.3.8 图

3. 数值比较器的扩展

数值比较器在使用时经常碰到位数比较多的情况,此时可以采用级联或并联的方式进行扩展,并联的方式可以获得较高的运行速度。

图 3-29 所示为用 74HC85 级联组成的 16 位数值比较器,若最高 4 位相同,则由次低 4 位的比较结果来确定,即次低 4 位的输出端应与最高 4 位的 $I_{A>B}$、$I_{A<B}$、$I_{A=B}$ 端相连接,以此类推。

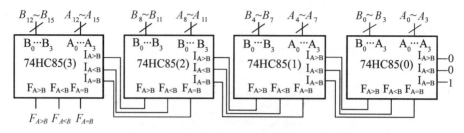

图 3-29　用 74HC85 级联组成的 16 位数值比较器

图 3-30 所示为用 74HC85 并联组成的 16 位数值比较器,它将 16 位数据按高低顺序划分成四组,先并行进行每组 4 位的比较,比较的结果再送到 74HC85 进行比较后得到最终比较结果。显然若扩展相同位数的数值比较器,并联方式要比级联方式多用一片芯片。假设数据经每个 4 位数值比较器产生的延迟时间都相等,为 t_{pd},则并行方式下,数据从输入到稳定输出需要 $2t_{pd}$ 的延迟,而级联方式下需要 $4t_{pd}$ 的延迟,所以当位数较多而对运行速度要求又比较高时可以考虑采用并联方式进行扩展。

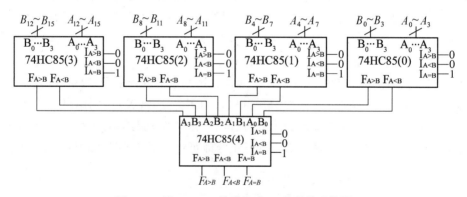

图 3-30　用 74HC85 并联组成 16 位数值比较器

五、加法器

1. 半加器和全加器

在计算机这样的数字系统中经常要进行各种信息处理,而这些处理总是依赖于算术运算和逻辑运算,其中,加、减、乘、除这些算术运算又都转化为加法运算来实现。因此,加法运算是整个运算电路的核心,能够完成二进制加法运算的逻辑电路就是加法器。

如果在做二进制加法运算时只考虑两个加数本身,而不考虑低位是否有进位,这称为半加,实现半加运算的逻辑电路就是半加器。设 A_i、B_i 为两个 1 位二进制加数,S_i 为两数的和,C_i 为向高位产生的进位,则根据二进制加法运算规则写出半加器的真值表如表 3-18 所示。

表 3-18　半加器真值表

输	入	输	出
A_i	B_i	S_i	C_i
0	0	0	0
0	1	1	0
1	0	1	0
1	1	0	1

由真值表可得半加器的逻辑函数表达式为

$$S_i = \overline{A_i} B_i + A_i \overline{B_i} = A_i \oplus B_i \qquad C_i = A_i B_i$$

所以半加器可以由异或门和与门组成,其逻辑图和符号如图 3-31 所示。

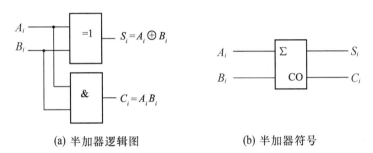

(a) 半加器逻辑图　　　　　　　(b) 半加器符号

图 3-31　半加器

如果在做二进制加法运算时不仅考虑了两个加数本身,还考虑了来自相邻低位的进位,把这 3 个数相加,并根据求和结果给出向高位的进位信号,这种运算就是全加,实现全加运算的逻辑电路就是全加器。设 A_i、B_i 为两个加数,S_i 为和,C_i 为向高位产生的进位,低位来的进位用 C_{i-1} 表示,则可写出全加器的真值表如表 3-19 所示。

表 3-19　全加器的真值表

输	入		输	出
A_i	B_i	C_{i-1}	S_i	C_i
0	0	0	0	0
0	0	1	1	0
0	1	0	1	0
0	1	1	0	1
1	0	0	1	0
1	0	1	0	1
1	1	0	0	1
1	1	1	1	1

由真值表可得全加器的逻辑表达式为

$$S_i = \overline{A}_i \overline{B}_i C_{i-1} + A_i \overline{B}_i \overline{C}_{i-1} + \overline{A}_i B_i \overline{C}_{i-1} + A_i B_i C_{i-1}$$
$$= (A_i \overline{B}_i + \overline{A}_i B_i)\overline{C}_{i-1} + (\overline{A}_i \overline{B}_i + A_i B_i)C_{i-1}$$
$$= (A_i \oplus B_i)\overline{C}_{i-1} + (A_i \oplus \overline{B}_i)C_{i-1}$$
$$= A_i \oplus B_i \oplus C_{i-1}$$
$$C_i = \overline{A}_i B_i C_{i-1} + A_i \overline{B}_i C_{i-1} + A_i B_i \overline{C}_{i-1} + A_i B_i C_{i-1}$$
$$= (\overline{A}_i B_i + A_i \overline{B}_i)C_{i-1} + A_i B_i (\overline{C}_{i-1} + C_{i-1})$$
$$= (A_i \oplus B_i)C_{i-1} + A_i B_i$$

图 3-32 所示为全加器的逻辑图和符号。

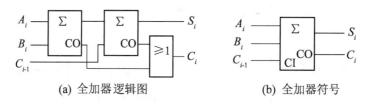

(a) 全加器逻辑图　　　　　　　(b) 全加器符号

图 3-32　全加器

2. 多位数加法器

用多个全加器采用串行进位的方法就可以组成多位数加法器,如用 4 个全加器就可以组成实现两个 4 位二进制数相加运算的加法器,如图 3-33 所示。这种加法器逻辑电路简单,但在运算时每一位必须等下一位的进位信号到来后才能进行本位的加法运算,因此速度比较慢。实用中一般采用超前进位加法器,在这种加法器中,各位的进位信号只由两个加数决定,而不再需要低位来的进位信号,因此超前进位加法器可以大大提高运算速度。图 3-34 所示的74HC283就是一种典型的超前进位加法器,它可以实现 4 位二进制数的加法运算,并且将多片 74HC283 级联也可以方便地扩展参与运算的位数。

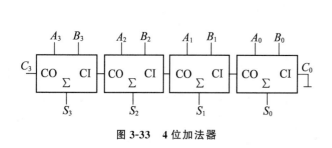

图 3-33　4 位加法器

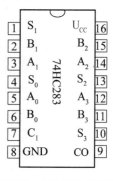

图 3-34　74HC283 引脚图

例 3.3.9　用 74HC283 构成的组合逻辑电路如图 3-35 所示,若输入端输入余 3 码 (0011~1100),试分析此电路所实现的功能。

图 3-35 例 3.3.9 图

解 图 3-35 中 $B_3B_2B_1B_0 = 1101$，$CI = 0$，低位无进位信号。74HC283 的输出为 $A_3A_2A_1A_0$ 和 $B_3B_2B_1B_0$ 求和的结果，所以有 $S_3S_2S_1S_0 = A_3A_2A_1A_0 + 1101$，列出简化的真 值表如表 3-20 所示，由表知此电路将余 3 码转换成 8421BCD 码，实现了代码转换的功能。

表 3-20 例 3.3.9 真值表

输 入				输 出			
A_3	A_2	A_1	A_0	S_3	S_2	S_1	S_0
0	0	1	1	0	0	0	0
0	1	0	0	0	0	0	1
0	1	0	1	0	0	1	0
0	1	1	0	0	0	1	1
0	1	1	1	0	1	0	0
1	0	0	0	0	1	0	1
1	0	0	1	0	1	1	0
1	0	1	0	0	1	1	1
1	0	1	1	1	0	0	0
1	1	0	0	1	0	0	1

学习任务 4　组合逻辑电路中的竞争冒险

任何一个逻辑门电路都具有一定的传输延迟时间，当输入信号发生瞬间转换时，输出信号不可能同时发生变化，而是要滞后一段时间才变化。前面在分析和设计组合逻辑电路时都认为电路工作在稳定状态下，并没有考虑这种作用，但在实际电路中，传输延迟往往会产生违反逻辑的干扰输出，甚至会引起系统的误动作，给生产带来危害。竞争冒险就是这样的一个问题，所以有必要了解组合逻辑电路在状态转换过程中的工作情况，提前采取措施，确保电路能稳定可靠地工作。

一、产生竞争冒险的原因

1. 竞争冒险的概念

由于逻辑门电路存在延迟时间,而且输入信号到达同一个器件时所经历的路径也有可能不同,由此会引起几个输入信号到达同一地点时有先后,这种现象就称为竞争。竞争有可能使电路的输出端出现违背逻辑关系的尖峰脉冲(也称为干扰脉冲或毛刺),即使得真值表所描述的逻辑关系受到短暂的破坏,产生错误的输出,这就是冒险。要注意的是,并不是所有的竞争都会引起错误动作,即竞争的结果也可能不出现冒险,但是在实际电路中信号的变化快慢有一定的随机性,很难预测哪些信号变化会产生冒险,因此,只能说存在竞争就有可能产生冒险,这种现象就统称为竞争冒险。根据干扰脉冲的极性不同,冒险可分为 1 型冒险和 0 型冒险两种。

如图 3-36(a)所示电路中,输出端函数表达式为 $F = X \cdot \overline{X}$。输入信号 X 可以经过两条路径到达与门:一条直接到达,一条要经过非门后到达。为分析方便,设逻辑门延迟时间均为 t_{pd} 且信号允许突变,则由于非门延迟时间的影响,从图 3-36(b)中可以发现,信号 X 由低电平突变到高电平的瞬间,$\overline{X}$ 要比 X 延迟 1 个 t_{pd} 的时间才跳变,此时间差就会引起一次竞争,因此称变量 X 具有竞争能力。竞争的结果在这段时间内产生了不该有的正向干扰脉冲,即发生了冒险,因为干扰脉冲是正向的,所以称为 1 型冒险。

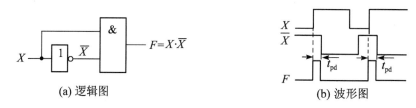

(a) 逻辑图　　　　　　　　　　(b) 波形图

图 3-36　产生 1 型冒险

另外,从图 3-36 中也可以看出,当 X 由高电平跳变到低电平时,虽然 $\overline{X}$ 也延迟 1 个 t_{pd} 的时间才跳变,但仍保持了 $F = X \cdot \overline{X} = 0$,即输出为低电平,没有产生冒险。

同理,在图 3-37(a)所示电路中,输出为 $F = X + \overline{X}$,变量 X 也具有竞争能力。由于非门延迟时间的影响,竞争的结果使输出端出现了一个不该有的负向干扰脉冲,如图 3-37(b)所示,因为干扰脉冲是负向的,所以称为 0 型冒险。

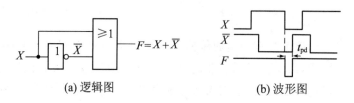

(a) 逻辑图　　　　　　　　　(b) 波形图

图 3-37　产生 0 型冒险

2. 竞争冒险的判断

由于多变量的竞争比较复杂,在此仅讨论常见的一个变量的竞争冒险的情况。一般可采用代数法、卡诺图法来判别。

1) 代数法

从上面的分析可以看出,具有竞争能力的变量,如果其表达式具有 $F = X \cdot \overline{X}$ 的形式,则有可能产生 1 型冒险;如果表达式具有 $F = X + \overline{X}$ 的形式,则有可能产生 0 型冒险。因此,对于组合逻辑电路,写出输出端的函数表达式后,先找出具有竞争能力的变量,然后求出其他逻辑变量的取值发生变化时的逻辑函数表达式,根据表达式中是否出现 $X \cdot \overline{X}$ 或($X + \overline{X}$)的形式来判别是否存在冒险及冒险的类别。

例 3.4.1 设图 3-38(a)所示电路中各逻辑门延迟时间相等,判断是否存在冒险并画出波形图。

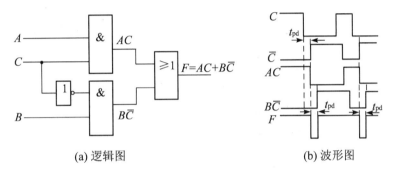

(a) 逻辑图　　　　　　　　　(b) 波形图

图 3-38　例 3.4.1 图

解　根据电路写出逻辑函数表达式为 $F = AC + B\overline{C}$,变量 C 具有竞争能力,将 A、B 的各种取值组合列出并求出对应表达式,如表 3-21 所示。

表 3-21　例 3.4.1 真值表

A	B	F
0	0	0
0	1	$\overline{C}$
1	0	C
1	1	$C + \overline{C}$

从表中可以看出,当 $A = B = 1$ 时,有 $F = C + \overline{C}$,该电路可能发生 0 型冒险,输出波形如图 3-38(b)所示。

例 3.4.2 已知电路逻辑函数表达式为 $F = (A + \overline{B})(B + C)$,判断此电路是否存在冒险。

解　变量 B 具有竞争能力,将 A、C 的各种取值组合列出并求出对应表达式,如表 3-22 所示。

表 3-22　例 3.4.2 真值表

A	C	F
0	0	$B \cdot \overline{B}$
0	1	$\overline{B}$
1	0	B
1	1	1

从表中可以看出,当 $A=C=0$ 时,有 $F=B \cdot \overline{B}$,该电路可能发生 1 型冒险。

2)卡诺图法

在逻辑函数的卡诺图中,将函数表达式的每个积项(或和项)对应于一个卡诺圈。凡在卡诺图中存在两个圈相切(相邻而不相交)处,都有可能产生冒险现象。如圈"1"则为 0 型冒险,而圈"0"则为 1 型冒险,当卡诺圈相交或相离时均无冒险产生。

例 3.4.3　用卡诺图法判断例 3.4.2 中 $F=(A+\overline{B})(B+C)$ 是否存在冒险。

解　卡诺图如图 3-39 所示,要注意将两个乘积项对应的卡诺圈找到,如对于前项 $F_1 = A+\overline{B}$,利用摩根定律变换得最小项表达式 $\overline{F_1}=\overline{A}B=\overline{A}BC+\overline{A}B\overline{C}$,由于是 F_1 的非,在卡诺图中用 0 填入,此卡诺圈对应的就是 $A+\overline{B}$ 项,同理可找到 $F_2=B+C$ 项对应的卡诺圈。两圈相切处 $A=C=0$,当变量 B 变化(由 0 变 1 或由 1 变 0 时)时可能产生冒险,由于圈"0",所以为 1 型冒险,结论与前面一致。

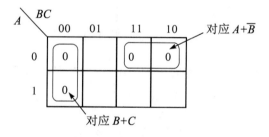

图 3-39　例 3.4.3 卡诺图

另外,对于比较复杂的组合逻辑电路,还可以通过实验的方法,在电路的输入端加入输入变量可能发生突变的波形,利用示波器观察输出是否出现干扰脉冲。也可以通过计算机辅助软件,利用模拟程序仿真快速查找是否存在干扰脉冲。

二、消除竞争冒险的方法

当组合逻辑电路中存在上述原因造成的竞争冒险现象时,可以采取以下措施来消除竞争冒险。

1. 修改逻辑设计

在例 3.4.1 的电路中,当 $A=B=1$ 时存在 0 型冒险,若在式 $F=AC+B\overline{C}$ 中增加冗余项 AB,则 $F=AC+B\overline{C}+AB$,当 $A=B=1$ 时 F 恒为 1,不会产生冒险。

在例 3.4.2 中,当 $A=C=0$ 时存在 1 型冒险,若将式 $F=(A+\overline{B})(B+C)$ 展开:

$$F=(A+\overline{B})(B+C)=AB+AC+\overline{B}B+\overline{B}C$$
$$=AB+AC+\overline{B}C$$

消去互补变量 $\overline{B}B$,则当 $A=C=0$ 时 F 恒为 0,也不会产生冒险。

2. 引入选通脉冲

在电路中可能产生冒险的门电路上引入一个选通脉冲控制门打开的时刻,如图 3-40 所示。当输入信号发生跳变时,选通脉冲使门电路处于关闭状态,当输入稳定后,选通脉冲将门打开,避免了冒险。

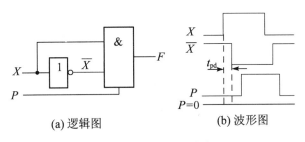

(a) 逻辑图　　　　(b) 波形图

图 3-40　引入选通脉冲

3. 增加滤波电容

由于竞争冒险产生的干扰脉冲一般都很窄,通常在几十纳秒以内,如果在逻辑电路工作速度不是很高的情况下,可以在输出端并联一个小的滤波电容,利用电容两端电压不能突变的特点起到平滑的作用。

以上是常用的几种方法,修改逻辑设计的方法适用范围有限,但效果较好;引入选通脉冲的方法需要注意信号的同步,对选通脉冲的要求较高。增加滤波电容的方法简单易行,但同时也使得输出波形的上升沿和下降沿变坏,只适用于对输出波形要求不严格的情况。因此,在实际工作中还要根据实际情况来选择使用。

◀ 技能实训　8 路抢答器电路的设计与调试 ▶

一、项目制作目的

(1) 了解并掌握 8 路抢答器电路的设计与调试方法。
(2) 掌握用仿真软件进行实际电路的设计与调试方法。

二、项目要求

(1) 设计的电路应能完全满足项目题目的要求。
(2) 绘出 8 路抢答器电路的设计框图。
(3) 完成 8 路抢答器电路的设计图并进行仿真调试。
(4) 完成 8 路抢答器电路的模拟接线安装。

三、项目步骤

1. 8 路抢答器的功能

8 路抢答器电路利用集成锁存译码器的锁存功能,可以实现优先抢答以及数字显示功能,其具体要求如下。

(1)可供 8 位选手进行抢答,各用一个抢答按钮,按钮编号从 1 到 8,按钮编号与抢答选手编号对应。

(2)抢答器具有数据锁存功能,并将锁存的数据用 LED 数码显示管显示出抢答成功者的编号。

(3)主持人具有手动控制功能,可以将抢答器手动清零复位,为下一次抢答做准备。

2. 抢答器的组成

抢答器一般由开关组电路、触发锁存电路、编码器电路、具有锁存功能的七段显示译码器和数码显示器等几部分组成,有些根据工作需要,还可以增加抢答时的音响效果电路、倒计时的限时电路等,本项目只需要完成基本的抢答电路设计即可。

(1)开关组电路由多路开关组成,要求开关为常开型按钮,即按下按钮,电路闭合,松开按钮,电路断开。

(2)触发锁存电路的作用是当某一开关按钮先按下时,触发锁存电路被触发,在输出端产生相应的开关电平信息,同时为防止其他开关随后触发而产生混乱,最先产生的输出电平又反过来将本触发电路锁定,其他开关按钮再按下,信息无效。若有多个开关同时按下,则在它们之间存在着随机竞争问题,结果可能是它们中的任何一个产生有效输出,先按下的按钮信息被锁存并输出。有关触发锁存电路的内容,后续章节会有详细介绍,本项目的设计为保证电路抢答效果,先用到此部分内容。

(3)编码器电路的作用是将来自某一开关按钮闭合的信息转化为相应的 8421BCD 码,供七段显示译码器作为编码输入用。

(4)具有锁存功能的七段显示译码器的作用是将来自编码器电路的 8421BCD 码锁存,只接受一个编码并自动锁存该编码,同时转换为 LED 数码显示管需要的电平信号,为 LED数码显示管的正常工作提供足够的工作电流。有些抢答器电路会用到此集成电路的锁存功能,但本设计没有用,本设计仅将其当作七段显示译码器来使用。

(5)数码显示器将来自七段显示译码器传过来的逻辑信号显示为阿拉伯数字,通常使用发光二极管(LED)数码显示管或液晶(LCD)数码显示管,本设计使用的是 LED 数码显示管。

3. 8 路抢答器的工作原理

1)开关组电路

8 路抢答开关组电路如图 3-41 所示,可以看出其结构非常简单,电路中的电阻 R 为上拉限流电阻。当任一开关按下时,相应的输出为低电平,否则为高电平。本电路均采用CMOS 集成电路组成,故上拉电阻可取 1 MΩ。

2)触发锁存电路

8 路触发锁存电路如图 3-42 所示。图中 74HC373 为八 D 锁存器,当所有开关均未按

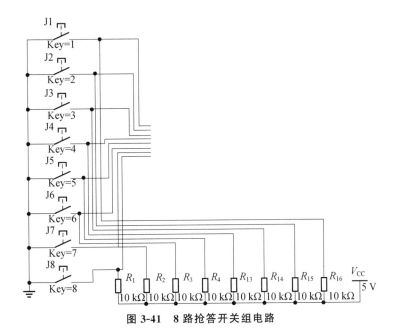

图 3-41　8 路抢答开关组电路

下时,锁存器输出全为高电平,经 8 输入与非门和非门后的反馈信号仍为高电平,该信号作为锁存器使能端的控制信号,使锁存器处于等待接收触发输入状态。当任一开关按下时,输出信号中必有 1 路为低电平,则反馈信号变为低电平,锁存器刚接收到的开关信息被锁存,这时其他开关信息的输入将被封锁而不能输入电路。可见,锁存电路是实现抢答器功能的关键。电路中,所选的 8 输入与非门为 74HC30。

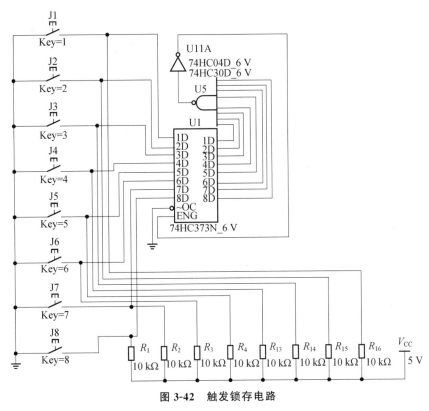

图 3-42　触发锁存电路

3）编码器

如图 3-43 所示，74HC147 为 10 线-4 线优先编码器，当任意输入为低电平时，输出为相应输入 8421BCD 码的反码，该编码器多余的输入端应接高电平。

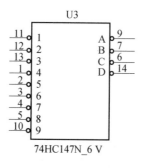

图 3-43　编码器

4）译码驱动及显示单元

编码器实现了对开关信号的编码，并以 8421BCD 码的形式输出。为了将输出的 BCD 码显示出来，需要用译码显示电路。选择常用的七段译码显示驱动器 CD4511 作为显示译码电路。

数码显示器件中的液晶显示器价格较高，驱动较复杂，并且仅能工作于有外界光线的场合，所以使用较少，大多情况下使用的是 LED 数码管。LED 数码管有单字和双字、多字之分，尺寸也有大有小，一般小的数码管每个数字笔画为一个发光二极管，而尺寸较大的数码管一个笔画可能是多个发光二极管串接而成的，这样的数码管一般无法直接用译码驱动器直接驱动（其输出高电平一般为 3 V 左右），这里选择单字 LED 数码管作为显示单元。译码驱动及显示单元如图 3-44 所示，LED 数码管所接电阻为限流电阻。

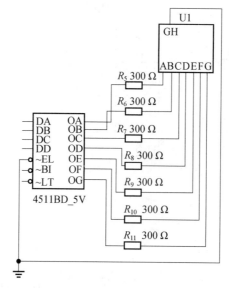

图 3-44　译码驱动及显示单元

5）解锁电路

当锁存电路被触发锁存后,若要进行下一轮的重新抢答,则需将锁存器解锁。可将其使能端强迫置 1 或置 0(根据芯片的不同而定),使锁存器处于待接收状态即可,现选择 74HC32 或门构成解锁电路。将解锁开关信号与锁存器反馈信号相"或"后加到锁存器的使能输入端,当解锁开关信号为 1 时,锁存器使能端输入为 1,使锁存器重新处于信号待接收状态。解锁电路如图 3-45 所示。

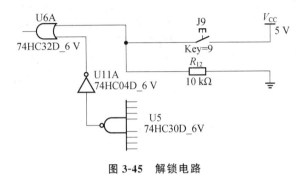

图 3-45 解锁电路

4. 电路仿真调试

在完成电路的初步设计后,再对电路进行仿真调试,目的是观察和测量电路的性能指标,并调整部分元器件参数,从而满足项目的要求。

带显示、锁存功能的 8 路抢答器电路如图 3-46 所示。

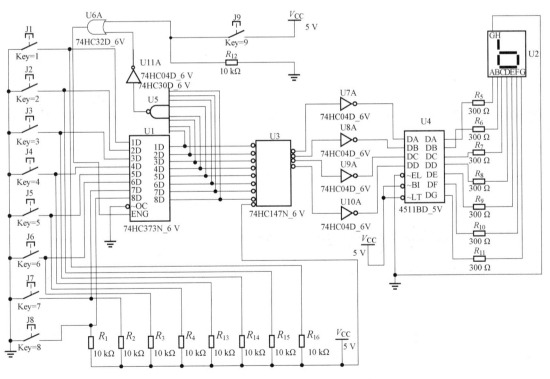

图 3-46 带显示、锁存功能的 8 路抢答器电路

5. 进行 8 路抢答器电路的模拟接线安装

8 路抢答器电路模拟接线后的效果如图 3-47 所示。

图 3-47　8 路抢答器电路模拟接线后的效果

>※→|想一想|……
>
> 如何给该抢答器电路增加声响环节呢?

四、注意事项

　　(1) 模拟接线完全按照在实际接线时的操作要求,在面包板上进行。面包板若接线面积 不足,可采取下列方法调整面包板大小。单击图 3-48 所示按钮,调整图 3-49 中的面包板参数,即可改变面包板的大小。

图 3-48　面包板调整按钮

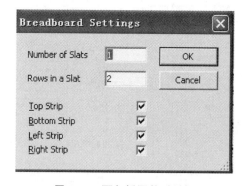

图 3-49　面包板调整对话框

　　(2) 抢答器电路的设计会有多种设计思路,只要能满足题目要求的功能,性能又稳定可靠就是优秀的设计,本设计采用全数字器件,没有使用模拟电子元件,避免了电路调试的麻烦。

五、项目考核

班级		姓名		组号		扣分记录	得分
项目	配分	考核要求		评分细则			
正确连接电路	20 分	能使用仿真软件,并能正确连接电路		(1) 不会使用仿真软件,扣 10 分; (2) 未能正确连接电路,每处扣 5 分			
使用仿真软件进行 8 路抢答器电路的设计与调试	50 分	能正确进行仿真设计与调试		(1) 设计思路不准确,每错一个环节,扣 10 分; (2) 不能正确进行仿真,扣 10 分; (3) 发现故障不能解决,每次扣 10 分			
8 路抢答器电路的仿真接线	20 分	能正确进行 8 路抢答器电路的仿真接线		(1) 连接方法不正确,每处扣 5 分; (2) 不会使用面包板,扣 10 分; (3) 不会判断所用芯片引脚,每处扣 5 分			
安全文明操作	10 分	(1) 安全用电,无人为损坏仪器、元件和设备; (2) 保持环境整洁,秩序井然,操作习惯良好; (3) 小组成员协作和谐,态度正确; (4) 不迟到、早退、旷课		(1) 违反操作规程,每次扣 5 分; (2) 工作场地不整洁,扣 5 分			
总分							

模块小结

(1) 如果一个电路在任意时刻的输出仅取决于该时刻的输入,而与输入信号作用前电路 所处的状态无关,该电路就称为组合逻辑电路。组合逻辑电路具有以下结构特点:

① 由门电路构成。

② 电路中无记忆单元。

③ 输入输出无反馈通路。

(2) 在实际工作中经常需要对组合逻辑电路进行分析和设计。

分析电路,就是根据给定的逻辑电路找出它所能实现的功能或特点,一般按以下步骤进行:

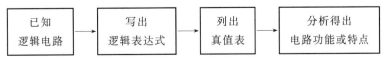

已知逻辑电路 → 写出逻辑表达式 → 列出真值表 → 分析得出电路功能或特点

设计电路,就是根据实际的功能要求设计出具体符合要求的逻辑电路,要求电路形式最简,不论用小规模逻辑器件还是用中规模逻辑器件来实现组合逻辑电路,都可以按以下步骤进行:

（3）常用的组合逻辑器件有编码器、译码器、数据分配器、数据选择器、数值比较器、加法器等。

① 编码器可以将含有特定意义的数字、符号等信息用二进制代码表示,利用优先编码器可以提高编码可靠性。

② 译码器把给定的二进制代码转换为相应的输出信号或另一种形式的代码。常用的译码器有二进制译码器、二-十进制译码器、显示译码器等,它是数字系统中应用最为广泛的器件之一。

③ 数据分配器和数据选择器主要用于数据的传送,数据分配器实际上就是译码器的一种特殊应用。

④ 数值比较器可以比较数值的大小,经常应用于一些判别电路中。

⑤ 加法器是算术运算电路的核心单元,可以完成数字系统中加、减、乘、除以及更复杂的算术运算。

（4）中规模组合逻辑器件除了具有自身基本的功能外,通常还有各种使能端和扩展端,便于构成较复杂的逻辑系统。目前,设计一个组合电路可以优先考虑选用中规模集成电路,以便降低成本,提高电路的可靠性。学习时要注意掌握各种常用器件的性能,灵活运用。

（5）应用中规模组合逻辑器件进行电路设计时要注意以下几点:

① 将逻辑函数变换成与所选用器件函数相类似的形式,以使电路中所使用的芯片个数最少。

② 同类别的组合逻辑器件有多种不同型号,要充分考虑设计要求和器件功能来选用器件,尽量用较简单的器件和较少的个数来实现电路设计。

③ 对多余的端子要针对 TTL 或 CMOS 型器件的各自特点做适当处理。

④ 需要对组合逻辑器件进行扩展时,要综合考虑成本和运算速度等因素选择适合的组合方法。

 思考与练习

3.1　分析图 3-50 中电路的逻辑功能。

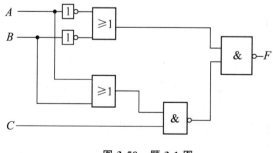

图 3-50　题 3.1 图

3.2 电路如图 3-51 所示,试分析该电路图的逻辑功能。

(1) 写出该电路的逻辑函数表达式 F。

(2) 列出该电路的真值表,说明其实现的功能。

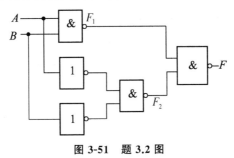

图 3-51 题 3.2 图

3.3 电路如图 3-52 所示,试分析该电路的逻辑功能。

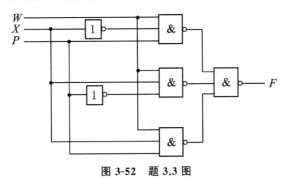

图 3-52 题 3.3 图

3.4 已知电路如图 3-53 所示,试分析其逻辑功能。

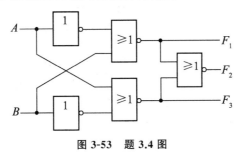

图 3-53 题 3.4 图

3.5 试设计一种房间消防报警电路,当温度和烟雾过高时,就会发出报警信号,要求使用与非门实现。

3.6 已知某组合逻辑电路的输入端为 A、B,输出端为 F。若输入输出的波形如图 3-54 所示,写出 F 对 A、B 的逻辑表达式,并用与非门实现该逻辑电路。

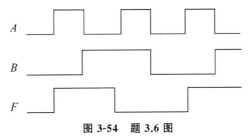

图 3-54 题 3.6 图

3.7 某组合逻辑电路的输入 A、B、C 和输出 F 的波形如图 3-55 所示。试列出该电路的真值表,写出逻辑函数表达式,并用最少的与非门实现。

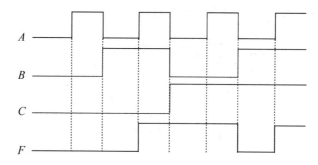

图 3-55 题 3.7 图

3.8 设计一个三变量(A、B、C)的判奇电路,当有奇数个变量为 1 时,输出 F 为 1,否则输出 F 为 0。用最少的门电路实现此逻辑电路。

3.9 设计三变量(A、B、C)表决电路,其中 A 具有否决权。

3.10 某工厂有设备开关 A、B、C。按照操作规程,开关 B 只有在开关 A 接通时才允许接通;开关 C 只有在开关 B 接通时才允许接通。违反这一操作规程,则报警电路发出报警信号。设计一个由与非门组成的能实现这一功能的报警控制电路。

3.11 用与非门实现四变量的多数表决器,当四个变量中有多数变量为 1 时,输出为 1,否则为 0。

3.12 试用 74LS138 和适当的逻辑门电路实现下列两输出逻辑函数:
$$\begin{cases} Y_1 = A\bar{C} \\ Y_2 = AB\bar{C} + \bar{A}C \end{cases}$$

3.13 译码器的功能如表 3-23 所示,用 74LS138 设计该译码器。

表 3-23 题 3.13 译码器功能表

输		入		输				出					
A	B	C	D	0	1	2	3	4	5	6	7	8	9
0	0	0	0	0	1	1	1	1	1	1	1	1	1
0	0	0	1	1	0	1	1	1	1	1	1	1	1
0	0	1	0	1	1	0	1	1	1	1	1	1	1
0	0	1	1	1	1	1	0	1	1	1	1	1	1
0	1	0	0	1	1	1	1	0	1	1	1	1	1
1	0	0	0	1	1	1	1	1	0	1	1	1	1
1	0	0	1	1	1	1	1	1	1	0	1	1	1
1	0	1	0	1	1	1	1	1	1	1	0	1	1
1	0	1	1	1	1	1	1	1	1	1	1	0	1
1	1	0	0	1	1	1	1	1	1	1	1	1	0

3.14 用 74LS138 译码器设计一个全加器。

3.15 在某项比赛中,有 A、B、C 三名裁判。其中 A 为主裁判,当两名(必须包括 A 在内)或两名以上裁判认为运动员合格后发出得分信号。试用四选一数据选择器设计此逻辑电路。.

3.16 试用 74HC151 实现逻辑函数:$Y = A + BC$。

3.17 试用数据选择器产生 01101001 序列。

3.18 采用 4 位加法器 74HC283 完成 8421 码到余 3 码的转换。

3.19 若用下列函数组成逻辑电路,试判断其是否存在竞争冒险。

(1) $F = \overline{\overline{ABCD} + A\ \overline{ABC}}$。

(2) $F = \overline{\overline{ACD} + B\ \overline{\overline{D}}}$。

模块 4
集成触发器

◀ **学习目标**

（1）掌握 RS 触发器、D 触发器、JK 触发器、T 触发器和 T' 触发器的逻辑符号、逻辑功能、触发方式和工作特点；

（2）了解不同逻辑功能触发器的相互转换；

（3）能用门电路组成基本 RS 触发器；

（4）掌握仿真测试集成边沿 D、JK 触发器的功能及应用的方法；

（5）掌握选用触发器集成电路芯片的方法，并能按照逻辑电路图搭建实际电路；

（6）能用仿真软件进行触发器应用电路的设计。

◀ 学习任务 1　触发器概述 ▶

时序逻辑电路具有记忆功能,是在组合逻辑电路的基础上增加一种具有记忆功能的单元电路——触发器。触发器在任何时刻的状态不仅和当时的输入信号有关,还和原来的状态有关。本模块主要介绍触发器的电路结构、逻辑功能、集成触发器及其应用等。

在数字系统中,不少操作都和以前的状态有关,必须由原来的状态和当前的输入共同来确定新的输出状态,即需要有能记忆原先状态的基本逻辑单元,触发器就是这样一种能够存储一位二进制信号的基本逻辑单元电路。通常称具有一个稳定状态的触发器为单稳态触发器,这种触发器的两种工作状态是稳态和暂稳态。具有两个稳定工作状态的触发器为双稳态触发器,两个稳定的工作状态分别是 0(低电平)状态和 1(高电平)状态,本模块讨论的都是这种触发器。

触发器有一对互补的状态输出端 Q 和 $\overline{Q}$,在外加触发信号时可以从一个稳定状态翻转为另一个稳定状态。由于触发器在任何时刻的状态不仅和当时的输入信号有关,还和原来的状态有关,通常称信号输入前触发器当前的状态为现态,用 Q^n 表示,信号输入后出现的新状态称为次态,用 Q^{n+1} 表示。即次态 Q^{n+1} 取决于输入信号和现态 Q^n。因此,触发器具有记忆功能,可以记忆 0(低电平)状态和 1(高电平)状态。通常都是以 Q 端状态作为触发器的状态,$Q=1$ 时称触发器处于 1 态,由于 $\overline{Q}$ 与 Q 互补,有 $\overline{Q}=0$;$Q=0$ 时称触发器处于 0 态,有 $\overline{Q}=1$。在任一时刻触发器只能处于其中一种状态,要么为 1 态要么为 0 态,否则,触发器会出现工作紊乱。

触发器从电路结构上可以分为基本 RS 触发器、同步触发器、主从触发器、边沿触发器等;从逻辑功能上可以分为:RS 触发器、JK 触发器、D 触发器、T 触发器、T' 触发器等。各种类型的触发器都有其各自特点。基本 RS 触发器电路结构简单,使用方便;同步触发器是在基本 RS 触发器的基础上加入时钟源,但存在"空翻"现象;主从触发器能消除"空翻"现象,但信号在主触发器工作时始终可以送入触发器;边沿触发器只在有效边沿时触发,电路结构较复杂。

◀ 学习任务 2　基本 RS 触发器 ▶

基本 RS 触发器可以由两个与非门或者两个或非门交叉耦合而成,是一种直接复位和直接置位的触发器,是各种触发器电路中结构形式最简单的一种,也是构成其他复杂电路结构的基本组成部分。

一、基本 RS 触发器的工作原理

如图 4-1(a)所示,两与非门构成基本 RS 触发器。输入端口用 $\overline{R}_D$ 和 $\overline{S}_D$ 表示,$\overline{R}_D$ 为直接复位端,$\overline{S}_D$ 为直接置位端;Q 和 $\overline{Q}$ 是两个互补的输出端口。

两输入与非门只要有一个输入端口为低电平状态,输出端口就是高电平状态。根据输入信号不同状态的组合,由与非门构成的基本 RS 触发器的输入输出之间有下面几种情况:

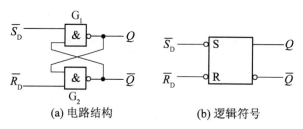

(a) 电路结构   (b) 逻辑符号

图 4-1　用与非门构成的基本 RS 触发器

（1）当 $\overline{R}_D = 0$，$\overline{S}_D = 1$ 时，由于 G_2 的输入端口为低电平状态，相当于封锁了 G_2，不论 Q 原来为何状态，输出端口 $\overline{Q}$ 都变为高电平状态。而 G_1 的 $\overline{S}_D$ 端口为高电平，相当于打开了 G_1，由于此时 G_2 的输出端口 $\overline{Q}$ 为高电平状态，因此 G_1 的输出端口 Q 变为低电平状态，即有 $Q = 0$，$\overline{Q} = 1$，使触发器置 0，也称复位，因此 $\overline{R}_D$ 称为直接复位端。

（2）当 $\overline{R}_D = 1$，$\overline{S}_D = 0$ 时，由于基本 RS 触发器的电路结构对称，此时 G_2 的输出端口 $\overline{Q}$ 为低电平状态，G_1 的输出端口 Q 为高电平状态。即有 $Q = 1$，$\overline{Q} = 0$，使触发器置 1，也称置位，因此 $\overline{S}_D$ 称为直接置位端。

（3）当 $\overline{R}_D = 1$，$\overline{S}_D = 1$ 时，相当于同时打开两个与非门 G_1、G_2。由于 Q 和 $\overline{Q}$ 是互补的状态，Q 通过 G_1 即为 $\overline{Q}$ 状态，$\overline{Q}$ 通过 G_2 即为 Q 状态，所以触发器仍保持原来状态不变。

（4）当 $\overline{R}_D = 0$，$\overline{S}_D = 0$ 时，由于 G_1、G_2 各有一个输入端口为低电平状态，显然此时两与非门输出都是高电平状态。但是当 $\overline{R}_D$ 和 $\overline{S}_D$ 输入的低电平状态同时撤销（回到 1），即 $\overline{R}_D$ 和 $\overline{S}_D$ 同时加高电平时，触发器的次态取决于两个门的工作速度，不能确定下个状态是 1 还是 0，因此称这种工作状态为不定态，触发器工作时应尽量避免不定态。

基本 RS 触发器的逻辑符号如图 4-1(b)所示，由于触发器在置 1 和置 0 时都是低电平有效，因此在两输入端画有小圆圈作为标志。也就是说，触发器要从原来的 1 态翻转为 0 态（或从原来的 0 态翻转为 1 态），必须在输入端 $\overline{R}_D$（或 $\overline{S}_D$）加低电平才能使状态发生转变，这里所加的输入信号就称为触发信号。由于这个触发信号是电平，所以这种触发器就是电平控制触发器。

二、触发器的功能描述

触发器的逻辑功能可以用功能表、特征方程、状态图等来描述。

（1）根据上述对与非门构成的基本 RS 触发器电路的分析，可以写出基本 RS 触发的功能表，如表 4-1 所示。

表 4-1　基本 RS 触发器的功能表

$\overline{R}_D$	$\overline{S}_D$	Q	$\overline{Q}$
0	0	1*	1*
0	1	0	1
1	0	1	0
1	1	保持	保持

如表 4-1 所示，用 1^* 表示当 $\overline{R}_D$ 和 $\overline{S}_D$ 均为低电平时，Q 和 $\overline{Q}$ 为高电平状态，一旦 $\overline{R}_D$ 和 $\overline{S}_D$ 的低电平状态同时撤销，Q 和 $\overline{Q}$ 的状态为不定态。为了更好地体现触发器输出端的现态和次态的关系，将表 4-1 中的输出端口 Q 用现态 Q^n 和次态 Q^{n+1} 表示，可得基本 RS 触发器的另一种形式的功能表，如表 4-2 所示，又称触发器的状态表或特性表。

表 4-2 基本 RS 触发器的状态表

$\overline{R}_D$	$\overline{S}_D$	Q^n	Q^{n+1}	说明
0	0	0	不定态	输出状态不定，应避免
0	0	1	不定态	
0	1	0	0	置0
0	1	1	0	
1	0	0	1	置1
1	0	1	1	
1	1	0	0	保持
1	1	1	1	

触发器作为一种存储单元，其次态输出 Q^{n+1} 不仅与当前输入有关，还与触发器的现态 Q^n 密切相关。在表 4-2 中清晰地描述了触发器现态 Q^n 和次态 Q^{n+1} 的关系，而且从表中也可以看出，基本 RS 触发器具有置 0、置 1 和保持的功能。

（2）根据基本 RS 触发器的状态表化简可得特征方程为

$$\begin{cases} Q^{n+1} = \overline{\overline{S}_D} + \overline{R}_D Q^n \\ \overline{R}_D + \overline{S}_D = 1 \quad （约束条件） \end{cases}$$

状态表和特征方程可以较全面地描述触发器的逻辑功能，其他还有状态图、激励表、波形图等多种描述方法，将在以后的章节中进行介绍。状态表中的不定态对应的就是特征方程中的约束条件，它表示了 $\overline{R}_D$、$\overline{S}_D$ 不能同时为 0。

例 4.2.1 与非门构成的基本 RS 触发器电路结构如图 4-1 所示，已知 $\overline{R}_D$ 和 $\overline{S}_D$ 的电压波形如图 4-2 所示，试画出 Q 和 $\overline{Q}$ 端对应的电压波形，设初始状态 $Q=0$。

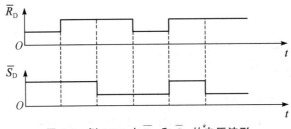

图 4-2 例 4.2.1 中 $\overline{R}_D$ 和 $\overline{S}_D$ 的电压波形

解 根据与非门构成的基本 RS 触发器的状态表可知，当 $\overline{R}_D$ 和 $\overline{S}_D$ 的状态不同时，Q 的状态同 $\overline{R}_D$，$\overline{Q}$ 的状态同 $\overline{S}_D$；当 $\overline{R}_D$ 和 $\overline{S}_D$ 同时为高电平时，Q 和 $\overline{Q}$ 保持原来的状态；当 $\overline{R}_D$ 和 $\overline{S}_D$ 同时为低电平时，Q 和 $\overline{Q}$ 同时为高电平状态，但当 $\overline{R}_D$ 和 $\overline{S}_D$ 的低电平状态同时撤销

时，Q 和 $\overline{Q}$ 为不定态(用虚线表示)。Q 和 $\overline{Q}$ 的输出波形如图 4-3 所示。

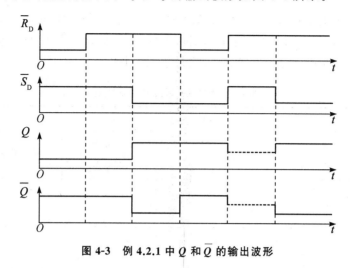

图 4-3　例 4.2.1 中 Q 和 $\overline{Q}$ 的输出波形

◀ 学习任务 3　同步触发器 ▶

基本 RS 触发器的输出状态能跟随输入信号按一定的规律相应变化，但在实际应用中，往往需要触发器在时钟源的控制下工作，即如果时钟信号到达，触发器才按照输入信号改变状态；如果时钟信号没有到达，即使触发器输入信号改变状态，触发器的状态也不会发生改变。

一、同步 RS 触发器

为使基本 RS 触发器能在时钟源的控制下工作，在基本 RS 触发器输入端加两个两输入与非门作为引导门，如图 4-4(a)所示。

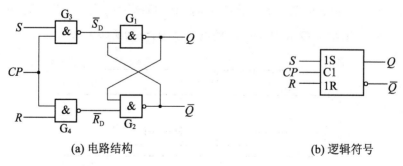

(a) 电路结构　　　　　　　　　　(b) 逻辑符号

图 4-4　同步 RS 触发器电路结构及其逻辑符号

从图 4-4(a)可以看出，当 $CP=0$ 时，相当于封锁了 G_3 和 G_4，G_3 和 G_4 输出都是高电平，即 $\overline{R}_D=1$，$\overline{S}_D=1$，输出端 Q 和 $\overline{Q}$ 保持原状态，输出信号不受输入信号 R、S 变化的影响；当 $CP=1$ 时，引导门 G_3 和 G_4 打开，使得触发信号可以送入触发器。

(1) 当 $R=0$, $S=0$ 时, $\overline{S}_D=1$, $\overline{R}_D=1$, $Q^{n+1}=Q^n$, 保持不变。

(2) 当 $R=1$, $S=0$ 时, $\overline{S}_D=1$, $\overline{R}_D=0$, $Q^{n+1}=0$。

(3) 当 $R=0$, $S=1$ 时, $\overline{S}_D=0$, $\overline{R}_D=1$, $Q^{n+1}=1$。

(4) 当 $R=1$, $S=1$ 时, $\overline{S}_D=0$, $\overline{R}_D=0$, Q^{n+1} 为不定态。

即在 $CP=1$ 时, 触发器仍按基本 RS 触发器的变化规律而变化。根据以上工作原理的分析, 得同步 RS 触发器的状态表如表 4-3 所示。

表 4-3 同步 RS 触发器的状态表

R	S	Q^n	Q^{n+1}	说明
0	0	0	0	保持
0	0	1	1	
0	1	0	1	置1
0	1	1	1	
1	0	0	0	置0
1	0	1	0	
1	1	0	不定态	状态不定
1	1	1	不定态	

同步 RS 触发器的特征方程为

$$\begin{cases} Q^{n+1}=S+\overline{R}Q^n \\ SR=0(约束条件) \end{cases}$$

约束条件 $SR=0$, 即当 S、R 不同时为 1 时, 同步 RS 触发器的输出满足特征方程 $Q^{n+1}=S+\overline{R}Q^n$, 从而把 S、R 同时为 1 导致的不定态排除。

二、同步 D 触发器

把同步 RS 触发器输入端口 R 和 S 用互补的 D 信号控制就可以得到同步 D 触发器, 把 $S=D$, $R=\overline{D}$ 代入同步 RS 触发器特征方程, 得同步 D 触发器的特征方程为

$$Q^{n+1}=S+\overline{R}Q^n=D+\overline{\overline{D}}Q^n=D$$

约束方程 $SR=D \cdot \overline{D}=0$ 始终得到满足。同步 D 触发器的电路结构如图 4-5 所示, 状态表如表 4-4 所示。

表 4-4 同步 D 触发器的状态表

D	Q^{n+1}
0	0
1	1

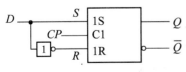

图 4-5 同步 D 触发器的电路结构

从同步 D 触发器的状态表可以看出,在时钟脉冲有效期间,同步 D 触发器的输出端次态只与输入 D 信号有关,在输入端 D 输入提供 1 会导致输出变为 1,否则输出变为 0。

三、同步 JK 触发器

把同步 RS 触发器输入端口 R 和 S 分别接两输入与门的输出端口就可以得到同步 JK 触发器,如图 4-6 所示。

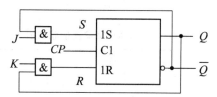

图 4-6   同步 JK 触发器的电路结构

将 $S=J\overline{Q^n}$,$R=KQ^n$ 代入同步 RS 触发器特征方程,得同步 JK 触发器的特征方程为

$$Q^{n+1}=S+\overline{R}Q^n=J\overline{Q^n}+\overline{KQ^n}Q^n=J\overline{Q^n}+\overline{K}Q^n$$

约束方程 $SR=J\overline{Q^n}\cdot KQ^n=0$ 始终得到满足。同步 JK 触发器的状态表如表 4-5 所示。

表 4-5   同步 JK 触发器的状态表

J	K	Q^{n+1}
0	0	Q^n
0	1	0
1	0	1
1	1	$\overline{Q^n}$

从同步 JK 触发器的状态表可以看出,在时钟脉冲有效期间,同步 JK 触发器的输出端次态与输入信号 J、K 和输出端现态有关。在 $J=0$,$K=0$ 时具有保持功能;在 $J=0$,$K=1$ 时具有置 0 功能;在 $J=1$,$K=0$ 时具有置 1 功能;在 $J=1$,$K=1$ 时次态和现态恰好相反,具有翻转功能。

四、同步 T 触发器

把同步 JK 触发器输入端口 J 和 K 连接在一起作输入端 T 就得到同步 T 触发器,电路结构如图 4-7 所示。

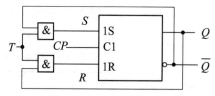

图 4-7   同步 T 触发器电路结构

将 $J=K=T$ 代入同步 JK 触发器特征方程得同步 T 触发器特征方程为

$$Q^{n+1}=J\overline{Q^n}+\overline{K}Q^n=T\overline{Q^n}+\overline{T}Q^n=T\oplus Q^n$$

同步 T 触发器的状态表如表 4-6 所示。

表 4-6 同步 T 触发器的状态表

T	Q^{n+1}
0	Q^n
1	$\overline{Q^n}$

从同步 T 触发器的状态表可以看出,在时钟脉冲有效期间,如果 $T=0$,触发器具有保持功能;如果 $T=1$,触发器具有翻转功能。

如果将 T 触发器的 T 输入端去掉,就可以得到 T' 触发器。在时钟脉冲有效期间,$Q^{n+1}=\overline{Q^n}$,即触发器状态不断发生翻转。

同步触发器在基本 RS 触发器的基础上引入时钟源 CP,使得触发器受时钟源的控制。为了让触发器可靠工作,一个时钟周期触发器输出最多只能变化一次,如果在一个时钟周期内触发器多次翻转,时钟源就不能有效地控制输出。值得注意的是,加入 CP 信号的目的就是希望输入信号在时钟信号的控制下有序地送入触发器,使得输出状态有序地翻转。如果输入信号的跳变比 CP 信号的跳变还快,那么 CP 信号就不能很好地控制输入信号有序地送入触发器,这种输入信号的跳变比 CP 信号的跳变还快的现象就是"空翻"现象。例如,同步 RS 触发器在 $CP=1$ 时,R 和 S 信号始终可以送入触发器,如果 R 或 S 信号变化较快,在 $CP=1$ 期间就发生了变化,则输出也会立即随之发生变化,而这个输出并不是所希望的输出,这就是典型的"空翻"现象。

◀ 学习任务 4 主从触发器 ▶

为了避免同步触发器的"空翻"现象,可以采用具有存储功能的触发导引电路,主从触发器就是具有这种结构的触发器。

一、主从 RS 触发器

主从 RS 触发器的电路结构如图 4-8(a)所示。用互补的时钟源控制两片同步 RS 触发器,前一级为主触发器,时钟信号为 CP,输入为 R、S,输出为 $Q_主$、$\overline{Q_主}$,后一级为从触发器,时钟信号为 $\overline{CP}$,输入为主触发器的输出 $Q_主$、$\overline{Q_主}$,输出为 Q 和 $\overline{Q}$。可以看出,主触发器的输入为整个主从触发器的输入,而从触发器的输出为整个主从触发器的输出。

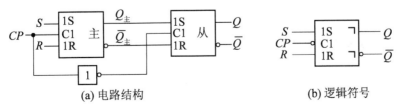

(a) 电路结构   (b) 逻辑符号

图 4-8 主从 RS 触发器的电路结构及逻辑符号

当 $CP=1$ 时，S 和 R 的信号可以送入主触发器，主触发器工作，从触发器时钟源为低电平状态，从触发器输出保持不变；当 $CP=0$ 时，主触发器保持，主触发器的输出 $Q_主$、$\overline{Q}_主$ 可以送入从触发器，从触发器工作。即时钟源 CP 为高电平期间将输入信号 S 和 R 送入主触发器，主触发器的输出为 $Q_主$ 和 $\overline{Q}_主$，而此时，无论 $Q_主$ 和 $\overline{Q}_主$ 如何变化，从触发器的输出 Q 和 $\overline{Q}$ 均不发生变化，相当于将输入状态暂时存储起来。当 CP 由高电平变为低电平时，主触发器关闭，从触发器打开，主触发器不再接收输入信号，即使输入 R、S 发生了变化，主触发器的输出仍然是原来的 $Q_主$ 和 $\overline{Q}_主$。此时，从触发器接收主触发器暂存的状态 $Q_主$ 和 $\overline{Q}_主$，并在输出端 Q 和 $\overline{Q}$ 反映出来。因此，这种结构的主从触发器是下降沿触发的，输出信号 Q、$\overline{Q}$ 和输入信号 S、R 在时间上有延时，在逻辑符号上添加"⌐"表示延时。同时，为了和边沿触发器相区分，时钟源输入端使用小圆圈表示这类主从触发器是下降沿触发。所以，对于下降沿(上升沿)触发的主从 RS 触发器，输出状态只在 CP 下降沿(上升沿)时才可能发生翻转，即在一个 CP 的作用下输出最多翻转一次，有效地避免了"空翻"现象。

由于主触发器的输出 $Q_主$ 和 $\overline{Q}_主$ 始终是互补的，而且主触发器的输出又是从触发器的输入，所以在从触发器工作的时候，从触发器的状态始终跟随主触发器的状态，即有 $Q=Q_主$。

当 $CP=1$ 时，主触发器打开，从触发器封锁，满足方程：

$$\begin{cases} Q_主^{n+1}=S+\overline{R}\cdot Q_主^n=S+\overline{R}Q^n \\ SR=0 \text{（约束条件）} \end{cases}$$

当 $CP=0$ 时，主触发器封锁，从触发器打开，满足方程：

$$\begin{cases} Q^{n+1}=Q_主^{n+1}=S+\overline{R}Q^n \\ SR=0 \text{（约束条件）} \end{cases}$$

即主从 RS 触发器的特征方程为

$$\begin{cases} Q^{n+1}=S+\overline{R}Q^n \\ SR=0 \text{（约束条件）} \end{cases}$$

主从 RS 触发器状态表如表 4-7 所示。

表 4-7   主从 RS 触发器状态表

S	R	$Q_主^{n+1}$	Q^{n+1}
0	0	保持	保持
0	1	0	0
1	0	1	1
1	1	不定态	不定态

二、主从 JK 触发器

为了消除主从 RS 触发器的约束条件，在主从 RS 触发器的输入端加两个两输入与门，把主从 RS 触发器互补的输出端 Q 和 $\overline{Q}$ 反馈到输入端，如图 4-9(a)所示，就构成主从 JK 触发器。

主从 JK 触发器把互补的输出端 Q 和 $\overline{Q}$ 反馈到输入端，从而保证即使 $J=K=1$ 时，R 和 S 端不同时为 1，消除了主从 RS 触发器的约束条件。

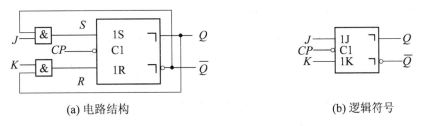

(a) 电路结构　　　　　　　　　　　　(b) 逻辑符号

图 4-9　主从 JK 触发器的电路结构及逻辑符号

把 $S=J\overline{Q^n}$，$R=KQ^n$ 代入主从 RS 触发器特征方程 $Q^{n+1}=S+\overline{R}Q^n$，得到主从 JK 触发器的特征方程为

$$Q^{n+1}=J\overline{Q^n}+K\overline{Q^n}Q^n=J\overline{Q^n}+\overline{K}Q^n$$

从而得到主从 JK 触发器的状态表如表 4-8 所示。

表 4-8　主从 JK 触发器的状态表

J	K	Q^{n+1}
0	0	保持
0	1	0
1	0	1
1	1	翻转

主从 JK 触发器的状态表和同步 JK 触发器的状态表相同，两者的区别在于触发方式。同步 JK 触发器在 $CP=1$ 期间，输入端信号始终可以送入触发器使得输出端状态随输入信号的变化而变化，存在"空翻"现象；主从 JK 触发器由于从触发器的存在，虽然输入信号在 $CP=1$ 期间始终可以送入触发器，但是输出端状态只在有效时刻（上升沿或者下降沿）改变，即在一个时钟周期内输出状态只能变化一次，避免了空翻。

例 4.4.1　下降沿触发的主从 JK 触发器的 J、K、CP 端的电压波形如图 4-10 所示，试画出 Q 和 $\overline{Q}$ 端所对应的电压波形。设触发器初始状态为 0。

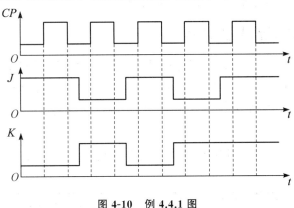

图 4-10　例 4.4.1 图

解　图示的主从 JK 触发器是时钟源由高电平状态跳变到低电平状态时触发的，即时钟源下降沿到达时：当 J、K 状态不同时，Q 端状态同 J；当 J、K 同时为 0 时，Q 端保持；当

J、K 同时为 1 时,Q 端翻转。Q 和 $\overline{Q}$ 端的波形如图 4-11 所示。

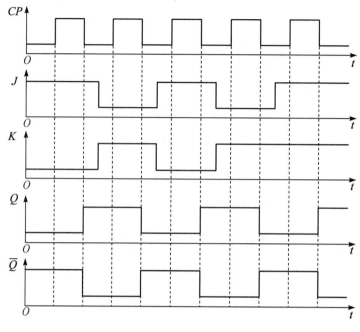

图 4-11　例 4.4.1 波形图

◀ 学习任务 5　边沿触发器 ▶

如果触发器仅在时钟源上升沿或者下降沿到来时才接收输入信号,即在 $CP=0$ 或 $CP=1$ 期间,输入信号的变化不会引起触发器输出状态的变化,这类触发器称为边沿触发器。边沿触发器大大提高了触发器的可靠性,增强了触发器的抗干扰能力,目前边沿触发器电路有利用 CMOS 传输门的边沿触发器、维持阻塞触发器、利用门电路传输延迟时间的边沿触发器以及利用二极管进行电平配制的边沿触发器等几种。

一、维持-阻塞边沿触发器

维持-阻塞边沿触发器的工作原理是利用电路内部的维持-阻塞线来实现边沿触发。这种触发器多数采用上升沿触发方式,在上升沿到达时,输出状态按照有效沿到达前一时刻的输入信号发生翻转。维持-阻塞边沿触发器电路结构复杂,在实际应用时只需要掌握其外部特性。

例 4.5.1　上升沿触发的维持-阻塞 D 触发器的输入波形如图 4-12 所示,试画出 Q 端波形。

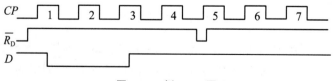

图 4-12　例 4.5.1 图

解 触发器输出端 Q 的状态变化取决于以下几个条件：

（1）触发器的直接复位端和直接置位端为无效电平；

（2）触发器的有效时刻来到；

（3）满足特征方程。

对于本例来讲，在触发器的直接复位端为高电平状态且时钟信号为上升沿时，满足 D 触发器的特征方程 $Q^{n+1} = D$。画出 Q 端波形如图 4-13 所示。

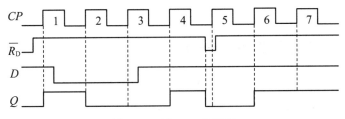

图 4-13　例 4.5.1 波形图

第 1 个时钟脉冲 CP 上升沿到达时，由于 $\overline{R}_D$ 是无效电平 1 状态，满足特征方程 $Q^{n+1} = D$，Q 的状态由 0 状态翻转到 1 状态并保持到下一个上升沿到来。

第 2 个时钟脉冲 CP 上升沿到达时，由于 $\overline{R}_D$ 是无效电平 1 状态，满足特征方程 $Q^{n+1} = D$，Q 的状态由 1 状态翻转到 0 状态。

第 3 个时钟脉冲 CP 上升沿到达时，由于 $\overline{R}_D$ 是无效电平 1 状态，满足特征方程 $Q^{n+1} = D$，Q 的状态保持 0 状态。

第 4 个时钟脉冲 CF 上升沿到达时，由于 $\overline{R}_D$ 是无效电平 1 状态，满足特征方程 $Q^{n+1} = D$，Q 的状态由 0 状态翻转到 1 状态。

第 4、5 个时钟脉冲之间，由于 $\overline{R}_D$ 是有效电平 0 状态，Q 的状态被直接清零。

第 6、7 个时钟脉冲 CP 上升沿到达时，由于 $\overline{R}_D$ 是无效电平 1 状态，满足特征方程 $Q^{n+1} = D$，Q 的状态为 1 状态。

例 4.5.2 用上升沿触发的维持-阻塞 D 触发器构成分频器。

解 如图 4-14(a)所示，把 D 触发器输出端 $\overline{Q}$ 反馈送入输入端 D，此时电路满足特征方程 $Q^{n+1} = D = \overline{Q}^n$，输出端 Q 的状态每次遇到时钟源 CP 上升沿时就会发生翻转，波形如图 4-14(b)所示。由于 Q 的周期是 CP 周期的两倍，所以 Q 是 CP 的二分频。

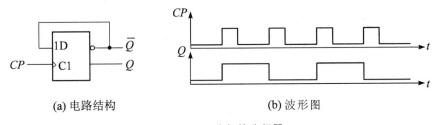

(a) 电路结构　　　　　　　　　　(b) 波形图

图 4-14　二分频的分频器

如果要得到 CP 的四分频，可以将 Q 端作为时钟源送给另一片电路结构同图 4-14(a) 的触发器，如图 4-15 所示。

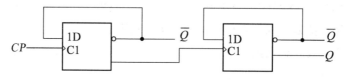

图 4-15　四分频的分频器

同理,可以在图 4-15 的基础上再连接一片电路结构同图 4-14(a)的触发器,构成八分频的分频器。

二、利用传输延迟的边沿触发器

利用传输延迟的边沿触发器的工作原理是利用电路内部各个门的传输速度差异来实现边沿触发。这种触发器多数采用下降沿触发方式,在下降沿到达时,输出状态按照有效沿到达前一时刻的输入信号发生翻转。利用传输延迟的触发器电路结构复杂,在实际应用时只需要掌握其外部特性。

例 4.5.3　利用传输延迟的 JK 触发器组成图 4-16(a)所示电路。已知电路的输入波形如图 4-16(b)所示。画出 Q_1,Q_2 端波形,设初始状态 $Q=0$。

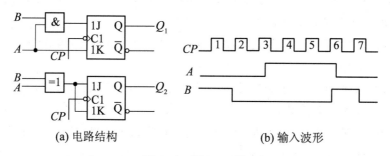

(a) 电路结构　　　　　　　(b) 输入波形

图 4-16　例 4.5.3 图

解　由图可以看出为下降沿触发的 JK 触发器,当触发器时钟信号为下降沿时,满足 JK 触发器的特征方程 $Q^{n+1}=J\overline{Q}^n+K\overline{Q}^n$。

$$Q_1^{n+1}=AB\overline{Q}_1^n+\overline{A}Q_1^n$$

$$Q_2^{n+1}=A\oplus B\oplus Q_2^n$$

画出 Q_1、Q_2 端波形如图 4-17 所示。

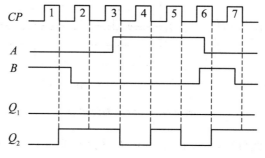

图 4-17　例 4.5.3 输出波形

◀ 学习任务6 集成触发器的选择及应用 ▶

集成触发器的种类很多,为了保证触发器在工作时能够可靠地翻转,输入信号、时钟信号以及它们在时间上的相互配合应满足一定的要求。这些要求表现在对触发器主要指标的限制上。对于每一种具体型号的集成触发器,可以从手册上查到这些性能指标,在工作时应符合这些指标所规定的条件。

一、触发器的主要指标

1. 传输延迟时间

从时钟脉冲的有效沿算起,到输出端 Q 稳定的响应输出的这段时间,称为触发器的最大传输延迟时间。输出端 Q 从低电平变为高电平的最大传输延迟时间记为 t_{pLH},输出端 Q 从高电平变为低电平的最大传输延迟时间记为 t_{pHL},如图 4-18 所示。

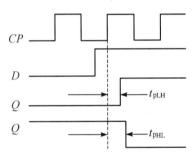

图 4-18 传输延迟时间示意图

也可以称直接复位端(直接置位端)加上有效电平算起,到输出端 Q 稳定的响应输出的这段时间为触发器的最大传输延迟时间。通常 t_{pLH} 和 t_{pHL} 是不相等的。在实际的集成触发器器件中,每种逻辑门的传输延迟时间是不同的,由于制造工艺的原因,即使是具有同一逻辑功能的逻辑门,传输延迟时间也不相同。要想确切地得到每个逻辑门的传输延迟时间,必须通过实验测定。

2. 建立时间

边沿触发器的输入信号必须先于时钟脉冲有效跳变沿一个时间加入触发器,这段提前时间称为建立时间 t_{set},如图 4-19 所示。

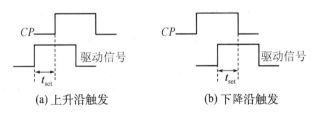

(a) 上升沿触发   (b) 下降沿触发

图 4-19 建立时间示意图

3. 保持时间

边沿触发器有效沿到达后,为保证触发器正确翻转,要求输入信号不能立即撤销,而应该保持一段时间,这段时间称为保持时间 t_H,如图 4-20 所示。

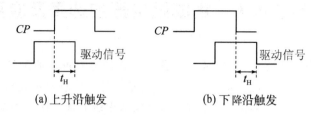

(a)上升沿触发　　　　　　(b)下降沿触发

图 4-20　保持时间示意图

4. 最小脉冲宽度

为了保证触发器能可靠翻转,对时钟脉冲、直接置 1、置 0 脉冲,都必须有最小脉冲宽度的要求。时钟脉冲为高电平时的最小宽度记为 t_{WH},时钟脉冲为低电平时的最小宽度记为 t_{WL},直接复位脉冲的最小宽度记为 t_{WR},直接置位脉冲的最小宽度记为 t_{WS}。

5. 时钟脉冲最高频率

由于触发器中每一级门电路都有传输延迟,因此电路状态改变总需要一定的时间才能完成。为了保证触发器能可靠翻转,要求时钟频率不能高于某一上限,这个上限就是时钟脉冲的最高频率 f_{max}。即通常要求时钟源高电平持续时间最小值为 t_{WHmin},时钟源低电平持续时间最小值为 t_{WLmin}。

二、集成触发器 74HC74

集成触发器 74HC74 是由两个独立的上升沿触发的 D 触发器组成的,图 4-21 所示为集成触发器 74HC74 的逻辑符号和引脚分布,表 4-9 给出了 74HC74 的逻辑功能表。

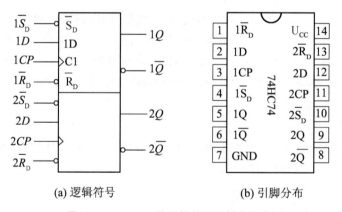

(a)逻辑符号　　　　　　　(b)引脚分布

图 4-21　74HC74 的逻辑符号和引脚分布

表 4-9　74HC74 的逻辑功能表

输　入				输　出	
$\overline{S}_D$	$\overline{R}_D$	CP	D	Q^{n+1}	$\overline{Q}^{n+1}$
L	H	$\times$	$\times$	H	L
H	L	$\times$	$\times$	L	H

输 入				输 出	
$\overline{S}_{D}$	$\overline{R}_{D}$	CP	D	Q^{n+1}	$\overline{Q}^{n+1}$
H	H	↑	H	H	L
H	H	↑	L	L	H
H	H	L	×	Q^{n}	$\overline{Q}^{n}$

由 74HC74 的逻辑功能表可以看出,74HC74 是一款带有预置、清零输入、上升沿触发的边沿触发器。$\overline{S}_{D}$ 是直接置位端,$\overline{R}_{D}$ 是直接清零端,均为低电平有效。当 $\overline{S}_{D}=0,\overline{R}_{D}=1$ 时,此时不论 CP 和 D 信号的状态如何,触发器实现置位,输出次态 Q^{n+1} 为高电平状态。当 $\overline{S}_{D}=1,\overline{R}_{D}=0$ 时,此时不论 CP 和 D 信号的状态如何,触发器实现清零,输出次态 Q^{n+1} 为低电平状态。当 $\overline{S}_{D}$ 和 $\overline{R}_{D}$ 都是无效电平时,触发器按照 CP 和 D 信号正常工作。当 CP 有效沿到达时,输出次态 Q^{n+1} 满足特征方程 $Q^{n+1}=D$。

例 4.6.1 图 4-22 所示为双 D 触发器 74HC74 的 $\overline{S}_{D}$、$\overline{R}_{D}$、CP、D 的输入波形图,画出它的输出端 Q 的波形。设触发器的初始状态为 $Q=0$。

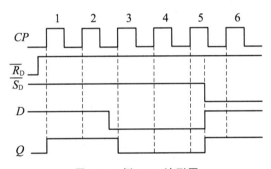

图 4-22　例 4.6.1 波形图

解 第 1 个时钟脉冲 CP 上升沿到达时,由于 $\overline{S}_{D}$ 和 $\overline{R}_{D}$ 都是无效电平 1 状态,满足特征方程 $Q^{n+1}=D$,Q 的状态由 0 状态翻转到 1 状态。

第 2 个时钟脉冲 CP 上升沿到达时,由于 $\overline{S}_{D}$ 和 $\overline{R}_{D}$ 都是无效电平 1 状态,满足特征方程 $Q^{n+1}=D$,Q 的状态保持 1 状态。

第 3 个时钟脉冲 CP 上升沿到达时,由于 $\overline{S}_{D}$ 和 $\overline{R}_{D}$ 都是无效电平 1 状态,满足特征方程 $Q^{n+1}=D$,Q 的状态由 1 状态翻转到 0 状态。

第 4 个时钟脉冲 CP 上升沿到达时,由于 $\overline{S}_{D}$ 和 $\overline{R}_{D}$ 都是无效电平 1 状态,满足特征方程 $Q^{n+1}=D$,Q 的状态保持 0 状态。

第 5 个和第 6 个时钟脉冲 CP 上升沿之间,由于 $\overline{S}_{D}$ 是有效电平 0,$\overline{R}_{D}$ 是无效电平 1,Q 端被直接置位为 1 状态。

第 6 个时钟脉冲 CP 上升沿到达时,由于 $\overline{S}_{D}$ 是有效电平 0,$\overline{R}_{D}$ 是无效电平 1,Q 的状态为 1 状态。

通过上例分析可得以下结论:实际上多数集成触发器都有直接置位端和直接复位端,直接置位端和直接复位端的优先级别高于时钟脉冲 CP 和输入端 D(或者 JK、T、RS、T')。对于低电平有效的情况,只要满足 $\overline{S}_{D}$ 是有效电平 0,$\overline{R}_{D}$ 是无效电平 1,触发器输出端 Q 就立即被置位为 1 状态；只要满足 $\overline{S}_D$ 是无效电平 1，$\overline{R}_D$ 是有效电平 0，触发器输出端 Q 就立即被置位为 0 状态。只有 $\overline{S}_D$ 和 $\overline{R}_D$ 都是无效电平 1 状态时，触发器才能在有效沿到达时满足特征方程，使得输出端 Q 动作。对于高电平有效的情况正好相反。

集成 D 触发器的定型产品很多，其他还有 TTL 的双 D 触发器 74LS74、四 D 触发器 74LS175；CMOS 的双 D 触发器 CC4013 等。

三、集成触发器 CC4027

集成触发器 CC4027 是 CMOS 双 JK 触发器，包含了两个独立的 JK 触发器，CP 上升沿触发有效。如图 4-23 所示为集成触发器 CC4027 的逻辑符号和引脚分布，CC4027 的逻辑功能表如表 4-10 所示。

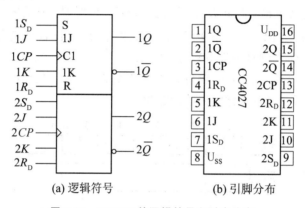

(a) 逻辑符号　　　　　(b) 引脚分布

图 4-23　CC4027 的逻辑符号和引脚分布

表 4-10　CC4027 的逻辑功能表

J	K	S_D	R_D	Q^n	CP	Q^{n+1}	说明
0	0	0	0	0	↑	0	保持
0	0	0	0	1	↑	1	
0	1	0	0	0	↑	0	置 0
0	1	0	0	1	↑	0	
1	0	0	0	0	↑	1	置 1
1	0	0	0	1	↑	1	
1	1	0	0	0	↑	1	翻转
1	1	0	0	1	↑	0	
×	×	0	0	0	↓	0	不变
×	×	0	0	1	↓	1	
×	×	1	0	×	×	1	异步置 1
×	×	0	1	×	×	0	异步置 0
×	×	1	1	×	×	不用	不允许

由功能表可知,当 $R_D = S_D = 0$ 时,若 CP 上升沿有效,则触发器按照特征方程 $Q^{n+1} = J\overline{Q^n} + \overline{K}Q^n$ 转换状态,若 CP 在下降沿,则触发器仍维持原来状态不变;当 $S_D = 1$, $R_D = 0$ 时,触发器强制置 1;当 $S_D = 0$, $R_D = 1$ 时,触发器强制置 0;当 $R_D = S_D = 1$ 时,互补输出端均为高电平,应禁止出现这种情况。

其他的集成 JK 触发器还有 74LS112、74LS76、HC76 等。集成触发器的规格品种很多,这里只是举了几个常用的型号来说明其工作原理和逻辑功能,更详细的资料可以查阅相关手册。

四、集成触发器的应用

集成触发器的应用十分广泛,可以配合其他元器件实现多种电路,如数字钟、计数器、分频器、优先裁决电路、报警电路、抢答器等。

1. 计数器

利用一片 CC4027 和与门可以构成四进制计数器,如图 4-24(a)所示。CC4027 是上升沿触发的双 JK 触发器,第一个触发器的输入端 J_1、K_1 接 1,输出 Q_1 接第二个触发器的输入端 J_2、K_2,两个触发器的时钟接同一个时钟源 CP。设两触发器的初始状态为 0,可得到输出 Q_1、Q_2 的波形如图 4-24(b)所示。

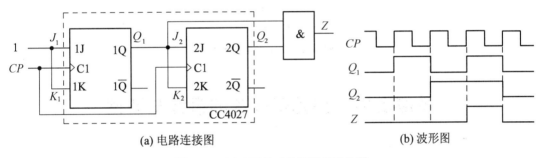

(a) 电路连接图 (b) 波形图

图 4-24 CC4027 构成的四进制计数器

由于 $J_1 = K_1 = 1$,代入特征方程得 $Q_1^{n+1} = \overline{Q_1^n}$,所以 Q_1 在每一个 CP 的上升沿都翻转一次。又 $J_2 = K_2 = Q_1$,在每一个 CP 上升沿到来时,必须根据 Q_2 的原来状态和 CP 上升沿到来前一瞬间 J_2、K_2 的状态来确定 Q_2。从波形图可看出 Q_2 的频率是 Q_1 的一半,并且 Q_2Q_1 的输出按照以下规律变化:

$$00 \quad\quad 01 \quad\quad 10 \quad\quad 11$$

即每四个状态循环一次,同时在 $Q_2Q_1 = 11$ 时输出 $Z = 1$,相当于每循环计数一次产生一个进位信号,所以这种电路就称为四进制计数器,Z 为进位信号。

2. 抢答器

图 4-25 所示是三人抢答器电路,使用的是上升沿触发的四 D 触发器 74LS175。抢答前先给直接清零端 $\overline{R}_D$ 加一个有效脉冲(低电平),令 Q_1、Q_2、Q_3 同时为 0,相应的二极管 LED$_1$、LED$_2$、LED$_3$ 都不亮,为抢答做好准备工作。此时 $\overline{Q_1}$、$\overline{Q_2}$、$\overline{Q_3}$ 为 1,相当于打开 G$_1$,令 CP 信号可以通过 G$_1$ 送入 74LS175 的时钟端;同时,由于 S$_1$～S$_3$ 均未按下,D_1～D_3 均为

0,触发器状态不会改变。抢答时,判断哪个键先被按下,如 S_3 先被按下,则 $D_3=1$,使得 $Q_3=1$,点亮 LED_3。同时 $\overline{Q_3}=0$,封锁了 G_1,使 CP 信号不能送入 G_1,相当于封锁了其他两片触发器。此时,即使 S_1 或者 S_2 被按下,触发器输出端状态也不会改变。抢答器在使用时 CP 脉冲的频率一般在 10 kHz 以上,若频率太低会使多个 D 为 1 的输入都有效,会导致无法判断按键按下的先后顺序。

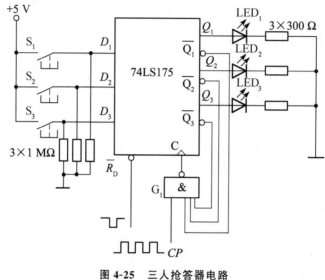

图 4-25 三人抢答器电路

◀ 技能实训 密码电子锁的设计与调试 ▶

一、项目制作目的

（1）了解并掌握密码电子锁电路的设计和制作方法。

（2）掌握用仿真软件进行密码电子锁实际电路的设计和调试方法。

二、项目要求

（1）设计电路应能完全满足项目题目的要求。

（2）绘出密码电子锁电路的逻辑图。

（3）完成密码电子锁电路的仿真调试。

（4）完成密码电子锁电路的模拟接线安装。

三、项目步骤

1. 仿真电路

密码电子锁的仿真电路如图 4-26 所示。

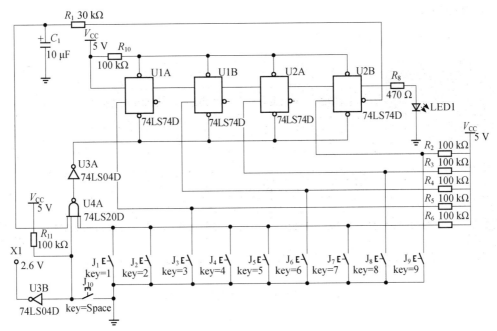

图 4-26　密码电子锁的仿真电路

2. 按键设置

共有 10 个按键,从 J_1 到 J_{10},其中,J_{10} 为清零复位按键,用于锁的复位(将门锁住),也可用于门铃按键,按下此键,门铃响(此时门锁处在锁闭状态)。$J_1 \sim J_9$ 为密码解锁按键,其中有 5 个伪键(无用键)、4 个有效密码键。

3. 工作过程

1) 闭锁状态

由 4 个 D 触发器连接构成 4 个锁存器,其 CLR 端连在一起,正常状态时,CLR 端为低电平,4 个 D 触发器置 0,U2B 输出端为低电平,LED1 灯不亮(锁不开,此处用灯的亮灭代表锁的闭合、打开,灯亮表示锁打开,灯灭表示锁闭合)。

2) 解锁状态

第 1 个触发器 U1A 的 D 端接 V_{CC},处在高电平,4 个触发器的 CLK 端分别接按键 J_3、J_6、J_8、J_9,形成 3689 编码,即开锁密码为 3689。由于后一个触发器 D 输入端的状态与前一个触发器 Q 端输出状态相同,所以,当 J_3 按下时,U1A 的 CLK 电平由高变低,松手后,电平由低变高,给 U1A 一个上升沿,U1A 被触发翻转,输出端 Q_1 为 1。依次按下 J_6、J_8、J_9,最后使得 U2B 的输出端 Q_2 为高电平 1,则 LED1 灯亮(表示锁被打开)。若按键 J_3、J_6、J_8、J_9 按下的顺序不对,则 LED1 灯不亮(锁未打开)。其他按键为假按键,与所编密码无关,怎么按都不影响密码锁的打开。

该密码锁电路还可以做成带有电子门铃功能的电路,只需要将显示指示 X1 换下,接上音响电路,按下 J_{10} 即为门铃电路,此按键不影响密码锁的正常功能。

4. 模拟接线

密码锁电路的仿真模拟接线如图 4-27 所示。

图 4-27　密码锁电路的仿真模拟接线

想一想

结合本例电路,如果想改变开锁密码,电路该如何调整?

5. 设计小结

(1)密码电子锁电路的设计方法有很多种,设计思路也各有优劣,本例只是为使用到本部分内容器件而专门针对触发器来设计的。

(2)完善的密码电子锁电路应具备自行设定密码的功能,显然本例并不具备。要做到功能完善,需要用到多种数字电路知识模块的综合,所以本项目的内容仅适用于开发设计电路的一种练习。

(3)在本电路上可以增加倒计时开锁功能,即在一定的时间必须将锁打开,否则警报系统响;可以增加警报音响电路;还可以设定开锁次数,即误开锁一定次数,报警电路报警,以防外人乱猜乱按按键。这些功能因需要用到更多目前尚未涉及的数字电路知识,故在此不再详述。

(4)现在实际电路设计的发展方向是硬件设计与软件开发的综合,纯硬件的电路设计已经不能满足实际工作的需要,逐渐淘汰,这一点需要特别说明。但数字电路的设计思想,对于今后实际电路的开发设计是有很大帮助的。

四、注意事项

(1)按键的选择须选用常开式按键,否则将造成电路不能正常工作。

(2)模拟接线时,若面包板尺寸不足,可按照以前介绍的方法调整面包板的尺寸。

五、项目考核

班级		姓名		组号		扣分记录	得分
项目	配分	考核要求		评分细则			
正确连接电路	20 分	能使用仿真软件,并能正确连接电路		(1) 不会使用仿真软件,扣 10 分; (2) 未能正确连接电路,扣 10 分			
密码电子锁的设计与调试	50 分	能正确进行密码电子锁的设计与调试仿真		(1) 连接方法不正确,每处扣 5 分; (2) 不能正确进行仿真,扣 5 分; (3) 出现故障不能解决,每次扣 5 分; (4) 不能解释闭锁原理,扣 10 分; (5) 不能解释解锁原理,扣 20 分			
密码电子锁的模拟接线	20 分	能正确进行密码电子锁的模拟接线		(1) 连接方法不正确,每处扣 5 分; (2) 元件布置不合理,每处扣 5 分			
安全文明操作	10 分	(1) 安全用电,无人为损坏仪器、元件和设备; (2) 保持环境整洁,秩序井然,操作习惯良好; (3) 小组成员协作和谐,态度正确; (4) 不迟到、早退、旷课		(1) 违反操作规程,每次扣 5 分; (2) 工作场地不整洁,扣 5 分			
总分							

模块小结

(1) 触发器是能够存储一位二值信号的基本逻辑单元电路。触发器有一对互补的状态输出端 Q 和 $\overline{Q}$。在外加触发信号时可以从一个稳定状态翻转为另一个稳定状态,触发器在任何时刻的状态不仅和当时的输入信号有关,还和原来的状态有关。

(2) 根据触发器工作状态是否稳定可分为单稳态触发器、双稳态触发器和无稳态触发器。触发器从电路结构上可以分为基本 RS 触发器、同步触发器、主从触发器、边沿触发器等;从逻辑功能上可以分为 RS 触发器、JK 触发器、D 触发器、T 触发器、T' 触发器等。

(3) 基本 RS 触发器由两个与非门或者两个或非门交叉耦合而成,是一种直接复位和直接置位的触发器,是各种触发器电路中结构形式最简单的一种,也是构成其他复杂电路结构触发器的基本组成部分。

(4) 同步触发器是在基本 RS 触发器的基础上增加了两个控制门,触发器的输入状态由输入信号决定,翻转时刻由时钟源的电平状态控制,属于电平触发方式。由于输入信号在时钟信号的电平保持期间始终可以送入触发器,一旦在这期间输入信号发生多次翻转,输出端的状态也会随之发生多次变化,这种现象就是"空翻"现象。

(5)主从触发器用互补的时钟源控制两片同步触发器,使得主触发器和从触发器轮流导通,克服了同步触发器的空翻。主从触发器的触发方式属于脉冲触发,在 CP 脉冲有效期间,输出状态可以跟随输入信号的变化而变化,但在一个周期内输出只能变化一次。主从触发器抗干扰能力较弱,使用时时钟脉冲宽度要窄。

(6)为了提高触发器的可靠性,研制了仅在时钟源上升沿或者下降沿到来时,才接收输入信号的边沿触发器。边沿触发方式,即在 $CP=0$ 或 $CP=1$ 期间,输入信号的变化不会引起触发器输出状态变化。边沿触发器具有很强的抗干扰能力,无空翻现象,但对时钟脉冲的边沿要求严格,不允许边沿时间过长,否则电路也将无法正常工作。

(7)描述触发器逻辑功能的方式有电路结构图、状态表、特征方程、波形图等。常用的几种触发器的特征方程如表 4-11 所示。

表 4-11　常用的几种触发器的特征方程

触发器名称	特征方程
基本 RS 触发器	$\begin{cases} Q^{n+1} = \overline{\overline{S}_D + \overline{R}_D Q^n} \\ \overline{R}_D + \overline{S}_D = 1 \text{（约束条件）} \end{cases}$
同步 RS 触发器	$\begin{cases} Q^{n+1} = S + \overline{R}Q^n \\ SR = 0 \text{（约束条件）} \end{cases}$
D 触发器	$Q^{n+1} = D$
JK 触发器	$Q^{n+1} = J\overline{Q}^n + \overline{K}Q^n$
T 触发器	$Q^{n+1} = T \oplus Q^n$
T' 触发器	$Q^{n+1} = \overline{Q}^n$

在应用时要注意各触发器的触发方式和触发时刻。

(8)电路结构和逻辑功能没有必然的联系。例如,D 触发器既有同步的,也有主从的和边沿触发的。几种常用触发器的逻辑符号如表 4-12 所示。

表 4-12　几种常用触发器的逻辑符号

触发器名称	逻辑符号
基本 RS 触发器	

续表

触发器名称	逻辑符号
同步 RS 触发器	
上升沿触发的 D 触发器	
下降沿触发的 D 触发器	
上升沿触发的 JK 触发器	
下降沿触发的 JK 触发器	
主从 JK 触发器	

 思考与练习

4.1 下降沿触发的 JK 触发器的连接方式如图 4-28 所示,请画出相应的 Q 端波形。设触发器的初始状态为 0。

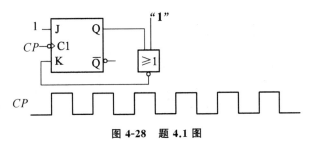

图 4-28 题 4.1 图

4.2 上升沿触发的 D 触发器连成的电路如图 4-29 所示,请问 Q_1 和 Q_2 端的波形图是否正确?

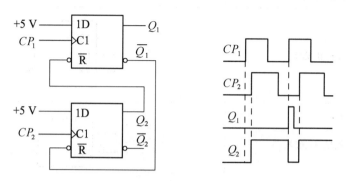

图 4-29 题 4.2 图

4.3 上升沿触发的 D 触发器的连接方式如图 4-30 所示,请画出最后一片异或门输出端 F 的波形。设触发器的初始状态为 0。

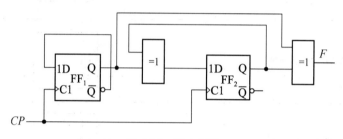

图 4-30 题 4.3 图

4.4 下降沿触发的 JK 触发器的连接方式如图 4-31 所示,请画出相应的 Q 端波形。设触发器的初始状态为 0。

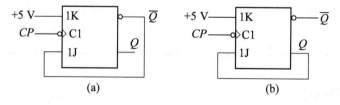

图 4-31 题 4.4 图

4.5 下降沿触发的 JK 触发器的连接方式如图 4-32 所示,请画出相应的 ϕ_1 和 ϕ_2 端波形。设触发器的初始状态为 0。

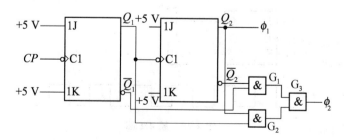

图 4-32 题 4.5 图

4.6 JK 触发器组成图 4-33 所示电路,试画出 Q 端的波形。

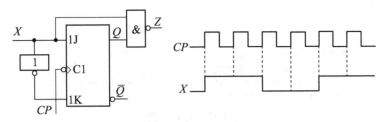

图 4-33 题 4.6 图

4.7 同步 RS 触发器的逻辑符号和输入波形如图 4-34 所示。设初始 $Q=0$,画出 Q 和 $\overline{Q}$ 端的波形。

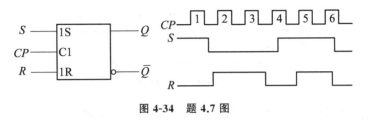

图 4-34 题 4.7 图

4.8 下降沿触发的 D 触发器的连接方式如图 4-35 所示,请画出 Q_1、Q_2 端波形。设触发器的初始状态为 0。

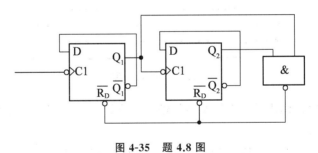

图 4-35 题 4.8 图

4.9 上升沿触发的 D 触发器的连接方式如图 4-36 所示,请画出 Q_2、Q_1、Q_0 端波形。设触发器的初始状态为 0。

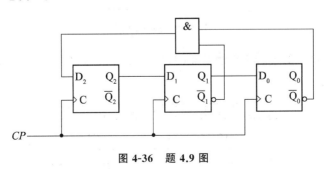

图 4-36 题 4.9 图

4.10 下降沿触发的 JK 触发器的连接方式如图 4-37 所示,请画出 Q_1、Q_2 端波形。设触发器的初始状态为 0。

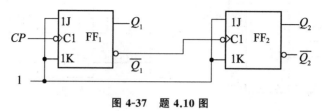

图 4-37 题 4.10 图

4.11 下降沿触发的主从 RS 触发器输入信号的波形如图 4-38 所示。已知初始状态 $Q=0$,试画出 Q 端波形。

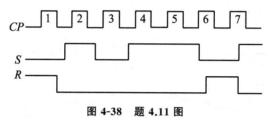

图 4-38 题 4.11 图

4.12 下降沿触发的主从 RS 触发器输入信号的波形如图 4-39 所示。已知初始状态 $Q=0$,试画出 Q 端波形。

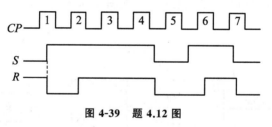

图 4-39 题 4.12 图

4.13 下降沿触发的边沿 JK 触发器的输入波形如图 4-40 所示。已知初始状态 $Q=0$,试画出 Q 端的波形。

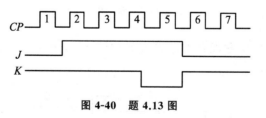

图 4-40 题 4.13 图

4.14 上升沿触发的边沿 JK 触发器的输入波形如图 4-41 所示。已知初始状态 $Q=0$,试画出 Q 端的波形。

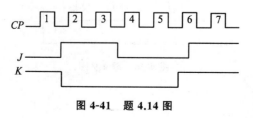

图 4-41 题 4.14 图

4.15 上升沿触发的边沿 D 触发器的输入波形如图 4-42 所示。已知初始状态 $Q=0$，试画出 Q 端的波形。

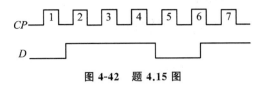

图 4-42 题 4.15 图

4.16 下降沿触发的边沿 D 触发器的输入波形如图 4-43 所示。已知初始状态 $Q=0$，试画出 Q 端的波形。

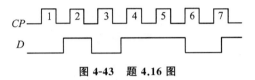

图 4-43 题 4.16 图

4.17 说明什么是"空翻"现象。

模块 5
时序逻辑电路

◀ **学习目标**

(1) 了解时序逻辑电路的基本结构及特点；

(2) 了解时序逻辑电路的分析和设计；

(3) 了解寄存器和移位寄存器的逻辑功能；

(4) 掌握常用计数器芯片的使用；

(5) 掌握任意进制计数器的设计方法；

(6) 掌握寄存器和移位寄存器的简单应用；

(7) 能使用仿真软件进行计数器应用电路的设计。

◀ 学习任务1 时序逻辑电路概述 ▶

时序逻辑电路和组合逻辑电路是数字电子技术的两个重要组成部分。组合逻辑电路的特点是输出信号只取决于输入信号,一旦输入信号撤销,输出信号也随之消失。而时序逻辑电路在任何一个时刻的输出信号不仅取决于当时的输入信号,还与电路原来的状态有关。

由时序逻辑电路的特性可知,该电路中必须含有具有记忆能力的存储元件,最常用的存储元件是触发器。如图5-1所示,在时序逻辑电路中既包含输出信号只取决于输入信号的门电路部分,又包含能实现存储功能的触发器部分。

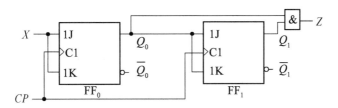

图5-1 时序逻辑电路示意图

时序逻辑电路的重要概念就是时间顺序,在时序逻辑电路中即使有相同的输入,也可能因为输入的时间不相同而造成输出的不同。按照时序逻辑电路中触发器触发方式的不同,时序逻辑电路可以分为同步时序逻辑电路和异步时序逻辑电路。同步时序逻辑电路中所有的触发器共用一个时钟信号 CP,各个触发器状态变化都在时钟信号 CP 的作用下同时发生。显然,图5-1中就是一个同步时序逻辑电路。异步时序逻辑电路中的触发器不共用一个时钟信号,各个触发器状态变化有先有后。

常用的时序逻辑电路描述方法有方程式、状态表、状态图和时序图。使用方程式可以确定时序逻辑电路的功能,以图5-1中的同步时序逻辑电路为例,进行描述时,所列方程式要包括输出方程、驱动方程和状态方程。

输出方程是时序逻辑电路的输出逻辑表达式,它通常为现态的函数:

$$Z = Q_1^n Q_0^n$$

驱动方程是各触发器输入端的逻辑表达式:

$$J_0 = K_0 = X$$

$$J_1 = K_1 = Q_0^n$$

状态方程是将驱动方程代入相应触发器的特性方程中,所得到的该触发器的次态方程:

$$Q_0^{n+1} = J_0 \overline{Q_0^n} + \overline{K_0} Q_0^n = X \oplus Q_0^n$$

$$Q_1^{n+1} = J_1 \overline{Q_1^n} + \overline{K_1} Q_1^n = Q_0^n \oplus Q_1^n$$

状态表是一组描述输入信号、输出信号、触发器现态和次态之间关系的表格,可以清楚地表达时序逻辑电路实现的功能。在图5-1中的时序逻辑电路,输入为 X,输出为 Z,触发器现态是 Q_1^n 和 Q_0^n,触发器次态是 Q_1^{n+1} 和 Q_0^{n+1}。将电路现态的各种取值代入状态方程和输出方程中进行计算,求出相应的次态和输出。如果现态的起始值(0状态或1状态)已经给定,则从给定值开始计算;如果现态的起始值没有给定,可以设定一个现态起始值(0状态或

1 状态)依次进行计算。这样就可以得到如表 5-1 所示的时序逻辑电路状态表。

表 5-1 时序逻辑电路状态表

X	$Q_1^n Q_0^n$	$Q_1^{n+1} Q_0^{n+1}/Z$
0	00	00/0
0	01	11/0
0	10	10/0
0	11	01/1
1	00	01/0
1	01	10/0
1	10	11/0
1	11	00/1

由表 5-1 可以清楚地看出,在时钟信号的控制下,各个触发器具体的工作情况和输出状态的变化。

状态图描述的是触发器的动态行为,显示了触发器如何根据当前所处的状态对不同的情况做出反应。如图 5-2 所示,圆圈和圈中数值表示某种状态下的编码,箭头表示状态转换的前进方向,如果箭头的起点和终点都是本身就表示状态维持不变,箭头旁边的带斜线的数值分别表示输入信号 X(斜线左侧)和输出信号 Y(斜线右侧)的逻辑值。在本例中,当 $X=1$ 时,"00"、"01"、"10"、"11"这四个状态构成一个循环,称为"主循环"或"有效循环"。当 $X=0$ 时,"01"和"11"构成一个"有效循环","01"和"11"称为"有效状态";"00"和"10"位于有效循环之外,称为"无效状态"。如果每个无效状态在若干个时钟作用后都能够转入有效状态,进入"有效循环",那么,称这个电路具有自启动能力;如果有无效状态在若干个时钟作用后不能进入"有效循环",那么这个电路就不具有自启动能力。

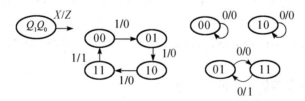

图 5-2 时序逻辑电路状态图

显然,当 $X=1$ 时,电路实现的功能是四进制加法计数器;当 $X=0$ 时,电路实现的功能是二进制计数器,并且不具有自启动能力。

时序图描述的是在时钟源 CP 作用下时序逻辑电路的状态及输出随输入和时间变化的波形,通常指有效循环的波形图。它能够直观地描述时序逻辑电路的输入信号、时钟信号、触发器状态和输出信号在时间上的对应关系。如图 5-3 所示,时序图清晰地描述了在输入和时钟源的作用下,各个触发器状态的变化情况。

实际上,方程式、状态表、状态图和时序图都是描述时序电路状态转换过程的方法,它们之间可以相互转换。在分析和设计时序逻辑电路时采用哪些方法,可以根据具体情况决定。

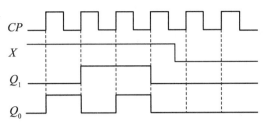

图 5-3 时序逻辑电路时序图

◀ 学习任务 2 时序逻辑电路的分析 ▶

时序逻辑电路的分析就是根据所给的电路逻辑图找出电路所实现的功能。对于同步时序逻辑电路,内部各触发器是在时钟脉冲作用下同步进行的,可以根据输入信号和触发器现态来确定输出和触发器次态。而异步时序逻辑电路中各个触发器受不同时钟脉冲的控制,因而在分析时需要特别关注时钟脉冲,根据时钟信号、输入信号和触发器现态来确定输出和触发器次态。最后,根据已有的时序逻辑电路描述方法来判断电路实现的功能。

一、同步时序逻辑电路分析的一般步骤

要确定同步时序逻辑电路所实现的功能,通常要给出逻辑图的描述方法,再通过描述方法来进行分析判断。由于同步时序逻辑电路中所有的触发器共用一个时钟信号,只要依次求出时序逻辑电路的驱动方程、输出方程和状态方程,再求出状态表、状态图、时序图中的一种或者多种,即可得到分析结果,流程图如图 5-4 所示。

图 5-4 同步时序逻辑电路分析步骤流程图

图 5-4 中,状态图和时序图用虚线边框表示,表示时序逻辑电路分析步骤不是固定不变的,可以根据实际情况进行判断。如果电路结构比较简单,则可以直接由状态表得出结论;如果电路结构比较复杂,则需要使用所有的描述方法,再综合进行判断得出结论。

二、同步时序逻辑电路分析举例

例 5.2.1 试分析如图 5-5 所示电路实现的逻辑功能。设各触发器初始状态为 0。

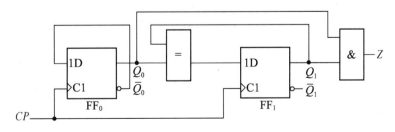

图 5-5 例 5.2.1 题图

解 由于图 5-5 为同步时序逻辑电路,图中的两个触发器都接至同一个时钟源 CP,所以各触发器的时钟方程可以不写。只需要列出驱动方程、输出方程和状态方程。

(1)列出方程式。

① 写出各触发器的驱动方程,即各触发器的输入逻辑表达式:

$$D_0 = \overline{Q_0^n}; \quad D_1 = Q_0^n Q_1^n + \overline{Q_1^n} \cdot \overline{Q_0^n}$$

② 写出电路的输出方程:

$$Z = Q_1^n Q_0^n$$

③ 把驱动方程代入 D 触发器的特征方程 $Q^{n+1} = D$ 得到状态方程:

$$Q_0^{n+1} = Q_1^n Q_0^n + \overline{Q_1^n} \, \overline{Q_0^n}$$

(2)根据上述方程式列出电路的状态表,如表 5-2 所示。

表 5-2 例 5.2.1 状态表

$Q_1^n Q_0^n$	$Q_1^{n+1} Q_0^{n+1}/Z$
00	11/0
01	00/0
10	01/0
11	10/1

(3)画出电路的状态图,如图 5-6 所示。

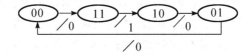

图 5-6 例 5.2.1 状态图

(4)为了更好地描述电路的工作过程,应画出波形图,即在一系列 CP 信号的作用下,各触发器状态和输出波形图,如图 5-7 所示。

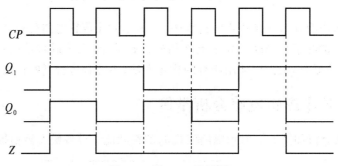

图 5-7 例 5.2.1 波形图

(5)结论。

从电路的状态表、状态图和时序图可以看到,电路在时钟脉冲的作用下,每经过 4 个 CP,电路状态循环一次,并且按照"11""10""01""00"降序排列。该电路是一个四进制减法计数器,输出信号 Z 可以看作借位信号。

实际上,在例 5.2.1 中只要列出电路的状态表就可以看出电路实现的逻辑功能。状态表、状态图和时序图可以根据分析的具体要求选用,不必全部写出。

例 5.2.2 试分析如图 5-8 所示电路实现的逻辑功能。设各触发器初始状态为 0。

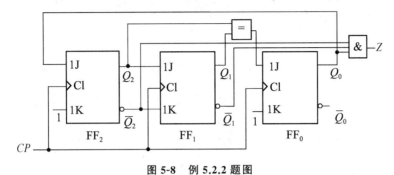

图 5-8 例 5.2.2 题图

解 电路中 3 个 JK 触发器的时钟信号是同一个时钟源 CP 发出的,因此是同步时序逻辑电路,功能分析如下。

(1) 列出方程式。

① 驱动方程:

$$J_2 = Q_0^n, K_2 = 1; \quad J_1 = Q_2^n, K_1 = \overline{Q_2^n}; \quad J_0 = Q_2^n \odot Q_1^n, K_0 = 1$$

② 输出方程:

$$Z = \overline{Q_2^n} \, \overline{Q_1^n} Q_0^n$$

③ 状态方程:

$$Q_2^{n+1} = Q_0^n \overline{Q_2^n}; \quad Q_1^{n+1} = Q_2^n \overline{Q_1^n} + Q_2^n Q_1^n = Q_2^n; \quad Q_0^{n+1} = (Q_2^n \odot Q_1^n) \overline{Q_0^n}$$

(2) 根据方程式列出状态表,如表 5-3 所示。

表 5-3 例 5.2.2 状态表

$Q_2^n Q_1^n Q_0^n$	$Q_2^{n+1} Q_1^{n+1} Q_0^{n+1}/Z$
000	001/0
001	100/1
010	000/0
011	100/0
100	010/0
101	010/0
110	011/0
111	010/0

(3) 画出电路的状态图,如图 5-9 所示。

(4) 结论。

状态"000""001""100""010"构成有效循环,电路能够实现四进制计数器功能;状态"110""011""101""111"经过有限个时钟周期后能够回到有效循环中,电路具有自启动能力。由以上分析可知,该电路为具有自启动能力的四进制计数器。当状态为"001"时,Z 输出 1 信号,可以把 Z 信号看成是"001"状态的检测电路,即检测到"001"状态时,Z 输出 1 信号。

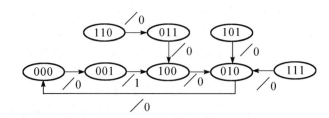

图 5-9 例 5.2.2 状态图

例 5.2.3 试分析如图 5-10 所示电路实现的逻辑功能。设各触发器初始状态为 0。

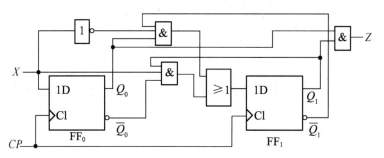

图 5-10 例 5.2.3 题图

解 电路两个 D 触发器由同一个时钟源控制,是同步时序逻辑电路。电路包括输入信号 X 和输出信号 Z。

(1)列出方程式。

① 驱动方程:

$$D_1 = \overline{X}\,\overline{Q_1^n}Q_0^n + XQ_1^n\overline{Q_0^n}; \quad D_0 = X$$

② 输出方程:

$$Z = Q_1^n Q_0^n$$

③ 状态方程:

$$Q_1^{n+1} = \overline{X}\,\overline{Q_1^n}Q_0^n + XQ_1^n\overline{Q_0^n}; \quad Q_0^{n+1} = X$$

(2)根据方程式列出状态表,如表 5-4 所示。

表 5-4 例 5.2.3 状态表

X	$Q_1^n Q_0^n$	$Q_1^{n+1} Q_0^{n+1} / Z$
0	00	00/0
0	01	10/0
0	10	00/0
0	11	00/1
1	00	01/0
1	01	01/0
1	10	11/0
1	11	01/1

（3）画出电路的状态图，如图 5-11 所示。

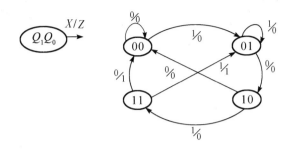

图 5-11 例 5.2.3 状态图

（4）结论。

从 X 端将信号送入时序逻辑电路，由状态表和状态图看出，当连续输入信号 101 时，触发器 $Q_1^n Q_0^n$ 由初始的"00"状态依次经过"01""10"变成"11"状态，此时输出信号 Z 为 1，因此该电路可以作为 101 序列检测器。

三、异步时序逻辑电路的分析

例 5.2.4 试分析如图 5-12 所示电路实现的逻辑功能。设各触发器初始状态为 0。

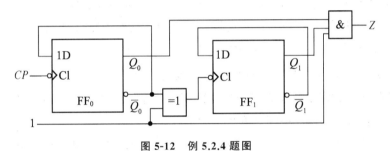

图 5-12 例 5.2.4 题图

解 电路中两个 D 触发器由不同时钟源控制，是异步时序逻辑电路。在列方程式的时候需要比同步时序逻辑电路多列一组时钟源的方程。

（1）列出方程式。

① 驱动方程：

$$D_1 = \overline{Q_1^n}; \quad D_0 = \overline{Q_0^n}$$

② 输出方程：

$$Z = Q_1^n Q_0^n$$

③ 状态方程：

$$Q_1^{n+1} = \overline{Q_1^n}; \quad Q_0^{n+1} = \overline{Q_0^n}$$

④ 时钟方程：

$$CP_0 = CP; \quad CP_1 = 1 \oplus \overline{Q_0^n} = Q_0^n$$

（2）根据方程式列出状态表，如表 5-5 所示。

表 5-5　例 5.2.4 状态表

CP	$Q_1^n Q_0^n$	$Q_1^{n+1} Q_0^{n+1}/Z$
⌐↓	00	01/0
⌐↓	01	10/0
⌐↓	10	11/0
⌐↓	11	00/1

（3）画出电路的状态图，如图 5-13 所示。

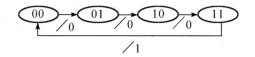

图 5-13　例 5.2.4 状态图

（4）结论。

从电路的状态表、状态图可以看到，每经过 4 个 CP 脉冲，电路状态循环一次，并且按照"00""01""10""11"升序排列。因此，该电路是一个四进制加法计数器，输出信号 Z 可以看作是进位信号。在电路中时钟源 CP 控制触发器 FF_0 的时钟脉冲，使得 $CP_0 = CP$，而触发器 FF_1 以 Q_0^n 作为时钟源，即 $CP_1 = 1 \oplus \overline{Q_0^n} = Q_0^n$。因此，在状态表中可以看到，只要遇到时钟的下降沿，触发器 FF_0 就满足状态方程进行翻转，而触发器 FF_1 以 Q_0^n 作为时钟源，要遇到 Q_0^n 从 1 状态跳变到 0 状态时，才能满足方程进行翻转。

例 5.2.5　试分析如图 5-14 所示电路实现的逻辑功能。设各触发器初始状态为 0。

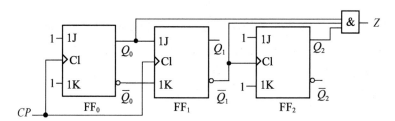

图 5-14　例 5.2.5 题图

解　电路由 3 个上升沿触发的 JK 触发器组成，其中触发器 FF_0 和 FF_1 的时钟输入端由时钟源 CP 控制，而 FF_2 的时钟输入端由 $\overline{Q_1^n}$ 控制，电路是异步时序逻辑电路。列方程时需要列驱动方程、输出方程、状态方程和时钟方程。

（1）列出方程式。

① 驱动方程：

$$J_0 = 1, K_0 = 1; \quad J_1 = Q_0^n, K_1 = \overline{Q_0^n}; \quad J_2 = 1, K_2 = 1$$

② 输出方程：
$$Z = Q_2^n \overline{Q_1^n} Q_0^n$$

③ 状态方程：
$$Q_0^{n+1} = \overline{Q_0^n}; \quad Q_1^{n+1} = Q_0^n \overline{Q_1^n} + \overline{Q_0^n} Q_1^n = Q_0^n; \quad Q_2^{n+1} = \overline{Q_2^n}$$

④ 时钟方程：
$$CP_0 = CP; \quad CP_1 = CP; \quad CP_2 = \overline{Q_1^n}$$

（2）根据方程式列出状态表，如表 5-6 所示。

表 5-6　例 5.2.5 状态表

CP	$Q_2^n Q_1^n Q_0^n$	$Q_2^{n+1} Q_1^{n+1} Q_0^{n+1} / Z$
⌐	000	001/0
⌐	001	010/0
⌐	010	101/0
⌐	011	010/0
⌐	100	101/0
⌐	101	110/1
⌐	110	001/0
⌐	111	110/0

（3）画出电路的状态图，如图 5-15 所示。

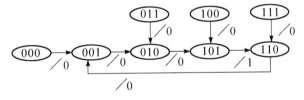

图 5-15　例 5.2.5 状态图

（4）结论。

由状态表和状态图看出，状态"001""010""101""110"构成有效循环，电路能够实现四进制计数器功能；状态"000""011""100""111"经过有限个时钟周期后能够回到有效循环中，电路具有自启动能力。因此该电路为具有自启动能力的四进制计数器，Z 信号为四进制计数器的进位端。又当状态为"101"时，Z 输出为 1，所以该电路也可以看成是"101"状态的检测电路。

值得注意的是各触发器的时钟输入端,由于$CP_0 = CP$,$CP_1 = CP$,触发器 FF_0 和 FF_1 只要遇到 CP 信号的上升沿即可以满足各自的状态方程 $Q_0^{n+1} = \overline{Q_0^n}$,$Q_1^{n+1} = Q_0^n \overline{Q_1^n} + \overline{Q_0^n} Q_1^n = Q_0^n$。而触发器 FF_2 的时钟输入端 $CP_2 = \overline{Q_1^n}$,因此,FF_2 要遇到 $\overline{Q_1^n}$ 从 0 状态跳变成 1 状态时,即 Q_1^n 从 1 状态跳变成 0 状态时才能满足状态方程 $Q_2^{n+1} = \overline{Q_2^n}$。

同步时序逻辑电路分析和异步时序逻辑电路分析的不同之处就在于列方程式时,异步时序逻辑电路要多列一组时钟方程。同步时序逻辑电路中各触发器共用时钟源,当条件具备时,各触发器进行状态转换的时刻完全取决于时钟脉冲有效边沿到来的时刻。异步时序逻辑 电路中各触发器不是同一个时钟源控制,当条件具备时,各触发器的转换时刻取决于各自的时钟脉冲有效沿是否到达。

◀ 学习任务 3　寄存器和移位寄存器 ▶

构成寄存器的主要部分是触发器,由于触发器能够存储一位二进制代码,所以 N 个触发器构成存储 N 位二进制代码的寄存器。有时候寄存器中存放的数据要依次向左移动或者向右移动,从而完成相应的数据处理,这种具有移位功能的寄存器称为移位寄存器。

一、寄存器

寄存器可以由 RS 触发器、JK 触发器、D 触发器构成,各触发器通常在同一个时钟源的作用下工作。图 5-16 所示是由四个 D 触发器构成的四位寄存器,当 CP 为上升沿时,数码 $D_0 D_1 D_2 D_3$ 可以并行输入到各触发器,这时,撤销 CP 信号,从 $D_0 D_1 D_2 D_3$ 送入的数码就可以存储在 $Q_0 Q_1 Q_2 Q_3$ 端。

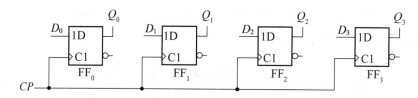

图 5-16　D 触发器构成的寄存器

由四个 D 触发器构成的集成寄存器 7477 如图 5-17 所示,7477 的两个时钟源 $CP_{1\sim2}$ 和 $CP_{3\sim4}$ 是 7477 内部四个 D 触发器的时钟输入端,为高电平触发。$CP_{1\sim2}$ 控制输入端为 D_1 和 D_2 的触发器,$CP_{3\sim4}$ 控制输入端为 D_3 和 D_4 的触发器。当 $CP_{1\sim2}$ 是高电平状态时,D_1 和 D_2 的数据可以送入寄存器存储在 Q_1 和 Q_2 端;当 $CP_{3\sim4}$ 是高电平状态时,D_3 和 D_4 的数据可以送入寄存器存储在 Q_3 和 Q_4 端。当 $CP_{1\sim2}$ 是低电平状态时,Q_1 和 Q_2 的状态为保持态;当 $CP_{3\sim4}$ 是低电平状态时,Q_3 和 Q_4 的状态为保持态。

如果要扩大寄存器位数,可以使用多个触发器进行级联或者通过扩展集成触发器来实现。图 5-16 的 D 触发器构成的寄存器和集成芯片 7477 都只有一个控制脉冲,这样的寄存器称为单拍工作方式的寄存器。如图 5-18 所示的寄存器有两个控制脉冲,称为双拍工作方式的寄存器。

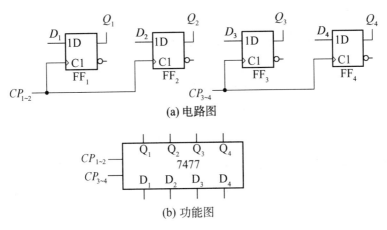

(a) 电路图

(b) 功能图

图 5-17 7477 的电路图和功能图

图 5-18 所示 RS 触发器构成的寄存器工作之前首先要清零,在 $\overline{R}_D$ 端输入一个负脉冲使得 $Q_3Q_2Q_1Q_0=0000$。工作时 $\overline{R}_D=1$,当 CP 为低电平状态时,相当于封锁了四个与非门,此时四个基本 RS 触发器的直接置位端 $\overline{S}_D$ 都是无效电平,四个基本 RS 触发器处于保持态;当 CP 为高电平状态时,相当于打开了四个与非门,此时基本 RS 触发器的直接置位端 $\overline{S}_D=\overline{D}_i$。当 D_i 为 1 状态时 $\overline{S}_D$ 输入 0 状态,此时 $\overline{R}_D=1$,基本 RS 触发器输出端 Q 的状态为 1,把 D_i 的状态寄存在输出端 Q;当 D_i 为 0 状态时 $\overline{S}_D$ 输入 1 状态,由于 $\overline{R}_D=1$,基本 RS 触发器为保持态,输出端 Q 保持工作前的 0 状态,相当于把 D_i 的 0 状态寄存在输出端 Q。这样,在 CP 和 $\overline{R}_D$ 两个控制信号的作用下电路完成寄存功能。

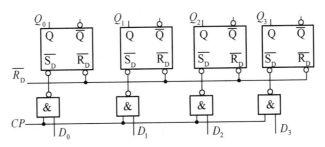

图 5-18 RS 触发器构成的寄存器

二、移位寄存器

移位寄存器既可以寄存数码,又可以在时钟脉冲的控制下实现寄存器中的数码向左或者向右移动。图 5-19 所示为由 JK 触发器组成的 3 位右移寄存器,设移位寄存器的初始状态为 $Q_0Q_1Q_2=000$,从串行输入端把数码 $D=101$ 送入寄存器,经过 3 个时钟脉冲之后,数码 101 在 $Q_0Q_1Q_2$ 端并行输出。再经过 3 个时钟脉冲,数码 101 在 Q_2 端串行输出。

JK 触发器组成的 3 位右移寄存器的状态表如表 5-7 所示,在串行输入数码 $D=101$ 之后,始终令 $D=0$。从状态表可以看到,3 位移位寄存器各触发器的初始状态都是 0。经过 3

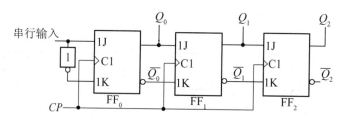

图 5-19 由 JK 触发器组成的 3 位右移寄存器

个时钟脉冲之后,数码 $D=101$ 已经移入寄存器,存储在 $Q_0Q_1Q_2$ 端。再经过 3 个时钟脉冲之后,数码 $D=101$ 已经完全移出寄存器。通常称前 3 个脉冲后数码存储在 $Q_0Q_1Q_2$ 端是移位寄存器的串行输入/并行输出工作方式,后 3 个脉冲后数码完全移出寄存器是移位寄存器的串行输入/串行输出工作方式。

表 5-7 JK 触发器组成的 3 位右移寄存器的状态表

CP	Q_0	Q_1	Q_2
CP 脉冲未到	0	0	0
1	1	0	0
2	0	1	0
3	1	0	1
4	0	1	0
5	0	0	1
6	0	0	0

上述 JK 触发器组成的 3 位右移寄存器能完成右移功能是因为 $Q_0^{n+1}=D$,$Q_1^{n+1}=Q_0^n$,$Q_2^{n+1}=Q_1^n$。这样,始终保证在时钟脉冲的作用下新输入的数码寄存在 Q_0 端,Q_0 端的状态右移寄存在 Q_1 端,Q_1 端的状态右移寄存在 Q_2 端。同理,要用 JK 触发器组成 3 位左移寄存器,就要满足 $Q_2^{n+1}=D$,$Q_1^{n+1}=Q_2^n$,$Q_0^{n+1}=Q_1^n$,保证在时钟脉冲的作用下新输入的数码寄存在 Q_2 端,Q_2 端的状态左移寄存在 Q_1 端,Q_1 端的状态左移寄存在 Q_0 端。如图 5-20 所示。

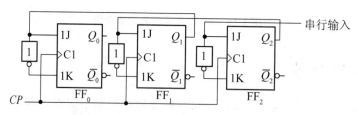

图 5-20 JK 触发器组成的 3 位左移寄存器

实际上,JK 触发器、D 触发器都能构成移位寄存器。如图 5-19 和图 5-20 所示的电路图中,JK 触发器的 J 端和 K 端始终互为反信号,此时 JK 触发器满足特征方程 $Q^{n+1}=J\overline{Q^n}+\overline{K}Q^n=J\overline{Q^n}+JQ^n=J$,因此也可以用 D 触发器代替来实现移位寄存器。

三、寄存器应用举例

集成寄存器和集成移位寄存器的种类很多,工作方式有串行输入/串行输出、串行输入/并行输出、并行输入/串行输出、并行输入/并行输出。74LS194 是 4 位并行输入/并行输出双向移位寄存器,其功能图、引脚图如图 5-21 所示,状态表如表 5-8 所示。其中,$Q_0 \sim Q_3$ 是并行输出端;$D_0 \sim D_3$ 是并行输入端;$\overline{R}_D$ 是直接清零端;D_{IL} 是左移串行输入;D_{IR} 是右移串行输入;S_1 和 S_0 是工作方式控制端。

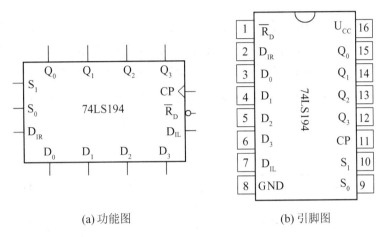

(a) 功能图　　　　　　　　　　(b) 引脚图

图 5-21　74LS194 功能图、引脚图

表 5-8　74LS194 状态表

$\overline{R}_D$	S_1	S_0	CP	功能
1	0	1	↗	右移 $Q_0 \rightarrow Q_3$
1	1	0	↗	左移 $Q_3 \rightarrow Q_0$
1	1	1	↗	并行输入
1	0	0	↗	保持
0	×	×	×	清零

将 74LS194 的 Q_3 端经过非门送给串行输入端 D_{IR} 可以构成扭环形右移计数器,如图 5-22 所示。扭环形计数器的实现电路很简单,从状态图可以看到虽然 74LS194 是 4 位移位寄存器,但在构成扭环形计数器时,构成循环的有 8 个状态,所以用 N 位的移位寄存器可以实现 $2N$ 进制计数器。由于扭环形计数器的状态是通过移位寄存器实现的,相邻的状态之间只有一位代码不同,因此扭环形计数器不会产生竞争冒险现象。

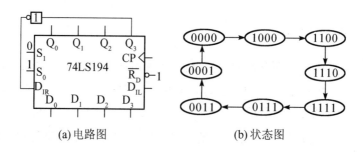

(a)电路图　　　　　　　　　　(b)状态图

图 5-22　74LS194 连成的扭环形计数器的电路图、状态图

移位寄存器的移位方向有单向和双向之分,上述的 74LS194 是双向移位寄存器。单向的移位寄存器如 74LS179,它是 4 位并行输入/并行输出的单向移位寄存器,功能图和引脚图如图 5-23 所示,状态表如表 5-9 所示。其中,$Q_0 \sim Q_3$ 是并行输出端;$D_0 \sim D_3$ 是并行输入端;$\overline{R}_D$ 是直接清零端;SI 是串行输入端;LD 是并行控制端;S 是移位控制端。

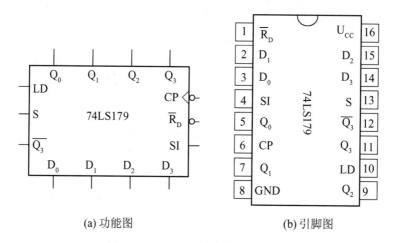

(a)功能图　　　　　　　　　　(b)引脚图

图 5-23　74LS179 的功能图、引脚图

表 5-9　74LS179 的状态表

$\overline{R}_D$	S	LD	CP	功能
1	1	×	⌐L	右移 $Q_0 \rightarrow Q_3$
1	0	1	⌐L	并行输入
1	0	0	⌐L	保持
0	×	×	×	清零

由 74LS179 连成的扭环形右移计数器如图 5-24 所示。当移位控制端 S 送入负脉冲时,由于 LD 端接高电平 1 状态,此时只要 CP 端提供一个时钟下降沿,就可以把 $D_0 \sim D_3$ 的状态 0000 并行输入到 $Q_0 \sim Q_3$ 端。之后,S 始终为高电平 1 状态,$Q_0 \sim Q_3$ 端在时钟脉冲

CP 的作用下进行右移。由 74LS179 连成的扭环形右移计数器的状态转换和图 5-22 所示的状态转换图一样。

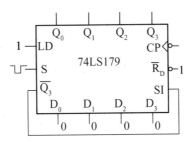

图 5-24 由 74LS179 连成的扭环形右移计数器

◀ 学习任务 4 计数器 ▶

计数器是一种常用的时序逻辑功能器件。计数器的分类方式很多,按照时钟信号控制方式的不同,可以分为异步计数器和同步计数器;按照计数规律的不同,可以分为加法计数器和减法计数器等。

一、异步计数器和同步计数器

图 5-25 所示是由 T 触发器构成的 3 位二进制异步加法计数器。在工作状态下,直接清零端 $\overline{R}_D$ 如果接低电平则将触发器强制清零,因此计数时一般接高电平。图中,T 触发器的输入端接的都是高电平,此时,T 触发器满足特征方程 $Q^{n+1}=\overline{Q^n}$。只要触发器时钟输入端出现上升沿,相应的输出端 Q 就会发生翻转。令各触发器初始状态为 0,时钟源 CP 每送入一个上升沿,$Q_0(\overline{Q_0})$ 端的状态就翻转一次,因此,Q_0 端信号是时钟源 CP 信号的二分频。同理,Q_1 端信号是 $\overline{Q_0}$ 信号的二分频,Q_2 端信号是 $\overline{Q_1}$ 信号的二分频。3 个触发器共同构成3 位二进制加法计数器。

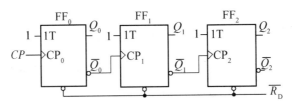

图 5-25 3 位二进制异步加法计数器

图 5-25 所示电路实现的是加法计数功能,如果用 3 个 T 触发器完成减法计数功能,只需把时钟源的上升沿变成下降沿或者用 Q 端控制下一个触发器的时钟端,如图 5-26 所示。实际上,用 D 触发器、JK 触发器都能够完成 N 位二进制加法/减法计数器,只要把相应的触发器连成 T' 触发器。这样,T' 触发器遇到时钟信号的有效沿就满足特征方程 $Q^{n+1}=\overline{Q^n}$而实现翻转。

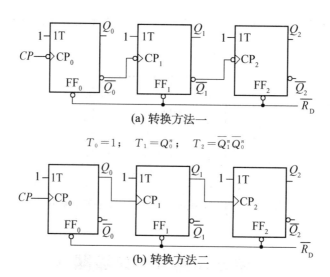

(a) 转换方法一

$$T_0 = 1; \quad T_1 = Q_0^n; \quad T_2 = \overline{Q_1^n}\,\overline{Q_0^n}$$

(b) 转换方法二

图 5-26 3 位二进制异步减法计数器

如图 5-27 所示是由 T 触发器构成的 3 位二进制同步加法计数器，3 个触发器由同一个时钟源控制。各触发器输入端满足方程：

图 5-27 所示的 3 位二进制减法计数器的状态转换图如图 5-28 所示。实际上，图 5-27 中的 T 触发器也可以由 JK 触发器替代，只要把 JK 触发器的 J 端和 K 端连在一起即可。

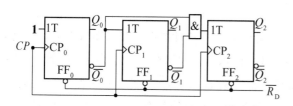

图 5-27 3 位二进制同步减法计数器电路图

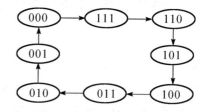

图 5-28 3 位二进制同步减法计数器状态图

相比较而言，同步计数器在工作速度上要快于异步计数器，但触发器往往需要配合门电路来实现，电路结构比异步计数器要复杂一些。

二、集成计数器

集成计数器的类型很多，有 N 位二进制计数器和十进制计数器等。

1. 双四位二进制同步加法计数器 74LS393

图 5-29 给出的是双四位二进制同步加法计数器 74LS393 的功能图和引脚图，$1CP$、$2CP$ 为时钟输入端（下降沿有效），$1Q_3 \sim 1Q_0$、$2Q_3 \sim 2Q_0$ 为输出端，$1R_D$、$2R_D$ 为异步清零端。

74LS393 的状态表如表 5-10 所示，$1R_D$、$2R_D$ 为异步清零端，为高电平时，不管时钟端 $1CP$、$2CP$ 状态如何，即可以强制完成清零功能；当 $1R_D$、$2R_D$ 为低电平时，74LS393 在时钟脉冲下降沿作用下进行计数操作。

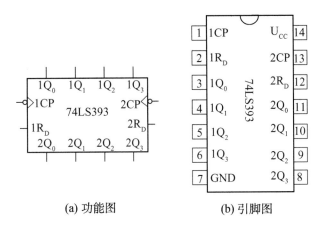

(a) 功能图　　　　　　　(b) 引脚图

图 5-29　双四位二进制同步加法计数器 74LS393 的功能图和引脚图

表 5-10　74LS393 的状态表

$1R_D$	$1CP$	$1Q_3$	$1Q_2$	$1Q_1$	$1Q_0$
1	$\times$	$\times$	$\times$	$\times$	$\times$
0	0	0	0	0	0
0	1	0	0	0	1
0	2	0	0	1	0
0	3	0	0	1	1
0	4	0	1	0	0
0	5	0	1	0	1
0	6	0	1	1	0
0	7	0	1	1	1
0	8	1	0	0	0
0	9	1	0	0	1
0	10	1	0	1	0
0	11	1	0	1	1
0	12	1	1	0	0
0	13	1	1	0	1
0	14	1	1	1	0
0	15	1	1	1	1

2. 十进制同步加/减法计数器 74LS190

十进制同步加/减法计数器 74LS190 的功能图和引脚图如图 5-30 所示,状态表如表 5-11 所示。CP 是时钟输入端(上升沿有效);$\overline{S}$ 为使能端;$\overline{LD}$ 是预置数端;$D_3 \sim D_0$ 是数据输入端;$Q_3 \sim Q_0$ 是输出端;$D/\overline{U}$ 是减/加法计数器控制端;CO/BO 是进位/借位标志端,当74LS190 做加法计数器计到最大数或者做减法计数器计到最小数时此标志端输出高电平。

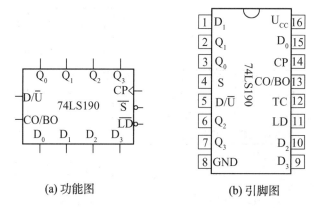

(a) 功能图 　　　　　　　　　(b) 引脚图

图 5-30　十进制同步加/减法计数器 74LS190 的功能图和引脚图

表 5-11　74LS190 状态表

$\overline{S}$	$\overline{LD}$	$D/\overline{U}$	CP	$D_0 D_1 D_2 D_3$	$Q_0^{n+1} Q_1^{n+1} Q_2^{n+1} Q_3^{n+1}$
1	×	×	×	× × × ×	$Q_0^n Q_1^n Q_2^n Q_3^n$
0	0	×	×	$ABCD$	$ABCD$
0	1	1	⊓	× × × ×	减计数
0	1	0	⊓	× × × ×	加计数

　　由表 5-11 可以看到在 74LS190 的各个端口中使能端 $\overline{S}$ 的优先级最高，当 74LS190 的使能端为高电平时，无论 $\overline{LD}$、$D/\overline{U}$、CP、$D_0 D_1 D_2 D_3$ 是什么状态，输出端 $Q_0 Q_1 Q_2 Q_3$ 的状态始终保持不变。当使能端为低电平时，计数器进入工作状态。预置数端 $\overline{LD}$ 的优先级仅次于使能端 $\overline{S}$，当 $\overline{LD}$ 为低电平时，把数据输入端 $D_3 \sim D_0$ 的状态送到输出端。当 $\overline{S}=0$ 且 $\overline{LD}=1$ 时，若减/加法计数器控制端 $D/\overline{U}$ 为 1 状态，计数器做减法计数功能；若 $D/\overline{U}$ 为 0 状态，计数器做加法计数功能。

　　使用计数器时，可以将 N 进制的计数器连成小于 N 进制的计数器或者大于 N 进制的计数器。如果是连成小于 N 进制的计数器可以用清零法来实现，清零法是指计数器从初始状态开始进行计数，计满 $M(M<N)$ 个状态后使用直接清零端令计数器恢复初始状态重新计数，这样连成的计数器就是 M 进制的计数器。如果是连成大于 N 进制的计数器，可以用两个或多个计数器扩展来实现。

3. 连成 $M(M<N)$ 进制计数器

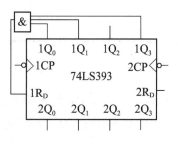

图 5-31　74LS393 连成十一进制计数器电路图

　　如图 5-31 所示，使用 74LS393 连成十一进制计数器，用到 $1CP$ 和 $1Q_3 \sim 1Q_0$、R_D 端口。与数值 11 相应的二进制代码为 1011，因此在 $1Q_3 \sim 1Q_0$ 端取 Q_3、Q_1、Q_0 接到与门作为输入，与门的输出送到直接清零端 R_D，这样当这三个输出端都为 1 时，就可以使直接清零端有效。

74LS393 连成的十一进制计数器工作时,首先在 R_D 端加一个正脉冲使得输出端 $1Q_3$～$1Q_0$ 为 0000 状态。然后在时钟脉冲的作用下,74LS393 开始计数,经过一个时钟脉冲后, $1Q_3$～$1Q_0$ 为 0001 状态;经过 11 个时钟脉冲后, $1Q_3$～$1Q_0$ 为 1011 状态。一旦输出端 $1Q_3$～$1Q_0$ 变成 1011 状态,与门输出高电平,使得直接清零端 R_D 有效, $1Q_3$～$1Q_0$ 端重新回到 0000 状态。状态转换图如图 5-32 所示。

在状态转换图中可以看到,0000～1010 这 11 个状态都是实线框的,而 1011 这个状态是虚线框的。这是因为 0000～1010 这 11 个状态持续的时间都是一个 CP 周期,而 1011 这个状态持续的时间只有一个 74LS393 的传输延迟时间。相比较而言,一个 CP 周期要远大于芯片的传输延迟时间,因此,称 0000～1010 这 11 个状态为有效状态,1011 这个状态为无效状态。在构成 M 进制计数器的时候,只考虑有效状态,有效状态个数为 M 的电路连接方式,构成的就是 M 进制计数器。

除清零法之外,还有一种典型连法能够把 N 进制计数器转变为 $M(M<N)$ 进制计数器,这就是置数法。置数法可以从某一状态 S 开始,计满 M 进制后输出置数信号使得计数器恢复状态 S。图 5-33 所示是使用置数法将 74LS190 连成七进制计数器,使能端 $\overline{S}$ 在计数器工作时始终为有效电平 0 状态。减法/加法控制端 $D/\overline{U}$ 接高电平,此时,计时器实现减法计数功能。由于使用置数法进行连接,直接置数端 $\overline{LD}$ 连接进位/借位端 CO/BO。令计数器输出端 Q_3～Q_0 的初始状态为 0111,在时钟源 CP 的作用下,计时器进行减法计数,当第 1 个时钟上升沿到的时候,计数器输出端 Q_3～Q_0 的状态变成 0110;当第 7 个时钟上升沿到的时候,计数器输出端 Q_3～Q_0 的状态变成 0000,同时,CO/BO 端输出高电平使得 $\overline{LD}$ 有效,把 $D_3 D_2 D_1 D_0 = 0111$ 置到 $Q_3 Q_2 Q_1 Q_0$ 端。即经过 7 个时钟上升沿后, $Q_3 Q_2 Q_1 Q_0$ 端重新回到初始状态 0111。

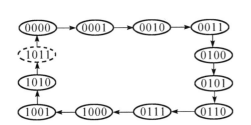

图 5-32　74LS393 连成十一进制计数器的状态转换图

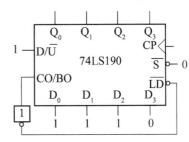

图 5-33　置数法将 74LS190 连成七进制计数器

4. 计数器的扩展

图 5-34 所示为 74LS190 构成的 100 进制计数器,使用低位片的进位/借位端 CO/BO 作为高位片的时钟源。当 74LS190 的 $D/\overline{U}$ 端接低电平 0 状态时,低位片计到最大数 1001 时 CO/BO 端输出高电平。低位片的 CO/BO 端虽然输出从低电平跳变为高电平,但通过非门后相当于在高位片的时钟端输入从高电平跳变为低电平(下降沿),高位片不计数。当再有一个时钟脉冲送入低位片的 CP 端后,低位片的 CO/BO 端从高电平跳变为低电平,通过非门后在高位片的时钟端输入从低电平跳变为高电平(上升沿),此时高位片开始进行计数,

其状态表如表 5-12 所示。

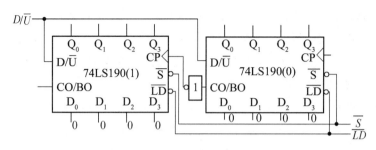

图 5-34　74LS190 异步扩展电路图

表 5-12　74LS190 异步扩展状态表

$\overline{S}$	$\overline{LD}$	$D/\overline{U}$	CP	低位 $D_3D_2D_1D_0$	高位 $D_3D_2D_1D_0$	低位 $Q_3Q_2Q_1Q_0$	高位 $Q_3Q_2Q_1Q_0$
1	×	×	×	××××	××××	保持	保持
0	0	×	×	0000	0000	0000	0000
0	1	0	1	××××	××××	0001	0000
0	1	0	2	××××	××××	0010	0000
0	1	0	3	××××	××××	0011	0000
0	1	0	4	××××	××××	0100	0000
0	1	0	5	××××	××××	0101	0000
0	1	0	6	××××	××××	0110	0000
0	1	0	7	××××	××××	0111	0000
0	1	0	8	××××	××××	1000	0000
0	1	0	9	××××	××××	1001	0000
0	1	0	10	××××	××××	0000	0001

从表 5-12 可以看出,当 74LS190 扩展后,低位片每计满十个数高位片计一个数,从而完成两片十进制计数器扩展成 100 进制的计数器。图 5-34 中高位片和低位片不使用同一个时钟源,是异步扩展方式,两片 74LS190 也可以共用一个时钟源进行扩展,图 5-35 所示是同步扩展方式,其状态表如表 5-13 所示。

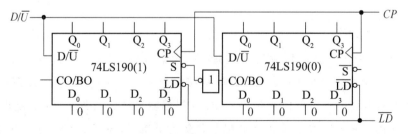

图 5-35　74LS190 同步扩展电路图

表 5-13 74LS190 同步扩展状态表

低位 $\overline{S}$	$\overline{LD}$	$D/\overline{U}$	CP	低位 $D_3D_2D_1D_0$	高位 $D_3D_2D_1D_0$	低位 $Q_3Q_2Q_1Q_0$	高位 $\overline{S}$	高位 $Q_3Q_2Q_1Q_0$
1	×	×	×	××××	××××	保持		保持
0	0	×	×	0000	0000	0000	1	0000
0	1	0	1	××××	××××	0001	1	0000
0	1	0	2	××××	××××	0010	1	0000
0	1	0	3	××××	××××	0011	1	0000
0	1	0	4	××××	××××	0100	1	0000
0	1	0	5	××××	××××	0101	1	0000
0	1	0	6	××××	××××	0110	1	0000
0	1	0	7	××××	××××	0111	1	0000
0	1	0	8	××××	××××	1000	1	0000
0	1	0	9	××××	××××	1001	1	0000
0	1	0	10	××××	××××	0000	0	0001

三、计数器应用举例

1. 分频器

N 位二进制计数器能够完成时钟信号 CP 的 2^N 分频。比如一个四位二进制计数器 74LS393,如图 5-36 所示,构成分频器时可以直接把 Q_0、Q_1、Q_2、Q_3 端引出作为时钟信号 CP 的二分频、四分频、八分频和十六分频。从 74LS393 的波形图(图 5-37)上可以清楚地看到 Q_0 波形周期是时钟信号 CP 周期的二倍。同理,Q_1、Q_2、Q_3 端为时钟信号 CP 周期的四倍、八倍和十六倍。

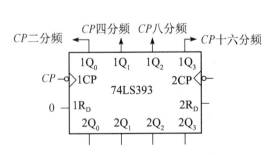

图 5-36 74LS393 构成分频器电路图

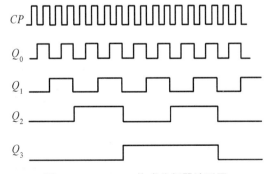

图 5-37 74LS393 构成分频器波形图

2. 定时器

图 5-38 所示为使用 74LS190 构成定时器,其中 74LS190 的使能端 $\overline{S}$ 接有效电平 0 状

态,预置数端$\overline{LD}$接负脉冲,减法/加法控制端$D/\overline{U}$接1状态。此时,74LS190完成减法计数功能,初始状态时由于$\overline{LD}$接负脉冲使得输出端$Q_3Q_2Q_1Q_0 = D_3D_2D_1D_0$,把数据$D_3D_2D_1D_0=1000$置入使得$Q_3Q_2Q_1Q_0=1000$。在秒脉冲的作用下,输出端$Q_3Q_2Q_1Q_0$的数值依次递减,$Q_3Q_2Q_1Q_0$的信号经过译码电路后转换成相应的二进制数在七段显示译码管上显示出来。每经过一个时钟脉冲(1 s),七段显示译码管上显示的数值减1,一直到8 s后CO/BO端输出一个高电平1状态。CO/BO端输出的1状态就是"定时到"信号。

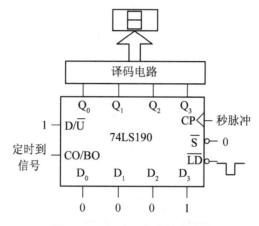

图 5-38   74LS190 构成的定时器

3. 脉冲发生器

图5-39所示为由74LS393构成的脉冲发生器,其中74LS393的Q_3端连接R_D端,把同步十六进制计数器74LS393连成八进制计数器。并且把74LS393的$Q_2Q_1Q_0$分别接到74HC151的地址端$A_2A_1A_0$。令$Q_3Q_2Q_1Q_0$的初始状态为0000,在时钟脉冲CP的作用下,$Q_2Q_1Q_0$的状态从000~111,在74HC151的Y端依次输出D_0~D_7的数据,即在Y端输出10010110脉冲序列。当$Q_3Q_2Q_1Q_0$变到1000时,R_D为高电平,计数器清零,重新开始计数。

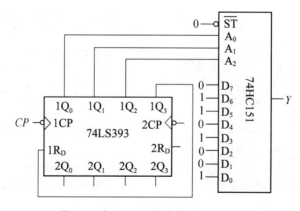

图 5-39   74LS393 构成的脉冲发生器

技能实训 多功能数字钟的设计与调试

一、项目制作目的

（1）了解并掌握多功能数字钟的设计、制作方法。
（2）掌握用仿真软件对多功能数字钟电路的仿真调试方法。

二、项目要求

（1）设计电路应能完全满足项目的要求。
（2）绘出多功能数字钟电路的逻辑图。
（3）完成多功能数字钟电路的仿真调试。
（4）完成多功能数字钟电路的模拟接线安装。

三、项目步骤

（一）电路设计分析

1. 方案论证

数字钟实际上是一个对标准频率（1 Hz）进行计数的计数电路。由于计数的起始时间不可能与标准时间（如北京时间）一致，故需要在电路上加一个校时电路。同时标准的 1 Hz 时间信号必须做到准确、稳定，通常使用石英晶体振荡器电路构成。一个用来计"时""分""秒"的数字钟主要由以下六个部分组成。

1）振荡器

振荡器主要用来产生频率稳定的时间标准信号，以保证数字钟的走时准确及稳定。要产生稳定的时标信号，一般采用石英晶体振荡器。现在使用的指针式电子钟或数字显示的电子钟都是使用石英晶体振荡器电路。从数字钟的精度考虑，晶体振荡器频率越高，计时的精度就越高，但这样会使分频器的级数增加。所以在确定频率时应当考虑这两方面的因素，然后再选定石英晶体的具体型号。

2）分频器

振荡器产生的时标信号通常频率很高，为了得到 1 Hz 的秒信号，需要对振荡器的输出信号进行分频。分频器的级数和每级的分频次数要根据时标频率来定。例如，目前石英电子钟多采用 32 768 Hz 的时标信号，将此信号经过十五级二分频即可得到周期为 1 s 的秒信号，电路原理如图 5-40 所示。也可以选用其他频率的时基信号，确定分频次数后再选择合适的集成电路。

161

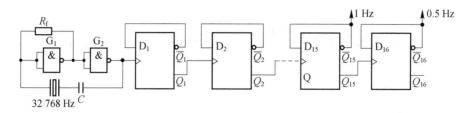

图 5-40　秒信号产生电路

3）计数器

"秒""分""时"分别为六十、六十、二十四进制的计数器。"秒"和"分"计数器用两块十进制计数器来实现是很容易的，它们的个位为十进制，十位为六进制，这样符合人们通常计数的习惯。"时"计数也用两块十进制集成块，只是做成二十四进制，上述计数器均可用反馈清零法来实现。

4）译码显示电路

因本例计数全部采用十进制集成块，因而计数器的译码显示均采用 BCD 七段译码器，显示器采用共阴极或共阳极的显示器。

5）校时电路

在刚开机接通电源时，由于"时""分"为任意值，所以需进行调整。"校时"电路的基本原理是将"秒"信号直接引进"时"计数器，同时将"分"计数器置零，让"时"计数器快速计数，在"时"的指示达到需要的数字后，切断"秒"信号。"校分"电路也按此方法进行。

6）整点报时电路

数字钟一般都应具备整点报时电路功能，即在时间出现整点前数秒内，数字钟会自动报时，以示提醒。其作用方式是发出连续的或有节奏的音频声波，较复杂的也可以是实时语音提示。

2. 方案实现

1）时钟振荡电路

时钟电路设计有多种方法，如 555 多谐振荡器、模拟运放振荡器、石英晶体振荡器等，其中 555 多谐振荡器调节方便，而石英晶体振荡器准确性最高。555 多谐振荡器本书前面内容已有介绍，下面介绍石英晶体振荡器的基本工作原理。

石英晶体是构成振荡器的核心，它保证了时钟的走时准确及稳定。振荡器的稳定度和频率的精准度决定了计时器的准确度。

图 5-41 所示为电路通过 CMOS 非门构成的输出为方波的数字式晶体振荡电路，这个电路中，CMOS 非门 U_1 与晶体、电容和电阻构成晶体振荡器电路；U_2 实现整形缓冲功能，将振荡器输出的近似于正弦波的波形转换为较理想的方波；与石英晶体串联的微调电容 C_2 可以对振荡器频率做微量调节，从而在输出端得到较稳定的脉冲信号。电路中输出反馈电阻 R_1 为非门提供偏置，使电路工作于放大区，即非门的功能近似于一个高增益的反相放大器。

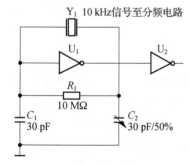

图 5-41　石英晶体振荡器原理图

电容 C_1、C_2 与晶体构成一个谐振电路，完成对振荡频率的控制功能，同时提供了一个 180° 相移，从而和非门构成一个正反馈网络,实现了振荡器的功能。由于晶体具有较高的频率稳定性及准确性,从而保证了输出频率的稳定和准确。

元器件中晶体 Y_1 的频率为 32 768 Hz。石英晶体具有$10^{-5} \sim 10^{-7}$的稳定度,使得电子钟准确度大为提高。从有关手册中可查得 $C_1 = 30$ pF,C_2 可取与 C_1 相同的电容值。当要求频率准确度和稳定度更高时,可将 C_2 改为微调电容或者加入校正电容并采取温度补偿措施。由于 CMOS 电路的输入阻抗极高,因此反馈电阻 R_1 可选为 10 MΩ。较高的反馈电阻有利于提高振荡频率的稳定性。非门电路可选 74HC00。

2)秒脉冲产生电路

本例中秒脉冲产生电路的主要功能有两个:一是产生标准秒脉冲信号;二是提供整点报时所需的高、低音频率信号。本例采用的 555 多谐振荡器产生 1 kHz 信号,故想得到秒脉冲需要将分频比设置为 1000,正好选用 3 个十进制计数器,故采用 3 片 74LS160 实现,如图5-42 所示。

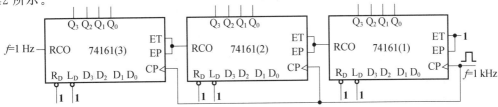

图 5-42　1000 分频电路原理图

3)计数器电路的设计

根据数字电子钟的逻辑方框图可清楚地知道,显示"时""分""秒"需要 6 片中规模计数器。其中,"秒""分"计时各为六十进制计数器,"时"位计时为二十四进制计数器,六十进制计数器和二十四进制计数器都选用 74LS90 集成块来实现,实现的方法采用反馈清零法。

(1)六十进制计数器。"秒"计数器电路与"分"计数器电路都是六十进制,它由一级十进制计数器和一级六进制计数器连接构成,如图 5-43 所示,采用两片中规模集成电路74LS90 串接起来构成的"秒""分"计数器。

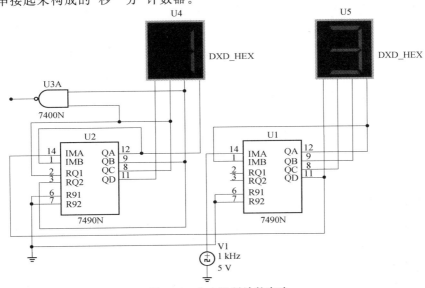

图 5-43　六十进制计数电路

由图 5-43 可知,U1 是个位计数器,U1 的 QD 作为十位计数器的进位信号,U2 和与非门组成六进制计数。74LS90 是在 CP 信号的下降沿翻转计数,U2 的 QA 和 QC 相与 0101 的下降沿,作为"分"("时")计数器的输入信号。U2 的输出 0110 高电平 1 分别送到计数器的 R01、R02 端清零,74LS90 内部的 R01 和 R02 与非后清零而使计数器归零,完成六进制计数。由此可见,U1 和 U2 串联实现了六十进制计数。

(2)二十四进制计数器。小时计数电路是由 U1 和 U2 组成的二十四进制计数电路,如图 5-44 所示。

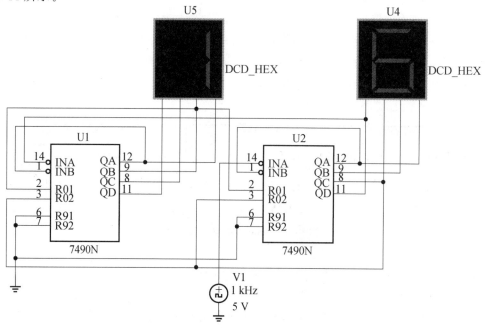

图 5-44 二十四进制计数电路

由图 5-44 可以看出,当"小时"的个位计数 U2 输入端送来第 10 个脉冲信号时,U2 计数器复零,输出端 QD 向"小时"的十位计数器 U1 输入进位信号。当第 24 个"时"(来自"分"计数器输出的进位信号)脉冲到达时 U2 计数器的状态为"0100",U1 计数器的状态为"0010",此时"小时"的个位计数器输出端 QC 和"小时"的十位计数器的 QB 输出为"1"。把它们分别送到 U1 和 U2 计数器的清零端 R01 和 R02,通过 74LS90N 内部的 R01 和 R02 与非后清零,计数器归零,完成二十四进制计数。

4)译码及显示电路

显示器可用七段发光二极管来显示译码器输出的数字。在本例中采用的是 4 输入端的 BCD 解码的七段显示器。

5)校时电路

本例的校时电路设计较为简单,由两个开关分别控制"时"和"分"的校时,原理就是断开"分"和"时"计数电路的输入脉冲,而将秒脉冲信号接入,这样就加快了"分"和"时"计数电路的计数速度,达到调时的目的。

6)整点报时电路

本例中的整点报时电路要求每当"分"和"秒"计数器计到 59 分 50 秒时,便自动驱动音响电路,在 10 s 内自动发出 5 次鸣叫声。要求每隔 1 s 鸣叫一次,每次叫声持续 1 s,并且前四声音调低,最后一声音调高,此时计数器正好为整点(0 min 0 s)。

整点报时电路原理图如图 5-45 所示,其中包括控制门电路和音响电路。

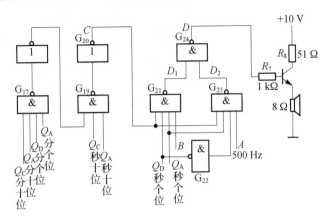

图 5-45 整点报时电路原理图

(1) 控制门电路。根据要求,电路应在整点前 10 s 内开始报时,即当时间在 59 min 50 s 到 59 min 59 s 期间时,报时电路产生报时控制信号。

当"分"和"秒"计数器到 59 min 50 s 时,从 59 mm 50 s 到 59 min 59 s 之间,只有秒个位在计数,分十位、分个位和秒十位均保持不变(输出均为 1),分别对应十进制的 5、9 和 5,因此可将分计数器十位的 Q_C 和 Q_A、个位的 Q_D 和 Q_A 及秒计数器十位的 Q_C 和 Q_A 相与,从而产生报时控制信号,去控制门 G_{21} 和门 G_{23}。

在每小时的最后 10 s 内 C＝1。门 G_{21} 输入端加有频率为 1 kHz 的信号 B,同时又受 $Q_{D秒个位}$、$Q_{A秒个位}$ 的控制,即 $D_1 = \overline{CQ_{D秒个位}Q_{A秒个位}B}$,只有在 59 s 时,B 信号才可以通过门 G_{21};门 G_{23} 的输入端加有频率为 500 Hz 的信号 A,同时又受 $\overline{Q_{D秒个位}}$、$Q_{A秒个位}$ 控制,其输出 $D_2 = \overline{C\overline{Q_{D秒个位}}Q_{A秒个位}A}$,即 51 s、53 s、55 s、57 s 时,A 信号可通过 G_{23},再经过与非门 G_{24},从而实现前四响为 500 Hz,后一响为 1 kHz,最后一响完毕正好整点。

(2) 音响电路。音响电路采用射极跟随器推动喇叭发声。三极管基极串联 1 kΩ 限流电阻是为了防止电流过大烧坏喇叭。三极管选用 3DG12。报时所需的 1 kHz 和 500 Hz 音频分别取自于前面的多级分频电路。

(二)电路组成及仿真调试

1. 仿真调试时钟振荡电路

这里对两种时钟振荡电路进行仿真,最后整个系统仿真选用的是 555 多谐振荡器电路。

1) 555 多谐振荡器产生 1 kHz 脉冲信号

参照 555 多谐振荡器原理图自行取出 555 芯片和 3 个电阻、两个电容完成图 5-46 所示的电路。需要注意的是,C_f 电容为抗干扰电容,设计电路前要根据相关频率计算公式计算 R_1、R_2、C_2 的具体取值并通过示波器的显示来进行微调。(有关 555 多谐振荡器的原理后续内容会有详细介绍,本项目由于需要用到秒脉冲信号,所以先用到该部分内容)

555 多谐振荡器产生 1 kHz 的仿真波形图如图 5-47 所示。

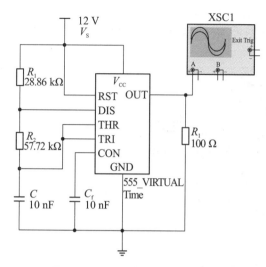

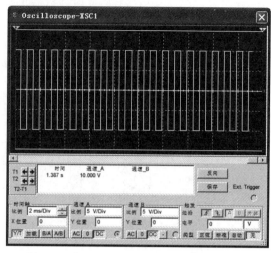

图 5-46　555 多谐振荡器仿真电路

图 5-47　多谐振荡器产生 1 kHz 的仿真波形图

2）石英晶体振荡器产生 32768 Hz 脉冲信号

石英晶体振荡器仿真电路如图 5-48 所示，是完全根据图 5-41 来完成的。非门采用 CMOS 非门 74HC04，C_2 电容可以加入一个微调电容，根据示波器上显示的波形来微调电容值。仿真波形图如图 5-49 所示。

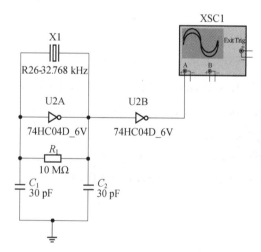

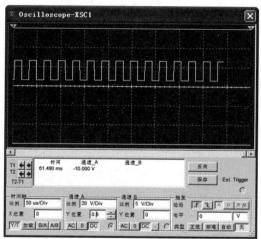

图 5-48　石英晶体振荡器仿真电路

图 5-49　石英晶体振荡器仿真波形

2. 仿真调试秒脉冲产生电路

本例中用到了 74LS160N 和 74LS161N 芯片，其中，74LS160N 是十进制计数器，74LS161N 是 4 位二进制计数器，有关它们的具体功能，请自行查阅资料。

需要注意的是，74LS160N 和 74LS161N 在级联使用时一定注意两个使能端 EP 和 ET 的设置，只有两个使能端均为高电平才能计数，当第三级控制时一定是第一级和第二级同时控制第三级,如图 5-50 和图 5-51 所示。其中,第二级的 EP 和 ET 一同由第一级的 RCO 控制,第三级的 EP 由第二级的 RCO 控制,而 ET 由第一级的 RCO 控制,这样保证了第三级的进位是前两个芯片均计满溢出时。图 5-50 所示分频电路是给 555 多谐振荡器产生的 1 kHz 分频使用的,图 5-51 所示分频电路是给石英晶体振荡器产生的 32 768 Hz 分频使用的。

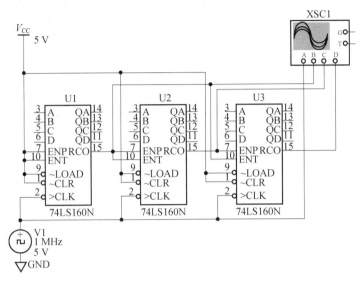

图 5-50　千分频仿真电路

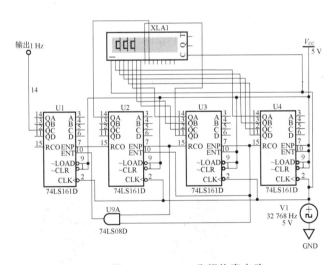

图 5-51　32 768 分频仿真电路

3. 仿真调试计数器电路

1) 六十进制加法计数器

参照图 5-43 的六十进制计数电路,在仿真软件中构建六十进制加法计数仿真电路,如图 5-52 所示。这也是数字钟里的"分"和"秒"部分的仿真电路。仿真测试中调用了仿真软件中的 1000 Hz 信号源以加快调试速度。

为了减少数字钟整个电路构建时的复杂程度,本例在仿真电路的组成中采用子电路搭

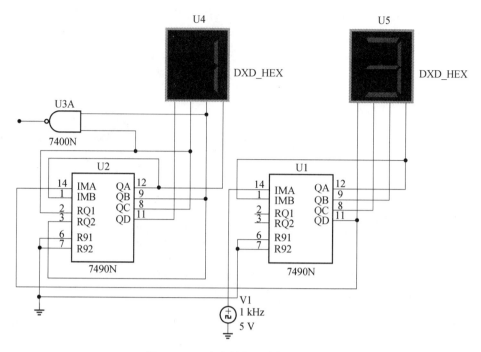

图 5-52   六十进制加法计数仿真电路

建的方式。首先要进行子电路的创建,该功能类似于模块化某功能的电路。

六十进制计数器子电路的创建的具体操作如下。

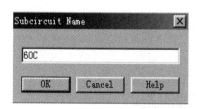

图 5-53   "Subcircuit Name"对话框

(1) 在 Multisim 10 平台上按住鼠标左键,拉出一个长方形,把用来组成子电路的那一部分全部选定。

(2) 执行"Place"→"Replace by Subcircuit"菜单命令,打开如图 5-53 所示的对话框。在其编辑栏内输入子电路名称,如 60C,单击"OK"按钮即得到图 5-54 所示的子电路。

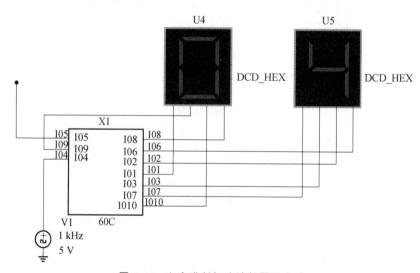

图 5-54   六十进制加法计数器子电路

2）二十四进制加法计数器

参照图 5-44 的二十四进制计数电路,在仿真软件中构建二十四进制加法计数仿真电路,如图 5-55 所示。这是数字钟里的小时部分的仿真电路。仿真测试中调用了仿真软件中的 1000 Hz 信号源以加快调试速度。

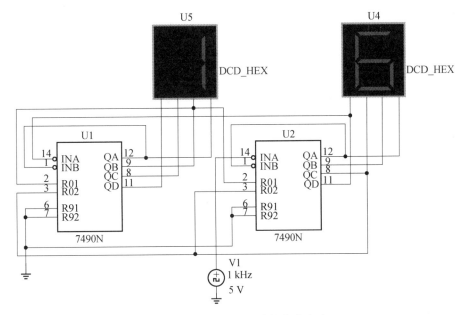

图 5-55　24 进制加法计数仿真电路

同样要进行子电路的创建。创建方法同前述内容,创建后的二十四进制加法计数器子电路如图 5-56 所示。

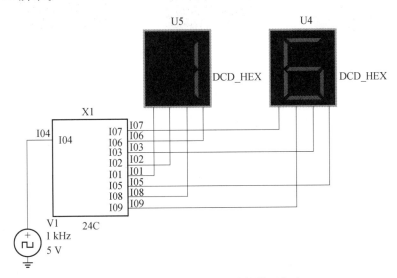

图 5-56　二十四进制加法计数器子电路

4. 仿真调试校时电路

本例的校时电路设计较为简单,由两个开关 K1 和 K2 分别控制"时"和"分"的校时。仿真电路如图 5-57 所示。

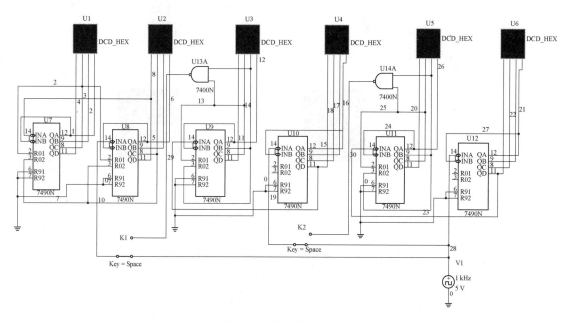

图 5-57   校时电路仿真

也可以用子电路构成整个校时电路,如图 5-58 所示。可以看到,子电路的调用使整个电路大大简化。需要说明的是,子电路只是对仿真电路有用,对实际电路是无效的。

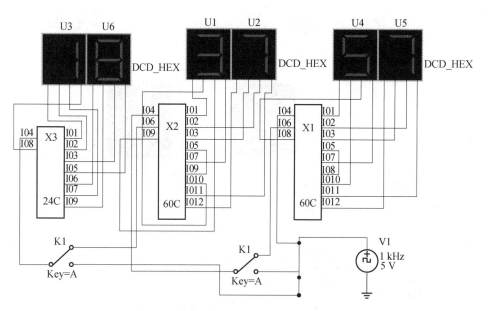

图 5-58   由子电路构成的校时电路仿真

5. 仿真调试整点报时电路

参照图 5-45,在仿真软件中构建整点报时仿真电路,如图 5-59 所示。

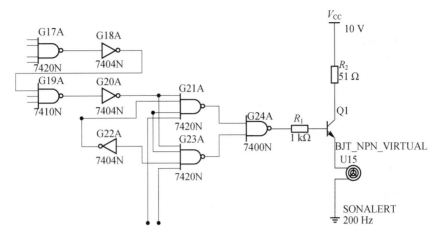

图 5-59 整点报时仿真电路

(三)数字钟电路的仿真调试

将各个部分电路组合在一起,就构成了数字钟的整体仿真电路,如图 5-60 所示。经仿真测试,满足设计技术指标的要求。

>>> 小提示

(1)数字钟是电子电路设计中的一个典型应用,现在有很多的设计方法,本项目用的是纯硬件的方式。实际电路的设计中不需要这样,纯硬件的电路调试困难,故障多,稳定性也不好,原因主要是芯片元件的质量不易控制。所以更新的设计思想是用单片机、CPLD 等可以编程的方式来做数字钟。

如果纯粹是做成数字钟产品的话,还有现成的大规模集成、多功能数字钟芯片可以选用。

(2)数字钟的外围电路有很多扩展,如增加语音、音乐报时,增加温度显示等。

(3)仿真软件不是绝对的,它只是设计者的一个好帮手,不是所有的硬件性能仿真软件都能仿真出来,如振荡器的脉冲信号,仿真出来的速度非常慢等。所以要了解仿真软件的局限性,才能更好地利用它。

四、注意事项

(1)将整个电路分成若干个子电路分别调试,调试合格后再合成总电路进行调试,这样会降低总电路调试时的故障率。

(2)总电路由于线路较多,布线时难免出错,在构成总电路时,可以使用总线的形式构图。

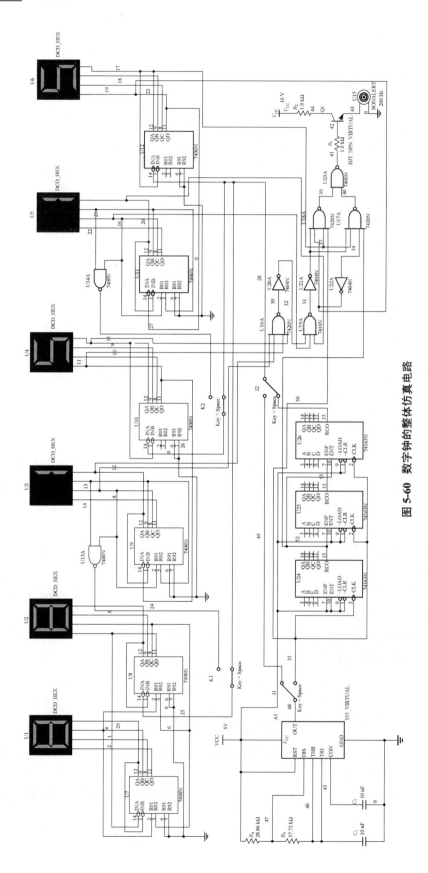

图 5-60 数字钟的整体仿真电路

五、项目考核

班级		姓名		组号		扣分记录	得分
项目	配分	考核要求		评分细则			
仿真调试时钟振荡电路	15分	能正确仿真调试时钟振荡电路		(1) 不能正确调试出结果,扣10分; (2) 电路出现错误,每处扣5分			
仿真调试秒脉冲产生电路	15分	能正确仿真调试秒脉冲产生电路		(1) 不能正确调试出结果,扣5分; (2) 电路出现错误,每处扣5分			
仿真调试计数器电路	30分	能正确仿真调试计数器电路		(1) 连接方法不正确,每处扣5分; (2) 不能仿真调试出六十进制电路,扣10分; (3) 不能仿真调试出二十四进制电路,扣10分; (4) 出现问题,不能调试,每次扣5分			
仿真调试校时电路及整点报时电路	15分	能正确仿真调试校时电路及整点报时电路		(1) 不能仿真调试出校时电路,扣10分; (2) 不能仿真调试出整点报时电路,扣10分			
仿真调试数字钟整体电路	15分	能正确仿真调试数字钟整体电路		(1) 电路整体不能运行,故障不能排除,扣5分; (2) 接线错误,每处扣5分			
安全文明操作	10分	(1) 安全用电,无人为损坏仪器、元件和设备; (2) 保持环境整洁,秩序井然,操作习惯良好; (3) 小组成员协作和谐,态度正确; (4) 不迟到、早退、旷课		(1) 违反操作规程,每次扣5分; (2) 工作场地不整洁,扣5分			
总分							

模块小结

（1）时序逻辑电路在任何一个时刻的输出信号不仅取决于当时的输入信号,而且与电路原来的状态有关,一般由组合电路和存储电路两部分构成。按照触发方式的不同,时序逻辑电路可以分为同步时序逻辑电路和异步时序逻辑电路。

同步时序逻辑电路中所有的触发器共用一个时钟信号,各个触发器状态变化都在时钟信号 CP 的作用下同时发生。

异步时序逻辑电路中的触发器不共用一个时钟信号,各个触发器状态变化有先有后。

（2）常用的时序逻辑电路描述方法有方程式、状态表、状态图和时序图。进行时序逻辑电路的分析时,首先通过已知的电路图列出相应的特征方程,再根据特征方程列出电路的状态表,画出状态图和时序图进行分析。

$$\boxed{电路图} \rightarrow \boxed{方程式} \rightarrow \boxed{状态表} \rightarrow \boxed{状态图} \rightarrow \boxed{时序图}$$

异步时序逻辑电路分析和同步时序逻辑电路分析不同的地方在于列方程式时异步时序逻辑电路要多列一组时钟方程,当条件具备时,各触发器的转换时刻取决于各自的时钟脉冲有效沿是否到达。

（3）构成寄存器的主要部分是触发器。由于触发器能够存储一位二进制代码,所以 N 个触发器构成存储 N 位二进制代码的寄存器。具有移位功能的寄存器称为移位寄存器,可以实现数据的左移、右移,利用移位寄存器可以构成扭环形计数器。由于相邻的状态之间只有一位代码不同,因此不会产生竞争冒险现象。

（4）计数器是一种常用的时序逻辑功能器件,计数器的分类方式很多,按照时钟信号 CP 控制方式的不同,可以分为异步计数器和同步计数器;按照计数规律的不同,可以分为加法计数器和减法计数器等。相比较而言,在工作速度上同步计数器要快于异步计数器,但结构上要比异步计数器复杂一些。

（5）在使用计数器时,可以将 N 进制的计数器连成小于 N 进制的计数器或者大于 N 进制的计数器。如果是连成小于 N 进制的计数器,可以用清零法或者置数法来实现;如果是连成大于 N 进制的计数器,可以用两个或多个计数器扩展来实现。

清零法是指计数器从初始状态开始进行计数,计满 $M(M<N)$ 个状态后使用直接清零端令计数器恢复初始状态。

置数法可以从某一状态 S 开始,计满 M 进制后输出置数信号使得计数器恢复状态 S。

（6）计数器的应用非常广泛,可以完成计数功能、分频功能、定时功能,还可以连成脉冲发生器。计数器的输出端 Q_i 直接可以完成时钟脉冲的二分频、四分频、八分频和十六分频;计数器配合一定频率的时钟源、译码电路和七段显示译码管可以实现定时功能;计数器配合数据选择器可以实现脉冲发生器。

 思考与练习

5.1 试分析图 5-61 所示电路的逻辑功能。设各触发器初始状态为 0。

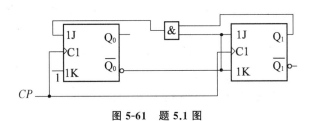

图 5-61　题 5.1 图

5.2　试分析图 5-62 所示电路的逻辑功能。设各触发器初始状态为 0。

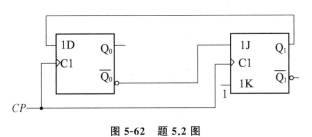

图 5-62　题 5.2 图

5.3　试分析图 5-63 所示电路,列状态表。设各触发器初始状态为 0。

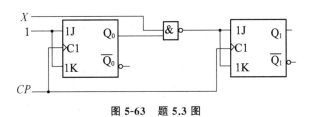

图 5-63　题 5.3 图

5.4　试分析图 5-64 所示电路,列状态表。设各触发器初始状态为 0。

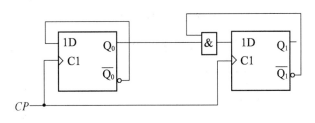

图 5-64　题 5.4 图

5.5　试分析图 5-65 所示电路,列状态表。设各触发器初始状态为 0。

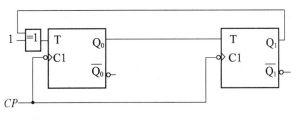

图 5-65　题 5.5 图

5.6 试分析图 5-66 所示电路的计数规律。设各触发器初始状态为 0。

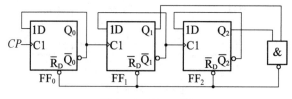

图 5-66 题 5.6 图

5.7 试用 74LS393 连成八进制计数器。

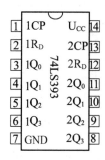

图 5-67 题 5.7 图

5.8 试分析图 5-68 所示电路的逻辑功能。设各触发器初始状态为 0。

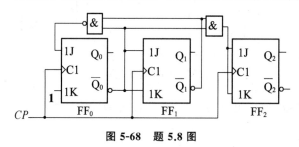

图 5-68 题 5.8 图

5.9 试分析图 5-69 所示电路的逻辑功能。设各触发器初始状态为 0。

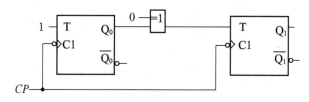

图 5-69 题 5.9 图

5.10 什么是单拍工作方式的寄存器？什么是双拍工作方式的寄存器？

5.11 试把图 5-70 所示电路转换成 3 位二进制减法计数器。

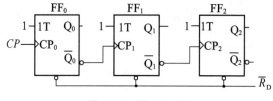

图 5-70 题 5.11 图

5.12 试把图 5-70 所示电路转换成 4 位二进制加法计数器。

5.13 试用 74LS393 连成十进制计数器。

5.14 试将 74LS190 连成九进制计数器。

5.15 试分析图题 5-71 实现的是多少进制的计数器。

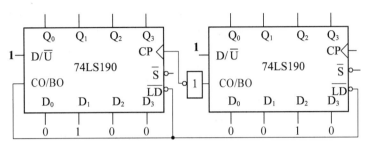

图 5-71 题 5.15 图

5.16 试分析图 5-72 实现的是多少进制的计数器。

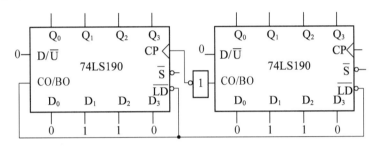

图 5-72 题 5.16 图

5.17 试分析图 5-73 实现的是多少进制的计数器。

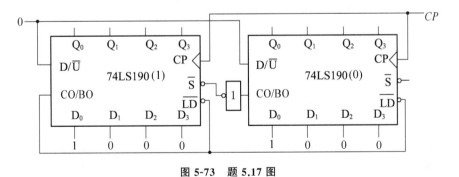

图 5-73 题 5.17 图

5.18 试用 74LS190 按照同步扩展方式实现八十八进制的计数器。

模块 6
脉冲波形的产生与整形

◀ **学习目标**

（1）了解 555 电路的逻辑功能；

（2）了解单稳态触发器、多谐振荡器、施密特触发器的工作原理；

（3）掌握 555 电路的仿真测试；

（4）掌握 555 电路的简单应用；

（5）能使用仿真软件进行 555 应用电路的设计。

◀ 学习任务 1　脉冲电路概述 ▶

首先让我们了解一下究竟什么是脉冲。从字面上理解,脉冲就是脉搏跳动产生的冲击波,如心电图上脉搏跳动的信号。因此,一般把那些瞬间突然变化、作用时间极短的电压或电流称作脉冲信号。它可以是周期性重复的,也可以是非周期性的。更广义地讲,凡是不具有连续正弦波形状的信号都可以通称为脉冲信号,所以脉冲波形多种多样。常见的脉冲信号波形如图 6-1 所示。

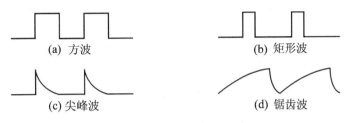

图 6-1　常见的脉冲信号波形

一般来说,数字电路中最常用的是具有一定宽度和幅值且边沿陡峭的矩形脉冲(包括方波和矩形波)。从前面的学习中我们知道,在数字电路中分别以高电平和低电平表示 1 状态和 0 状态,所以矩形脉冲是表示信号的有无,即传达 0 或 1 的情况下最适合的波形。

由于数字电路系统中离不开各种不同频率不同幅度的脉冲信号,如生产控制过程中的定时信号、时序电路中控制和协调着整个系统工作的时钟信号等都是矩形脉冲。因此,矩形脉冲信号的好坏直接影响到系统是否能正常高效地工作,脉冲电路对于数字系统有着非常重要的意义。

一般来说,获得脉冲波形主要有两种途径:一种是利用脉冲信号发生器直接产生符合要求的矩形脉冲;另一种是利用整形电路对已有信号进行变换,最终得到符合要求的矩形脉冲。整形电路并不能自行产生脉冲信号,只能把其他形状的信号,如正弦波、三角波和一些不规则的波形变换成矩形脉冲。本模块主要介绍常用的几种脉冲信号产生电路以及脉冲变换电路,如单稳态触发器、施密特触发器、多谐振荡器等,最后介绍广泛应用的 555 定时器电路的原理和使用。

◀ 学习任务 2　单稳态触发器 ▶

顾名思义,单稳态触发器只有一个稳定状态。其特点是,在未加触发脉冲前,电路处于稳定状态;在触发脉冲到来时,电路由稳定状态翻转变为暂稳定状态,停留一段时间后,电路又自动返回稳定状态。暂稳定状态维持的时间长短,取决于电路的参数,与触发脉冲无关。单稳态触发器是通过整形(间接)方法获得矩形脉冲的,广泛应用于脉冲整形、定时、延时以及消除噪声等。

一、门电路构成的单稳态触发器

1. 工作原理

一般可以用门电路和 RC 元件来构成单稳态触发器,根据 RC 电路的不同接法又把单稳态触发器分为微分型和积分型两种。为便于讨论,在本模块把 CMOS 门电路的电压传输特性理想化,设定 CMOS 反相器的阈值电压 $U_{TH} \approx \dfrac{U_{DD}}{2}$,电路中 CMOS 门的 $U_{OH} \approx U_{DD}$,$U_{OL} \approx 0$ V。由图 6-2 所示电路可知,构成单稳态触发器的两个逻辑门由 RC 电路耦合,而 RC 电路为微分电路的形式,所以把它称为 CMOS 或非门微分型单稳态触发器电路。

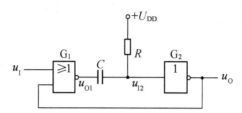

图 6-2 CMOS 或非门微分型单稳态触发器电路

1)无触发信号,电路处于稳态

电源接通后,在没有外来触发脉冲,即 u_1 为低电平时,电路处于稳定状态。此时反相器 G_2 的输入端经电阻 R 接至 U_{DD},u_{I2} 为高电平($u_{I2} = U_{DD}$),所以反相器 G_2 的输出 u_O 为低电平($u_O \approx 0$)。这样,或非门 G_1 的两个输入均为低电平,所以其输出 u_{O1} 为高电平($u_{O1} \approx U_{DD}$),即电容器 C 两端的电压接近为 0 V(u_{O1}、u_{I2} 均为高电平),电路稳定。所以,可以看出,只要正脉冲触发信号没有到来,电路就一直处于这个稳态。稳定状态下有 $u_{O1} \approx U_{DD}$,$u_O \approx 0$。

2)触发信号到来,电路进入暂稳态

当输入触发脉冲,即高电平到来时,u_1 上升到 G_1 门的阈值电压 U_{TH},电路中将产生如下正反馈过程:

$$u_1 \uparrow \rightarrow u_{O1} \downarrow \rightarrow u_{I2} \downarrow \rightarrow u_O \uparrow$$

这一正反馈过程使门 G_1 迅速导通,u_{O1} 很快从高电平跳变为低电平,而由于电容 C 两端的电压不能突变,所以 u_{I2} 也同时跳变为低电平,门 G_2 截止,输出 u_O 跳变为高电平。此时即使触发信号 u_1 撤除(u_1 变为低电平),u_O 仍维持高电平。但电路的这种状态不能长久保持,所以此状态称为暂稳态。暂稳态时 $u_{O1} \approx 0$ V,$u_O \approx U_{DD}$。

3)电路自动从暂稳态回复至稳态

暂稳态期间,$u_{O1} \approx 0$ V,所以电源 U_{DD} 经电阻 R 和 G_1 门导通电路对电容 C 充电,u_{I2} 按指数规律上升。当 u_{I2} 上升到 U_{TH} 时,电路又产生正反馈:

$$u_{I2} \uparrow \rightarrow u_O \downarrow \rightarrow u_{O1} \uparrow$$

若此时触发脉冲已消失,即 u_1 为低电平,则上述正反馈使 G_1 门迅速截止,G_2 门迅速导通，u_{O1} 跳变到高电平。由于电容 C 两端电压不能突变，所以 u_{I2} 也将跟随 u_{O1} 上跳。一般由于保护二极管的箝位作用，u_{I2} 上跳至 $U_{DD}+\Delta U \approx U_{DD}$，同时输出返回到 $u_O \approx 0$ V 的状态。此后电容 C 通过电阻 R 和 G_2 门的导通电路放电，最终使电容 C 上的电压恢复到稳定状态时的初始值，电路从暂稳态恢复到稳态。

2. 电路波形

工作过程中各点电压工作波形如图 6-3 所示，从波形图可以看出，在触发信号 u_I 的上升沿处，触发器被触发，电路由稳态进入暂稳态；暂稳态持续时间的长短由 RC 电路的充电时间决定。若 u_I 的正脉冲小于暂稳态脉宽 t_W，则 u_{I2} 充电至 U_{TH} 时，由于正反馈将使得 u_{I2} 波形突然上跳，输出 u_O 由暂稳态翻转到稳态，且下降沿陡峭，从而得到较好的输出脉冲波形。

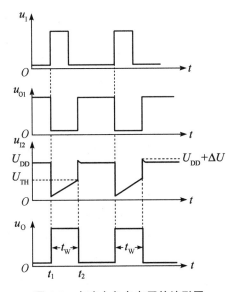

图 6-3 电路中各点电压的波形图

但若 u_I 的正脉宽大于暂态脉宽 t_W，在电路由暂态返回到稳态时，由于门 G_1 被 u_I 封锁住了，会使输出 u_O 的下降沿变缓，波形质量下降。此时可以在单稳态触发器的输入端加一个 RC 微分电路，如图 6-4 所示，在输入触发脉冲，即 u_I 为高电平时，由于微分电路 R_1C_1 的作用，将使信号 u_{I1} 为正的窄脉冲，避免了输入正脉冲大于暂稳态脉宽 t_W，从而可以改善输出波形。

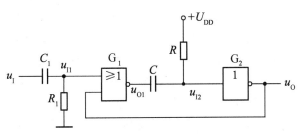

图 6-4 改进后的微分型单稳态触发器电路

另外要注意,此处是以 CMOS 或非门构成的单稳态触发器为例来介绍的,对于不同逻辑门组成的单稳态触发器,电路的触发信号和输出脉冲是不一样的。

3. 电路主要参数计算

通常我们用输出脉冲宽度、恢复时间等参数来描述单稳态触发器的性能。

1)输出脉冲宽度 t_W

由图 6-3 可知,输出脉冲宽度、t_W 为电容 C 充电过程,即 u_{I2} 从 0 V 上升到 U_{TH} 所需的时间。根据对 RC 电路过渡过程的分析可知,在电容充、放电过程中,电容上的电压 u_C 从充、放电开始到变化至某一数值 U_{TH} 所经过的时间可以用下式计算:

$$t_W = RC \ln \frac{u_C(\infty) - u_O(0)}{u_C(\infty) - U_{TH}}$$

将 $u_C(0) = 0$ V,$u_O(\infty) = U_{DD}$,$\tau = RC$,$U_{TH} \approx \dfrac{U_{DD}}{2}$ 代入上式可得

$$t_W = RC \ln \frac{U_{DD} - 0}{U_{DD} - U_{TH}} = RC \ln 2$$

$$t_W \approx 0.7RC$$

2)恢复时间 t_{re}

在暂稳态结束后,电路还需要一段恢复时间,以便将电容在暂稳态期间所充的电荷释放掉,使电路恢复到初始的稳定状态。一般来说,恢复时间为

$$t_{re} \approx (3 \sim 5)\tau$$

3)分辨时间 t_d

显然,要保证电路正常工作,两个相邻的输入触发脉冲之间必须有一定的时间间隔,那么所允许的最小时间间隔即为分辨时间 t_d。分辨时间为输出脉冲宽度和恢复时间之和,即

$$t_d = t_W + t_{re}$$

二、集成单稳态触发器

1. 集成单稳态触发器的两种触发方式

用逻辑门组成的单稳态触发器电路结构非常简单,但是也存在一些问题,如触发方式单一、输出脉宽稳定性较差等。所以我们平时所使用的基本上都是集成单稳态触发器,包括 TTL 和 CMOS 系列产品,即将电路集成于同一芯片上,并采取温漂补偿措施,使电路的温度稳定性较好,同时器件内部电路一般还附加了上升沿与下降沿触发的控制和置零等功能,使电路功能增强。使用集成单稳态器件时外部只需要很少的元件和连线,所以使用非常方便。

集成单稳态触发器按照不同的触发方式,可以分为不可重复触发和可重复触发单稳态触发器。不可重复触发单稳态触发器在进入暂稳态期间,即使再次受到触发脉冲的作用,也不会影响电路既定的暂稳态过程,输出的脉冲宽度仅由 R、C 参数确定;而可重复触发单稳态触发器在进入暂稳态时,若再加入触发脉冲,单稳态触发器将会被重新触发,暂稳态将以最后一个脉冲触发沿为起点,再延长一个脉冲宽度,即 t_W 时间后,电路才会回到稳态,所以可重复触发单稳态触发器的输出脉宽可根据触发脉冲输入情况的不同而改变。两种单稳态触发器的工作波形如图 6-5 所示。

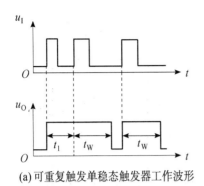

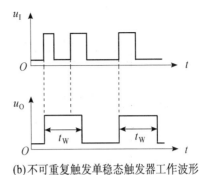

(a)可重复触发单稳态触发器工作波形　　(b)不可重复触发单稳态触发器工作波形

图 6-5　两种单稳态触发器的工作波形

2. 集成单稳态触发器 74121

下面来看一下集成单稳态触发器中的典型产品 74121 的功能和使用方法,其引脚图如图 6-6 所示。

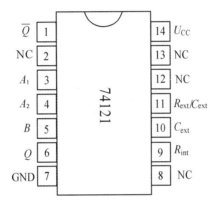

图 6-6　集成单稳态触发器 74121 的引脚图

TTL 集成器件 74121 属于不可重复触发的单稳态触发器,是在微分型单稳态触发器的基础上附加输入触发信号控制电路和输出缓冲电路形成的。输入控制电路主要用于实现上升沿触发或下降沿触发的控制,输出缓冲电路则是为了提高单稳态触发器的负载能力。

在使用时,要在芯片的 10、11 脚接定时电容 C_{ext},若采用电解电容,则电容 C_{ext} 的正极端接 10 脚。引脚 3、4、5 为单稳态触发器触发信号输入端,引脚 6 和引脚 1 分别为触发信号同相输出端 Q 和反相输出端 $\overline{Q}$。定时电阻 R 是采用外接电阻 R_{ext} 还是芯片内部电阻 R_{int} 可根据输出脉宽的要求来调整,在 74121 内部有一个 2 kΩ 的定时电阻,使用内部电阻时只需将 R_{int} 与 U_{CC} 连接起来,不用时将 R_{int} 开路。74121 使用内部电阻和外接电阻的两种连接方式如图 6-7 所示,其输出脉冲宽度为 $t_W \approx 0.7\,RC$,其中,外接定时电阻 R 的取值范围可以从 1. 4 kΩ 到 40 kΩ,定时电容 C 的取值范围可以从 10 pF 到 10 μF。通过选择适当的电阻、电容值,输出脉冲的宽度 t_W 可以在 10 ns～300 ms 范围内改变。

集成单稳态触发器 74121 的功能表如表 6-1 所示。由功能表可见,74121 具有边沿触发的性质,在稳定状态下,单稳态触发器的输出 $Q=0$;当有触发脉冲作用时,电路进入暂稳态,$Q=1$。

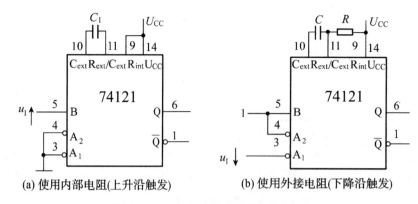

图 6-7　74121 定时电容器电阻器的连接

表 6-1　74121 功能表

输　入			输　出	
A_1	A_2	B	Q	$\overline{Q}$
0	×	1	0	1
×	0	1	0	1
×	×	0	0	1
1	1	×	0	1
1	↓	1	⊓	⊔
↓	1	1	⊓	⊔
↓	↓	1	⊓	⊔
0	×	↑	⊓	⊔
×	0	↑	⊓	⊔

　　表 6-1 中前四行为稳定状态,即 A_1、A_2 中有一个为 0,B 为 1;或者 B 为 0,A_1、A_2 任意;或者 A_1、A_2 同为 1,B 任意,电路均不能触发翻转,此为稳定状态或禁止触发状态,Q 维持 0。

　　表 6-1 中后五行为触发条件,电路这时可由稳态翻转到暂稳态。当 B 和 A_1、A_2 中的一个为高电平,A_1、A_2 中有一个或两个产生由 1 到 0 的负跳变时,电路有正脉冲输出;当 A_1、A_2 两个输入中有一个或两个为低电平,且 B 产生由 0 到 1 的正跳变时触发,电路有正脉冲输出。

电路的工作波形如图 6-8 所示。

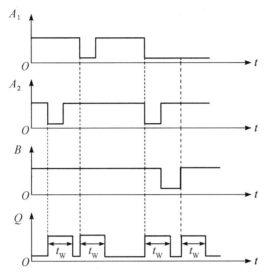

图 6-8 集成单稳态触发器 74121 的工作波形

集成单稳态触发器除 74121 以外,还有其他一些产品。如 TTL 集成单稳态触发器中还有 74LS221、74LS122、74LS123 等,其中 74LS221 属于不可重触发单稳态触发器,74LS122、74LS123 属于可重复触发单稳态触发器,在 74LS221、74LS123 中都有两个单稳态触发器。CMOS 集成单稳态触发器中如 MC14528、CC4098 等都是典型产品,属于可重触发单稳态触发器。另外,有些集成单稳态触发器(如 74LS221、74LS123、MC14528)上还没有清零端,通过在清零端输入低电平可以立即终止暂稳态过程,恢复稳定状态。

3. 集成单稳态触发器的应用

单稳态触发器不能自行产生波形,但可将宽度不符合要求的脉冲变换成符合要求的脉冲,主要应用于脉冲波形的延时、整形和定时电路。

1)脉冲延时

在数字系统中,如果需要延迟脉冲的触发时间,可以很方便地利用单稳态触发器的脉宽来实现,其实现电路和波形图如图 6-9 所示。即将两个单稳态触发器级联,第一级单稳态触发器在输入信号的下降沿触发下,产生脉宽为 t_{w1} 的信号输出,再利用第一级单稳态触发器输出信号的下降沿作为第二级单稳态触发器的触发信号,产生脉宽为 t_{w2} 的信号输出。

2)脉冲整形

矩形脉冲在实际传输处理过程中由于受各种不稳定的因素影响,可能会发生畸变,如边沿变缓,受到噪声干扰等变成不规则的波形。整形就是把不规则的波形变为整齐的具有一定幅度和宽度的波形,单稳态触发器很容易实现整形功能。只要将待整形的信号作为触发信号输入单稳态触发器,电路的输出端就可获得干净且边沿陡峭的矩形脉冲。

3)脉冲定时

由于单稳态触发器能够产生一定宽度(t_w)的矩形脉冲,因此在数字系统中常用脉宽进行定时控制,使其仅在 t_w 这段时间内工作,从而起到定时的作用。例如,如图 6-10 所示,将单稳态触发器的输出脉冲作为与门的一个输入,使得在矩形脉冲为高电平的 t_w 期间,与门另一个输入端的信号才能通过。单稳态触发器的 RC 取值不同,与门的开启时间不同,通过

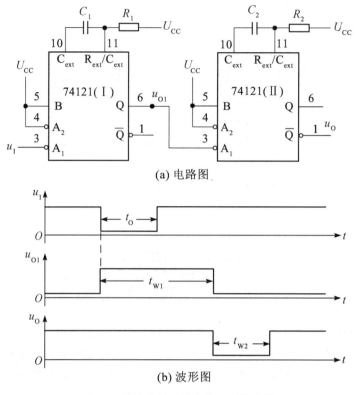

(a) 电路图

(b) 波形图

图 6-9　单稳态触发器脉冲延时的应用

与门的脉冲个数也就随之改变。如果在与门的输出端再加一个计数器并将 t_W 调整到 1 s，就可以测出输入信号 u_A 的频率，可以作为频率计来使用。

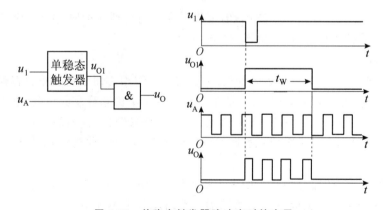

图 6-10　单稳态触发器脉冲定时的应用

◀ 学习任务 3　施密特触发器 ▶

　　施密特触发器和普通触发器一样具有两个稳定的状态，属于电平触发的双稳态电路。不同之处在于施密特触发器输出从低电平转换为高电平和从高电平转换为低电平时所对应的输入触发电平不同,分别称为正向阈值电压和负向阈值电压。其功能主要是将变化缓慢的或变化快速的非矩形脉冲变换成上升沿和下降沿都很陡峭的矩形脉冲。

一、门电路构成的施密特触发器

1. 工作原理

在这里,我们介绍由 CMOS 门组成的施密特触发器,电路是把两级反相器串接,再通过分压电阻把输出电压反馈到输入端即可。所以电路中主要包括两个 CMOS 反相器和两个分压电阻(R_1、R_2,设 $R_1 < R_2$),具体电路如图 6-11 所示。

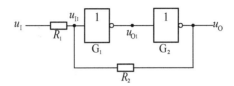

图 6-11 由 CMOS 门组成的施密特触发器

设输入信号 u_I 为由 0 V 开始上升的三角波,初始时刻,$u_I = 0$ V,则 $u_{I1} = 0$ V,所以经反相器 G_1 得输出 u_{O1} 为高电平($u_{O1} = U_{OH} \approx U_{DD}$),再经反相器 G_2 得输出 u_O 为低电平($u_O = U_{OL} \approx 0$ V)。

此后 u_I 由 0 V 逐渐上升,电路中由叠加原理知

$$u_{I1} = u_I \frac{R_2}{R_1 + R_2} + u_O \frac{R_1}{R_1 + R_2}$$

所以 u_{I1} 随 u_I 的上升而增大,在 u_{I1} 小于阈值电压 U_{TH} 之前,电路输出 u_O 为低电平保持不变。当 $u_{I1} = U_{TH}$ 时,即相当于 G_1 门的输入由低电平跳变为高电平时,由电路知有一正反馈过程

$$u_{I1} \uparrow \rightarrow u_{O1} \downarrow \rightarrow u_O \uparrow$$

从而使 G_1 门的输出 u_{O1} 很快跳变为低电平,再经反相器 G_2,输出 u_O 也很快跳变为高电平。若 u_{I1} 继续上升,即 $u_{I1} > U_{TH}$,则输出高电平即 $u_O \approx U_{DD}$ 保持不变。

在施密特触发器中,把输入信号上升时,使得输出信号发生翻转所对应的输入电压称为正向阈值电压 U_{T+}。

由上述分析知,输出翻转前一瞬间,有 $u_{I1} = U_{TH}$,$u_O = U_{OL} \approx 0$ V,代入式

$$u_{I1} = u_I \frac{R_2}{R_1 + R_2} + u_O \frac{R_1}{R_1 + R_2}$$

得

$$u_{I1} = U_{TH} = \frac{R_2}{R_1 + R_2} u_I$$

所以

$$U_{T+} = u_I = \left(1 + \frac{R_1}{R_2}\right) U_{TH}$$

u_I 继续上升至最大值后开始逐渐下降,则 u_{I1} 随 u_I 的下降而减小,当 $u_{I1} > U_{TH}$ 时,输出

$u_O \approx U_{DD}$ 保持不变。当 u_{I1} 下降到 U_{TH}，即相当于 G_1 门的输入由高电平跳变为低电平时，电路产生如下正反馈

$$u_{I1}\downarrow \to u_{OI}\uparrow \to u_O\downarrow$$

使 G_1 门的输出 u_{OI} 很快跳变为高电平($u_{OI} \approx U_{DD}$)，再经反相器 G_2，输出 u_O 也很快跳变为低电平($u_O \approx 0$ V)。若 u_{I1} 继续减小，即 $u_{I1} < U_{TH}$，则输出 u_O 为低电平保持不变。

同样，我们把在输入信号下降过程中，使输出信号发生翻转所对应的输入电平称为负向阈值电压 U_{T-}。

由上述分析知，输出翻转前一瞬间，$u_{I1} = U_{TH}$，$u_O = U_{OH}$，$U_{DD} = 2U_{TH}$ 代入式

$$u_{I1} = u_I \frac{R_2}{R_1+R_2} + u_O \frac{R_1}{R_1+R_2}$$

得

$$U_{T-} \approx U_{TH}\left(1 - \frac{R_1}{R_2}\right)$$

另外，把正向阈值电压 U_{T+} 与负向阈值电压 U_{T-} 之差称为回差电压 ΔU_T。所以有

$$\Delta U_T = U_{T+} - U_{T-} \approx 2U_{TH}\frac{R_1}{R_2} = U_{DD}\frac{R_1}{R_2}$$

上式表明，在此电路中，可以通过改变 R_1、R_2 的比值来调节回差电压的大小。

2. 电路波形

电路的各输出端的波形如图 6-12(a)所示。以 u_O 作为电路输出时，电路为同相输出施密特触发器；若以 u_{OI} 作为输出，则电路为反相输出施密特触发器，其电压传输特性和逻辑符号分别如图 6-12(b)、(c)所示。

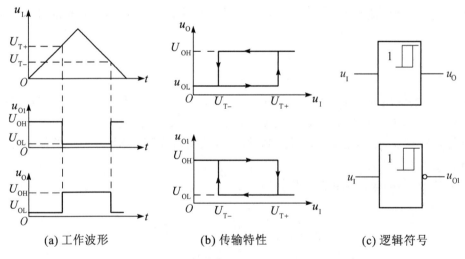

(a) 工作波形   (b) 传输特性   (c) 逻辑符号

图 6-12 施密特触发器波形、传输特性及逻辑符号

二、集成施密特触发器

由于集成施密特触发器的性能稳定，所以在数字系统中被广泛采用。目前在市场上已经生产出很多种 TTL 和 CMOS 集成电路的施密特触发器产品。74LS132 是一种典型的集

成施密特触发器,其内部逻辑图和引脚排列如图 6-13(a)所示。74LS132 内部包括 4 个相互独立的两输入施密特触发器,每一个触发器都是以基本的施密特触发电路为基础。在输入端增加了与的功能,在输出端增加反向器,所以将其称为施密特触发的与非门,其逻辑符号如图 6-13(b)所示。

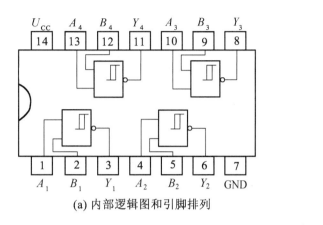

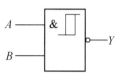

(a) 内部逻辑图和引脚排列   (b) 逻辑符号

图 6-13 集成施密特触发器 74LS132

74LS132 的输出信号 Y 与输入信号 A、B 之间的逻辑关系为 $Y=\overline{AB}$。A、B 中只要有一个低于施密特触发器的负向阈值电压,输出 Y 就是高电平;只有当 A、B 同时高于正向阈值电压时,输出 Y 才为低电平。在使用 +5 V 电源的条件下,集成施密特触发器 74LS132 的正向阈值电压 $U_{T+}=1.5\sim2.0$ V,负向阈值电压 $U_{T-}=0.6\sim1.1$ V,回差电压 ΔU_T 的典型值为 0.8 V。

三、施密特触发器的应用

1. 脉冲整形

在实际应用的数字系统中,矩形脉冲波经过传输后波形往往会产生畸变。产生波形畸变的原因很多,其中比较常见的有如下几种情况:当传输线上电容较大时,波形的上升沿和下降沿将明显变坏;当传输线较长,而且接收端的阻抗与传输线的阻抗不匹配时,在波形的上升沿和下降沿将产生振荡现象;当其他脉冲信号通过导线间的分布电容或公共电源线叠加到矩形脉冲信号上时,信号上将出现附加的噪声等。无论哪一种情况,都可以利用施密特触发器的回差特性,设置好合适的 U_{T+} 和 U_{T-} 将受到干扰的信号整形成较好的矩形脉冲,获得满意的整形效果,如图 6-14 所示。

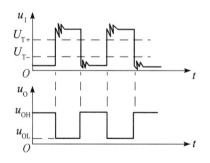

图 6-14 施密特触发器实现脉冲波形整形

2. 波形变换

一些边沿变化缓慢的周期性信号(如正弦波、三角波及其他不规则信号)可以利用施密特触发器在状态转换过程中的正反馈作用,将其变换成边沿陡峭的矩形脉冲。如图 6-15 所示,施密特触发器的输入是正弦信号,由传输特性可对应画出其输出波形,即施密特触发器把正弦波变换成同频率的矩形波。所以,若要把非矩形波变换为矩形波,也可以采用施密特触发器。

3. 脉冲幅度鉴别

施密特触发器输出状态决定于输入信号 u_I 的幅值,只有当输入信号大于它的 U_{T+} 的脉冲,电路才会在输出端产生一个脉冲信号,而幅度小于 U_{T+} 的脉冲,电路则无脉冲输出。因此,施密特触发器能将幅度大于 U_{T+} 的脉冲选出,具有脉冲鉴幅的能力。鉴别要合理确定 U_{T+} 的大小,鉴别后输出脉冲的幅值决定于施密特触发器输出脉冲幅值,如图 6-16 所示。

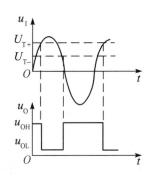

图 6-15 施密特触发器实现波形变换

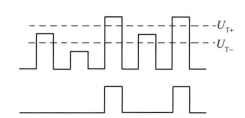

图 6-16 施密特触发器用于鉴幅的波形

◀ 学习任务 4 多谐振荡器 ▶

多谐振荡器是一种自激振荡器,在接通电源以后,不需要外加触发信号,便能自动地产生矩形脉冲。因为矩形波中含有丰富的高次谐波分量,所以习惯上又把矩形波振荡器称为多谐振荡器。该电路的特点是只有两个暂稳态,没有稳定状态,高低电平的切换自动进行,所以也被称为无稳态电路。前面所说的触发器和时序电路中的时钟脉冲一般都由多谐振荡器产生。

一、门电路组成的多谐振荡器

多谐振荡器电路一般由开关器件(反相器)和反馈延时环节(RC 电路)组成,下面介绍由 CMOS 门电路组成的多谐振荡器,如图 6-17 所示。

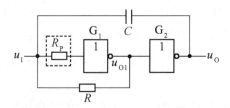

图 6-17 CMOS 门电路组成的多谐振荡器

在时间 $t=0$ 时接通电源(分析电路时先将 R_P 忽略),电容 C 尚未充电,所以 u_1 为低电平,u_{O1} 为高电平,输出 u_O 为低电平。这是电路的第一暂稳态,此时电源经逻辑门 G_1、G_2 的导通电路对电容 C 充电,u_1 逐渐上升,当 $u_1=U_{TH}$ 时,由电路反馈知 u_{O1} 迅速跳变为低电平 U_{OL},同时 u_O 跳变为高电平 U_{OH},所以电路输出翻转进入第二暂稳态。而电容 C 两端电压不能突变,所以 u_1 也将跟随 u_O 上跳。一般由于保护二极管的箝位作用,u_1 上跳至 $U_{DD}+\Delta U \approx U_{DD}$。而后,电容 C 通过逻辑门 G_1、G_2 的导通电路放电,则 u_1 逐渐下降。当 u_1 下降到 U_{TH} 时,迅速使 u_{O1} 跳变为高电平 U_{OH},u_O 跳变为低电平 U_{OL}。电路回到第一暂稳态,电源又经逻辑门 G_1、G_2 的导通电路对电容 C 充电,又重复上述过程。因此,电路便不停地在两个暂稳态之间反复振荡。

另外,为了改善电路性能,一般取 $R_P=10R$,作为一个补偿电阻,可减小电源电压变化对振荡频率的影响。图 6-18 所示是多谐振荡器波形图。

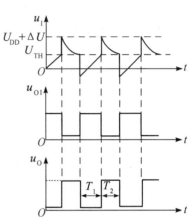

由波形图分析计算可知,一个周期中,输出 u_O 低电平持续时间为电容 C 充电时间 T_1

$$T_1=RC\ln\frac{U_{DD}}{U_{DD}-U_{TH}}$$

输出 u_O 高电平持续时间为电容 C 放电时间 T_2

$$T_2=RC\ln\frac{U_{DD}}{U_{TH}}$$

则输出波形振荡周期为

$$T=T_1+T_2=RC\ln4\approx1.4RC$$

图 6-18 多谐振荡器波形图

二、石英晶体振荡器

由逻辑门组成的多谐振荡器电路较简单,但由于振荡器中电路的转换电平 U_{TH} 容易受电源电压和温度变化的影响,在电路状态临近转换时电容的充、放电已经比较缓慢。在这种情况下转换电平微小的变化或轻微的干扰都会严重影响振荡周期,造成电路状态转换时间的提前或滞后,最终使得由普通门电路构成的多谐振荡器振荡频率不稳定。而在数字系统中,矩形脉冲信号常用作时钟信号来控制和协调整个系统的工作,控制信号频率不稳定会直接影响整个系统的运行,所以在对频率稳定性有较高要求时,必须采取稳频措施。

一般在电子手表、计算机等需要高精度时间节拍信号时要选用具有高稳定性振荡频率且选频特性好的石英晶体。图 6-19 所示为石英晶体的图形符号和阻抗频率特性。由图可以看出,石英晶体具有很好的选频特性。当振荡信号的频率和石英晶体的固有频率 f_0 相同时,石英晶体呈现很低的阻抗,信号很容易通过,而其他频率信号经过石英晶体时被衰减。因此,将石英晶体串接在多谐振荡器中就可以组成石英晶体振荡器,这时石英晶体多谐振荡器的振荡频率取决于石英晶体的固有谐振频率 f_0,而与外接电阻、电容无关。

图 6-20 所示为由 CMOS 反相器组成的并联多谐振荡器。R 为反馈电阻,通常取值为

5～10 MΩ，用以使门 G_1 工作在静态电压传输特性的转折区。反馈系数取决于电容 C_1、C_2 的比值，其中 C_1 还可对振荡频率进行微调。G_1 输出端加反相器 G_2，用以改善输出波形的前沿和后沿。

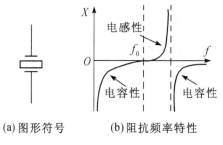

(a) 图形符号　　(b) 阻抗频率特性

图 6-19　石英晶体的图形符号和阻抗频率特性

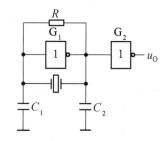

图 6-20　石英晶体多谐振荡器

 想一想

　　最后，让我们思考一下，如果把奇数个非门首尾串接起来，并把串接的最后输出与输入相连构成一个闭合回路，是否可以构成一个环形多谐振荡器？偶数个非门呢？

◀ 学习任务 5　555 定时器 ▶

一、555 定时器的结构与功能

　　555 定时器是一种模拟电路和数字电路相结合的多功能集成器件，30 多年前 Signetics 公司就推出了首个 555 定时器产品。尽管如今 555 定时器产品的型号繁多，但它们的电路结构、功能及外部引脚排列基本相同。555 定时器的三个"5"表示的是该集成器件上的基准电压电路是由 3 个误差极小的 5 kΩ 电阻组成的，分压精度很高，故各生产厂家都在型号中加以保留。555 定时器根据内部器件类型可分为双极型（TTL 型）和单极型（CMOS 型），它们均有单定时器或双定时器电路。其外部配接少量的阻容元件，就可以很方便地构成施密特触发器、单稳态触发器和多谐振荡器，因而在信号的产生与变换、自动检测及控制、仪器仪表等方面都得到了广泛的应用。用 555 定时器构成的各种电路，都是通过定时控制，实现信号的产生与变换，从而完成其他控制功能的。

1. 电路结构

　　555 定时器的电路结构如图 6-21 所示，引脚图如图 6-22 所示。555 定时器内部含有两个电压比较器 C_1 和 C_2，一个由与非门组成的基本 RS 触发器，一个放电三极管 T，一个缓冲

器 G_2 以及由三个 5 kΩ 的电阻组成的分压器。定时器的主要功能取决于比较器,当 $u_+ >$ u_- 时比较器输出为高电平,当 $u_+ < u_-$ 时比较器输出为低电平,比较器 C_1、C_2 的参考电压均由分压器上取得。下面来说明各引脚:

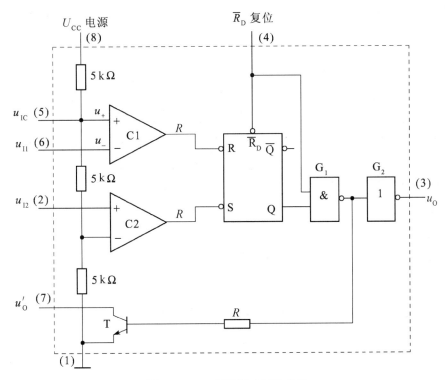

图 6-21　555 定时器电路结构图

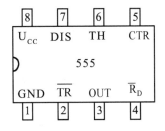

图 6-22　555 定时器引脚图

1 脚 GND 为接地端,也是芯片的公共端。

2 脚 $\overline{TR}$ 加在比较器 C_2 的信号输入端(同相端),也称触发输入端,由此输入触发脉冲 u_{I2}。当 2 端的输入电压高于 $\dfrac{U_{CC}}{3}$ 时,C_2 的输出为"1";当输入电压低于 $\dfrac{U_{CC}}{3}$ 时,C_2 的输出为 "0",使基本 RS 触发器置"1"。

3 脚 OUT 为输出端,输出电流可达 200 mA,因此可直接驱动继电器、发光二极管、扬声器、指示灯等。输出高电压略低于电源电压 U_{CC}。

4 脚 $\overline{R_D}$ 为直接复位输入端,由此输入负脉冲(或使其电压低于 0.7 V)时,触发器直接复位(置 0)。不受其他输入端状态的影响,正常工作时必须使 4 端接高电平。

5 脚 CTR 为控制电压输入端,在此端可外加一电压 u_{IC} 以改变比较器的参考电压,即比较器 C_1 和 C_2 的参考电压就变为 u_{IC} 和 $u_{IC}/2$。不用时,经 $0.01~\mu F$ 的滤波电容接"地",以防止干扰的引入,提高参考电压的稳定性。

6 脚 TH 加在比较器 C_1 的信号输入端(反相端),为高电平触发端,也称阈值输入端。由此输入触发脉冲 u_{I1}。当输入电压低于 $\dfrac{2U_{CC}}{3}$ 时,C_1 的输出为"1";当输入电压高于 $\dfrac{2U_{CC}}{3}$ 时,C_1 的输出为"0",使触发器置"0"。

7 脚 DIS 为放电端,当触发器的 Q 端为"1"时,放电晶体管 T 导通,外接电容元件通过 T 放电。在使用定时器时,7 脚即放电三极管的集电极一般都要外接上拉电阻。

8 脚 U_{CC} 为电源端,555 芯片能在很宽的工作电压范围内工作。TTL 芯片的电压为 5～16 V,CMOS 芯片的电压为 3～18 V。TTL 芯片能提供较大的负载电流,最大负载电流可达 200 mA;CMOS 芯片负载电流较小,最大负载电流在 4 mA 以下。

2. 电路功能

在正常工作时,4 脚即直接复位输入端为高电平,5 脚即控制电压输入端经 $0.01~\mu F$ 的电容接"地",电路的状态主要取决于 6 脚阈值电平输入端和 2 脚触发信号输入端这两个输入端的电平。

(1) 当 $u_{I1} > \dfrac{2U_{CC}}{3}$,$u_{I2} > \dfrac{U_{CC}}{3}$ 时,比较器 C_1 输出低电平,比较器 C_2 输出高电平,基本 RS 触发器被置 0,放电三极管 T 导通,输出端 u_O 为低电平。

(2) 当 $u_{I1} < \dfrac{2U_{CC}}{3}$,$u_{I2} < \dfrac{U_{CC}}{3}$ 时,比较器 C_1 输出高电平,比较器 C_2 输出低电平,基本 RS 触发器被置 1,放电三极管 T 截止,输出端 u_O 为高电平。

(3) 当 $u_{I1} < \dfrac{2U_{CC}}{3}$,$u_{I2} > \dfrac{U_{CC}}{3}$ 时,比较器 C_1 输出高电平,比较器 C_2 输出高电平,基本 RS 触发器的状态保持不变,电路保持原状态不变。

根据以上的分析,可以得到 555 定时器的功能表如表 6-2 所示。

表 6-2　555 定时器的功能表

R_D	u_{I1}	u_{I2}	u_O	T
0	×	×	0	导通
1	$< \dfrac{2U_{CC}}{3}$	$< \dfrac{U_{CC}}{3}$	1	截止
1	$> \dfrac{2U_{CC}}{3}$	$> \dfrac{U_{CC}}{3}$	0	导通
1	$< \dfrac{2U_{CC}}{3}$	$> \dfrac{U_{CC}}{3}$	不变	不变

二、555 定时器的典型应用

1. 555 定时器构成的单稳态触发器

前面所介绍的单稳态触发器等几种电路均可由 555 定时器来实现,首先来看看由 555 定时器和附加元件构成的单稳态触发器。电路结构如图 6-23(a)所示,触发脉冲 u_I 由触发输入端 2 脚输入。

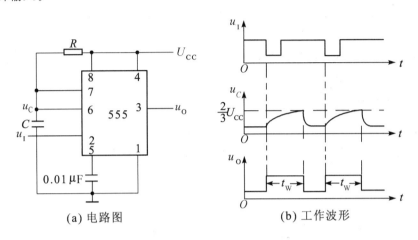

(a) 电路图   (b) 工作波形

图 6-23 555 定时器构成的单稳态触发器

如果没有触发信号,u_{I2} 处于高电平,假设在接通电源后基本 RS 触发器的状态为 $Q=0$,则晶体管 T 饱和导通,电容 C 通过晶体管 T 放电,输出 u_O 为低电平,且保持该状态不变;如果在接通电源后基本 RS 触发器的状态为 $Q=1$,则晶体管 T 截止,电源通过电阻 R 对电容 C 充电,u_C 的电压上升。当 u_C 上升到略大于 $\frac{2U_{CC}}{3}$ 时,触发器置 0,晶体管 T 饱和导通,输出 u_O 变为低电平,电路自动进入稳定状态;同时电容经晶体管 T 迅速放电至 $u_C \approx 0$,电路状态稳定不变。所以电路通电后若没有触发信号,则电路处于稳定状态:晶体管 T 饱和导通,电路输出 u_O 为低电平。

当触发脉冲的下降沿到来时,则满足 $u_{I1} < \frac{2U_{CC}}{3}$,$u_{I2} < \frac{U_{CC}}{3}$,所以输出 u_O 迅速跳变为高电平,晶体管 T 截止,同时电源开始通过电阻 R 对电容 C 充电,即电路进入暂稳态。随着充电的进行,当 u_C 上升到略大于 $\frac{2U_{CC}}{3}$ 时,如果此时触发脉冲已经消失,则满足 $u_{I1} > \frac{2U_{CC}}{3}$,$u_{I2} > \frac{U_{CC}}{3}$,所以输出 u_O 迅速跳回到低电平,晶体管 T 饱和导通,电路又回到稳定状态,同时电容 C 经晶体管 T 迅速放电至 $u_C \approx 0$,此时满足 $u_{I1} > \frac{2U_{CC}}{3}$,$u_{I2} < \frac{2U_{CC}}{3}$,所以电路维持稳定状态不变,工作波形如图 6-23(b)所示。

电路输出脉冲的宽度 t_W 等于暂稳态持续的时间,如果不考虑晶体管的饱和压降,也就是在电容充电过程中电容电压 u_C 从 0 上升到 $\frac{2U_{cc}}{3}$ 所用的时间。因此,输出脉冲的宽度为

$$t_w = RC\ln \frac{U_{cc}-0}{U_{cc}-\frac{2U_{cc}}{3}}$$

所以

$$t_w = RC\ln 3 \approx 1.1RC$$

555 定时器接成单稳态触发器时,一般外接电阻 R 的取值范围为 2 kΩ～20 MΩ,外接电容 C 的取值范围为 100 pF～1000 μF。因此,改变 RC 值可以改变脉冲宽度 t_w,从而可以进行定时控制,其定时时间可以从几微秒到几小时。但要注意,随着定时时间的增大,其定时精度和稳定度也将下降。

2. 555 定时器构成的施密特触发器

将 555 定时器的触发输入端 2 脚和阈值输入端 6 脚连在一起并作为外加触发信号 u_I 的输入端,就构成了施密特触发器,其电路和传输特性如图 6-24 所示。

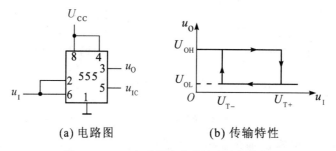

(a) 电路图　　　　(b) 传输特性

图 6-24　555 定时器构成的施密特触发器

可以看到,在 u_I 从 0 V 开始升高的过程中,当 $u_I < \frac{U_{cc}}{3}$ 时,满足 $u_{I1} < \frac{2U_{cc}}{3}$,$u_{I2} < \frac{U_{cc}}{3}$,电路输出 u_O 为高电平;当 $\frac{U_{cc}}{3} < u_I < \frac{2U_{cc}}{3}$ 时,555 定时器的状态保持不变,u_O 仍为高电平;直到 $u_I > \frac{2U_{cc}}{3}$ 后,满足 $u_{I1} > \frac{2U_{cc}}{3}$,$u_{I2} > \frac{U_{cc}}{3}$,$u_O$ 才跳变到低电平。

在 u_I 从高于 $\frac{2U_{cc}}{3}$ 的电压开始下降的过程中,当 $\frac{U_{cc}}{3} < u_I < \frac{2U_{cc}}{3}$ 时,u_O 仍保持低电平不变;只有当 $u_I < \frac{U_{cc}}{3}$ 后,满足 $u_{I1} < \frac{2U_{cc}}{3}$,$u_{I2} < \frac{U_{cc}}{3}$,$u_O$ 才又跳变到高电平。

通过以上的分析,显然可以得到该施密特触发器的正向阈值电压为 $U_{T+} = \frac{2U_{cc}}{3}$,负向阈值电压为 $U_{T-} = \frac{U_{cc}}{3}$,回差电压为 $\Delta U_T = U_{T+} - U_{T-} = \frac{U_{cc}}{3}$。这种用 555 定时器构成的施密特触发器的传输特性主要取决于两个参考电压。因此,也可以用外接控制电压 u_{IC} 来控制参考电压,通过改变控制电压 u_{IC} 的大小即可对施密特触发器的传输特性进行调整。

3. 555 定时器构成的多谐振荡器

由 555 定时器构成的多谐振荡器如图 6-25(a)所示。电源接通后,通过电阻 R_1 和 R_2 对电容 C 进行充电,使 u_C 的电压逐渐升高,此时满足 $u_{I1} < \dfrac{2U_{CC}}{3}$,$u_{I2} < \dfrac{U_{CC}}{3}$,所以电路输出 u_O 为高电平,晶体管 T 截止;当 $\dfrac{2U_{CC}}{3} > u_C > \dfrac{U_{CC}}{3}$ 时,满足 $u_{I1} < \dfrac{2U_{CC}}{3}$,$u_{I2} > \dfrac{U_{CC}}{3}$,电路保持原状态不变,电路输出 u_O 仍为高电平,晶体管 T 仍然截止;当 u_C 的电压升高到略微超过 $\dfrac{2U_{CC}}{3}$ 时,满足 $u_{I1} > \dfrac{2U_{CC}}{3}$,$u_{I2} > \dfrac{U_{CC}}{3}$,所以输出 u_O 变为低电平,晶体管 T 饱和导通,电路进入另一个状态,同时电容 C 开始通过晶体管 T 放电。随着电容放电的进行,u_C 的电压将逐渐下降,只要 u_C 未下降到 $\dfrac{U_{CC}}{3}$,电路的输出将一直保持在低电平,晶体管 T 一直饱和导通;当 u_C 下降到略低于 $\dfrac{U_{CC}}{3}$ 时,满足 $u_{I1} < \dfrac{2U_{CC}}{3}$,$u_{I2} < \dfrac{U_{CC}}{3}$,电路状态发生翻转,输出 u_O 又跳到高电平,晶体管 T 截止,同时电容又开始充电。如此周而复始,便形成了多谐振荡器,输出波形如图 6-25(b)所示。

根据以上分析和电路的工作波形,可以知道该多谐振荡器输出脉冲的周期就等于电容的放电时间 t_1 和充电时间 t_2 之和,即

$$t_1 = R_2 C \ln 2 \approx 0.7 R_2 C$$

$$t_2 = (R_1 + R_2) C \ln 2 \approx 0.7(R_1 + R_2)C$$

所以得到多谐振荡器输出波形的频率为

$$f = \frac{1}{t_1 + t_2} \approx \frac{1.43}{(R_1 + 2R_2)C}$$

还可以求出输出脉冲的占空比为

$$q(\%) = \frac{t_2}{t_1 + t_2} \times 100\% = \frac{R_1 + R_2}{R_1 + 2R_2} \times 100\%$$

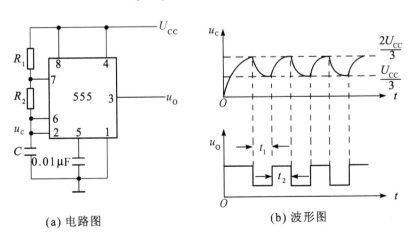

(a) 电路图　　　　　　　　　(b) 波形图

图 6-25　555 定时器构成的多谐振荡器

由此可见,通过改变电阻 R_1、R_2 和电容 C 的参数,可以调整输出脉冲的频率和占空比。另外,如果参考电压由外接电压 u_{IC} 控制,通过改变 u_{IC} 的数值也可以调整输出脉冲的频率。

4. 555 定时器的其他应用

其实,555 定时器除了上述基本应用之外,在日常生活中也经常用到,下面来看几个应用实例。

例 6.5.1 可以用 555 定时器做一个监控水位的报警电路。如图 6-26 所示,将探测器放到预期监测的指定位置,当水位正常,即水位可以到达监测点时,电容 C 被短接,555 定时器输入信号为 0,电路无法工作,扬声器就不会发出声音;而当水位落到监测点以下时,监测器断开,555 定时器构成的多谐振荡电路开始工作,扬声器就会发出报警声。

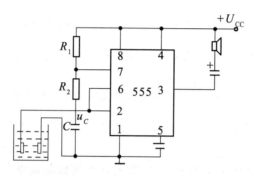

图 6-26 555 定时器构成的水位监控报警电路

例 6.5.2 在花房、养殖场中常常需要一些恒温控制,那么通过前面的学习就可以用 555 定时器来构成一个温度控制器,如图 6-27 所示。其中 R_P 是一个热敏电阻,具有负温度系数,即温度升高时其电阻减小;反之,电阻则增大。由电路可知,当温度下降到下限值时,6 端输入电压上升到 $\dfrac{2U_{CC}}{3}$,则 555 定时器的输出为低电平,通过控制端将加热器接通;随着温度上升到上限值时,脚 2 输入电压下降到 $\dfrac{U_{CC}}{3}$,此时,555 定时器输出为高电平,通过输出控制端接通制冷器,从而实现根据外界环境对温度的自动控制。

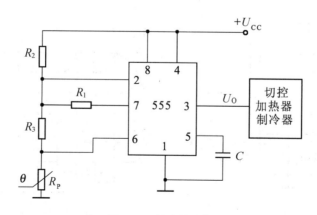

图 6-27 温度控制器

例 6.5.3 图 6-28 所示是由 555 定时器构成的一个失落脉冲检测电路,输入端接入待检测的一串负脉冲。可以看到,当输入 u_1 为低电平时,晶体管 T 导通,电容 C 迅速放电,即 u_C 为低电平,则输出为高电平。当输入负脉冲消失后,电源将对电容 C 充电,在 u_C 没有到达 $\frac{2U_{cc}}{3}$ 之前,电路输出仍为高电平。如果在此期间,下一个负脉冲已经到来,则晶体管 T 又会导通,电容 C 再次迅速放电,输出仍为高电平。而如果这一串负脉冲中有个别没有按序准时到来,即脉冲失落时,那么由于前一个负脉冲消失后,在电容 C 充电到 $\frac{2U_{cc}}{3}$ 时,没有新的负脉冲到来,电路输出将翻转为低电平。从而可以外接报警电路发出报警信号。该电路可以对人体的心率进行监视,如果心律不齐即有脉冲失落,输出将发出报警信号。波形如图 6-29 所示。

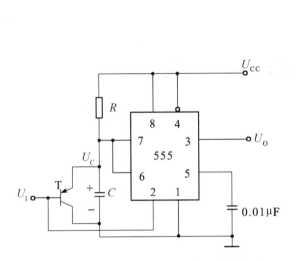

图 6-28 555 定时器构成的失落脉冲检测电路

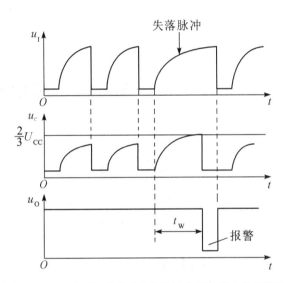

图 6-29 555 定时器构成的失落脉冲检测电路的各点波形

例 6.5.4 光控路灯开关电路如图 6-30 所示。其中 555 定时器构成施密特触发器;R_L 是光敏电阻,其阻值与环境光线强度成反比,即无光照时阻值增加(可达几十兆欧),有光照时阻值下降(几十千欧);R_P 为可调电阻,用于调节灵敏度;KA 是继电器,当其线圈中有电流流过时,继电器闭合,否则断开;D 是续流二极管,用于保护 555 电路。当白天光照比较强时,光敏电阻 R_L 的阻值较小,远小于电阻 R_P,则输入电平(2 脚、6 脚)较高,大于施密特触发器的上限阈值电压 U_{T+}(10 V),所以输出 u_O 为低电平,T 截止,继电器线圈中没有电流流过,继电器断开,路灯 L 不亮。而当夜晚降临,光线逐渐变暗时,光敏电阻 R_L 的阻值逐渐增大,电路输入电平降低,当小于下限阈值电压 U_{T-}(5 V)时,输出 u_O 变为高电平,T 导通,KA 线圈通电,继电器闭合,于是路灯 L 点亮。另外,可以将多盏灯与路灯 L 并联,所以该控制电路能够根据自然光照的强弱自动管理照明线路,非常适用于公共场所的照明灯管理系统。

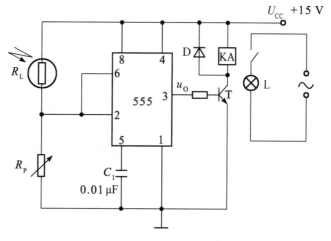

图 6-30　光控路灯开关电路

◀ 技能实训　流水彩灯的设计与调试 ▶

一、项目制作目的

（1）了解并掌握流水彩灯的设计与调试方法。
（2）掌握使用 555 定时器设计应用电路的方法。

二、项目要求

（1）设计电路应能完全满足项目的要求。
（2）绘出流水彩灯电路的逻辑图。
（3）完成流水彩灯电路的仿真调试。
（4）完成流水彩灯电路的模拟接线安装。

三、项目步骤

（一）电路设计分析

由于流水彩灯控制电路主要由三部分组成，即振荡电路、计数译码驱动电路、显示电路，所以分别讨论其电路的构成。

1. 振荡电路

振荡电路主要用来产生时间基准信号（脉冲信号）。因为循环彩灯对频率的要求不高，只要能产生高低电平就可以了，且脉冲信号的频率可调，所以采用 555 定时器组成的振荡器,其输出的脉冲作为下一级的时钟信号,电路如图 6-31 所示。接上示波器是为了调试振荡器输出信号波形,调试好后,示波器就可以去掉,振荡器电路作为一个模块就可以和后续电路相连接了。图 6-32 所示为调试好的振荡器输出波形。

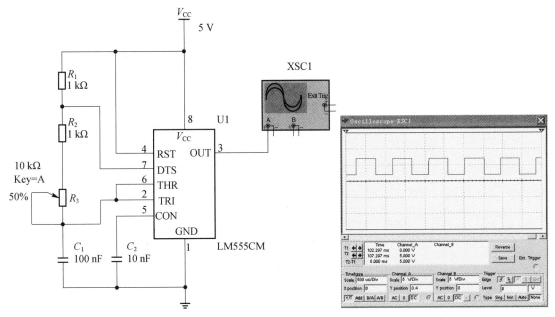

图 6-31　555 定时器组成的振荡器　　　　图 6-32　调试好的振荡器输出波形

2. 计数译码驱动电路

计数器是用来累计和寄存输入脉冲个数的时序逻辑部件。在此电路中采用十进制计数/分频器 CD4017,它是一种用途非常广泛的集成电路芯片。其内部由计数器及译码器两部分组成,由译码输出实现对脉冲信号的分配,整个输出时序就是 00、01、02、…、09 依次出现与时钟同步的高电平,宽度等于时钟周期。

CD4017 有 3 个输入端(MR、CP0 和～CP1)。MR 为清零端,当在 MR 端上加高电平或正脉冲时,其输出端 O0 为高电平,其余输出端(O1～O9)均为低电平。CP0 和～CP1 是 2 个时钟输入端,若要用上升沿来计数,则信号由 CP0 端输入;若要用下降沿来计数,则信号由～CP1 端输入。设置 2 个时钟输入端,级联时比较方便,可驱动更多二极管发光。

CD4017 有 10 个输出端(O0～O9)和 1 个进位输出端～O5-9。每输入 10 个计数脉冲,～O5-9 就可得到 1 个进位正脉冲,该进位输出信号可作为下一级的时钟信号。

由此可见,当 CD4017 有连续脉冲输入时,其对应的输出端依次变为高电平状态,故可直接用作顺序脉冲发生器。

CD4017 的电路符号如图 6-33 所示,CD4017 的实际管脚图如图 6-34 所示。

CD4017 的实际管脚含义如下。

CO:进位脉冲输出端;CP:时钟输入端;CR:清除端;INH:禁止端;Q0～Q9:计数脉冲输出端;V_{DD}:正电源;Vss:地。

CD4017 的仿真测试电路及波形如图 6-35 和图 6-36 所示。

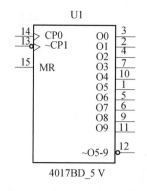

图 6-33　CD4017 的电路符号

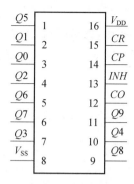

图 6-34　CD4017 的实际管脚图

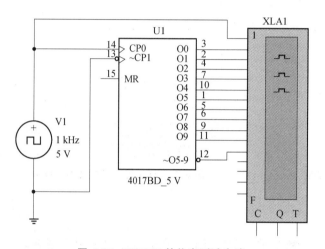

图 6-35　CD4017 的仿真测试电路

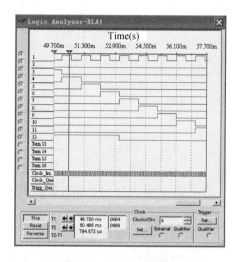

图 6-36　CD4017 的波形

从 CD4017 的波形图可以看到，CD4017 的输出端依次输出高电平，一个轮次送完，～O5-9 就可得到 1 个进位正脉冲，该脉冲用来进行级联控制。

3. 显示电路

显示电路主要由发光二极管组成，当 CD4017 的输出端依次输出高电平时，驱动发光二极管也依次点亮，产生一种流动变化的效果。发光二极管要求驱动电压小一些，一般电压约为 1.66 V，电流约为 5 mA。彩灯的循环速度由脉冲源频率决定。R、C 构成微分电路，用于上电复位。如有兴趣也可以把发光二极管换成各种颜色的彩灯，这样循环起来就更加好看了。

（二）元件选取及电路组成

1. 元件选取

仿真电路所用元件及选取途径如下。

电源 V_{CC}：Place Source→POWER_SOURCES→VCC。

接地：Place Source→POWER_SOURCES→GROUND，选取电路中的接地。

电阻的选取：Place Basic→RESISTOR，选取 1 kΩ、300 Ω。

可变电阻的选取：Place Basic→POTENTIOMETER→10 kΩ。

电容的选取：Place Basic→ CAPACITOR，选取 1 μF、100 nF 和 10 nF。

555 定时器的选取：Place Mixed→TIMER→ LM555CM。

计数器 CD4017 的选取：Place CMOS→CMOS_5V→4017BD_5V，如图 6-37 所示。

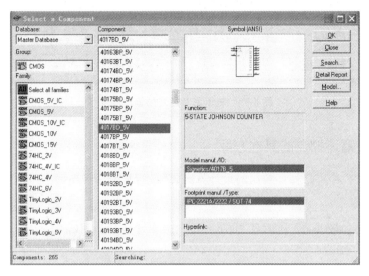

图 6-37　计数器 CD4017 的选取

2. 电路组成

将元件放好并连接，彩灯循环控制仿真电路如图 6-38 所示。

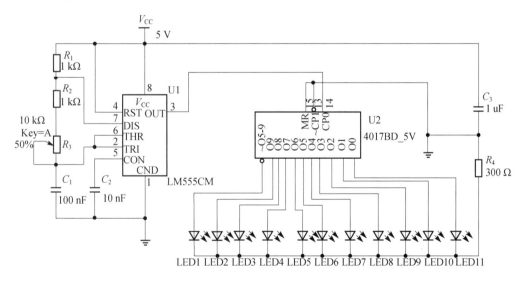

图 6-38　彩灯循环控制仿真电路

（三）仿真分析

打开仿真开关，可以看到发光二极管依次点亮，如流动一般。调整振荡器的电阻，可以改变发光二极管闪烁的频率。仿真结果显示，该电路达到设计指标的要求。

流水彩灯电路的模拟接线如图 6-39 所示。

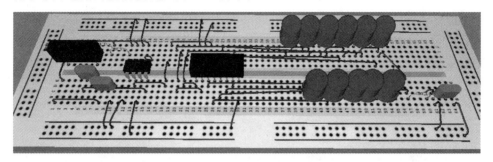

图 6-39　流水彩灯电路的模拟接线

（四）彩灯循环控制的其他方案

下面介绍另一种彩灯循环控制的设计方案,请自行比较两种电路的区别。

1. 电路组成

该循环控制电路由 555 定时器、同步 4 位二进制计数器 74HC163 和 4 线-16 线译码器/分配器 74HC154 组成。

2. 电路原理

电路中 555 定时器组成多谐振荡器,输出一定频率的矩形脉冲。74HC163 是同步 4 位二进制计数器,当输入周期性脉冲信号时,其输出为二进制数形式,并且随着脉冲信号的输入,其输出在 0000～1111 循环变化。通过 4 线-16 线译码器 74HC154,其 16 条输出线按照 74HC163 所加的二进制数依次变成低电平,哪条输出线为低电平,与它相连的发光二极管就亮。因为任一时刻,只有 1 个发光二极管亮,故所有 16 个发光二极管只接 1 个限流电阻。该电路的 16 个发光二极管若组成一个环状,则发光二极管依次点亮时,就像一个光环在滚动一样,可用在灯光布置或装饰上。其整体电路设计与仿真如图 6-40 所示,图中使用了两条总线 Bus1 和 Bus2,使电路连线简单、清晰。

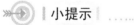　小提示

（1）本例利用的主要芯片是十进制计数/分频器 CD4017,了解该芯片的功能才能更好地使用。由于 CD4017 的功能较为简单,所以本例的彩灯循环控制电路也是比较简单的,电路简单,性能就稳定,性价比就高。彩灯循环控制的方案是多样的,了解了设计的方法,使用者都能设计出自己的控制方式。

（2）实际应用中,彩灯的控制电路众多,甚至已有专门的灯光控制专用芯片,想做好灯光的控制电路,这些新知识的了解是必不可少的。

（3）由于 CPLD 及单片机技术的发展,以及 CPLD 芯片价格的下降,很多复杂的灯光控制往往是靠编程并灌入芯片的方式实现的,这样做的好处是电路大大简化,性能更加稳定,调试更加方便,功能更加完善,代表了现代电子电路的发展方向。

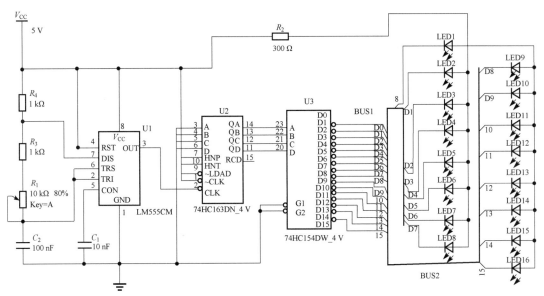

图 6-40　彩灯循环控制仿真电路方案

四、注意事项

（1）仿真调试时可以将电路分开成子电路分别调试，合格后再合成总电路。

（2）子电路调试时，可以先用信号发生器代替脉冲信号产生电路进行调试；脉冲信号产生电路可以单独用示波器来调试。

五、项目考核

班级		姓名		组号		扣分记录	得分
项目	配分	考核要求		评分细则			
仿真调试时钟振荡电路	15 分	能正确仿真调试时钟振荡电路		（1）不能正确调试出结果，扣10 分； （2）电路出现错误，每处扣 5 分			
十进制计数/分频器 CD4017 的正确使用	15 分	能正确使用 CD4017		（1）不能了解 CD4017 的管脚功能，扣 10 分； （2）电路接线错误，每处扣 5 分			
仿真调试流水彩灯电路	40 分	能正确仿真调试流水彩灯电路		（1）连接方法不正确，每处扣 5 分； （2）不能仿真调试出灯光的流动效果，扣 10 分； （3）不能仿真调试灯光变化的快慢，扣 10 分； （4）出现问题，不能调试，每次扣5 分			

续表

班级		姓名		组号		扣分记录	得分
项目	配分	考核要求		评分细则			
仿真调试流水彩灯方案二电路	20分	能正确仿真调试流水彩灯方案二电路		（1）不能仿真调试出结果，扣10分； （2）出现问题，不能调试，每次扣5分			
安全文明操作	10分	（1）安全用电，无人为损坏仪器、元件和设备； （2）保持环境整洁，秩序井然，操作习惯良好； （3）小组成员协作和谐，态度正确； （4）不迟到、早退、旷课		（1）违反操作规程，每次扣5分； （2）工作场地不整洁，扣5分			
总分							

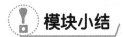 模块小结

（1）广义地讲，凡是不具有连续正弦波形状的信号都可以称为脉冲信号，最具代表性的就是数字电路系统中常用的矩形脉冲。矩形脉冲可以由多谐振荡器电路直接产生，也可以通过各种整形电路（如施密特触发器、单稳态触发器）变换得出。

（2）单稳态触发器的特点是具有一个稳态和一个暂稳态，电路从稳态到达暂稳态需要触发，暂稳态维持时间的长短即脉宽 t_W 是其主要参数，仅取决于电路的阻容元件，而与外加触发脉冲的宽度和幅度没有关系。

$$t_W = RC\ln 2 \approx 0.7RC$$

暂稳态停留一段时间 t_W 后，电路将自动返回稳定状态。单稳态触发器的主要作用是将宽度不符合要求的脉冲变换成符合要求的脉冲。一般集成单稳态触发器又分为可重复触发和不可重复触发两大类。

单稳态触发器不能自行产生波形，但可将宽度不符合要求的脉冲变换成符合要求的脉冲，主要应用于脉冲波形的延时、整形和定时电路。

（3）施密特触发器是脉冲波形变换中经常使用的一种电路，属于双稳态电路。其特点是输入信号上升和下降过程中使输出信号发生翻转所对应的输入信号不同，分别为正向阈值电压 U_{T+} 和负向阈值电压 U_{T-}，两者之差为电路的回差电压 ΔU_T，图 6-41 所示为施密特触发器的传输特性及逻辑符号。

$$U_{T+} = \left(1 + \frac{R_1}{R_2}\right)U_{TH}, \quad U_{T-} \approx \left(1 - \frac{R_1}{R_2}\right)U_{TH}$$

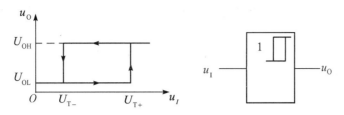

图 6-41 施密特触发器的传输特性及逻辑符号

由于它的回差特性和输出电平转换过程中的正反馈作用,使输出电压波形的边沿非常陡直。其主要作用是将变化缓慢的或变化快速的非矩形脉冲变换成上升沿和下降沿都很陡峭的矩形脉冲,还可用于脉冲幅度鉴别等。

(4) 多谐振荡器又称无稳态电路。这种电路具有两个暂稳态,暂稳态之间的相互转换完全靠电路本身电容的充电和放电自动完成,无须外加输入信号。多谐振荡器的振荡周期与电路的阻容元件有关,在数字脉冲电路中主要用来产生触发的时钟信号。在频率稳定性要求较高的场合通常采用石英晶体振荡器。

(5) 555 定时器是一种多用途的单片数字模拟混合集成电路。555 电路状态的翻转主要取决于其阈值输入端(6 脚)和触发输入端(2 脚)电平的高低。外部配接少量的阻容元件就可以构成施密特触发器和单稳态触发器、多谐振荡器等,其在波形的产生与变换、测量控制等领域有着广泛的用途。除 555 定时器外,目前还有 556(双定时器)、558(四定时器)等定时器。

 思考与练习

6.1　如图 6-42 所示单稳态触发器对输入脉冲有什么要求？如果输入信号不符合要求,将对电路产生怎样的影响？

6.2　分析图 6-42 所示 CMOS 电路的功能,并说明其工作原理。

6.3　集成单稳态触发器可分为哪两类？各有何特点？

6.4　说明图 6-43 所示电路的功能,并分析其工作原理。

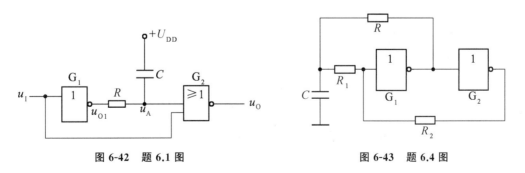

图 6-42　题 6.1 图　　　　　　　图 6-43　题 6.4 图

6.5　555 定时器由哪几部分构成？各部分的功能是什么？

6.6　由 555 定时器构成的单稳态触发器如图 6-23 所示,如要改变由 555 定时器组成的单稳态触发器的脉宽,可以采取哪些方法? 若 $U_{cc}=12$ V,$R=10$ kΩ,$C=0.1$ μF,试求脉冲宽度 t_W。

6.7 图 6-44 所示为 555 定时器构成的占空比可调的多谐振荡器,试分析其工作原理并求出占空比表达式。

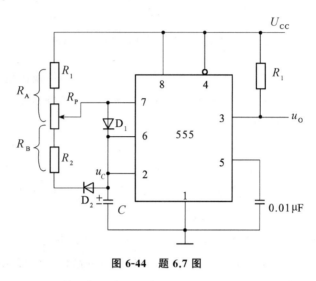

图 6-44 题 6.7 图

6.8 由 555 定时器构成的多谐波发生器如图 6-25 所示,若 $U_{cc}=9$ V,$R_1=20$ kΩ,$R_2=5$ kΩ,$C=220$ pF,计算电路的振荡周期、频率及占空比。若要不改变振荡频率而要改变脉冲宽度应该怎么办?

6.9 试用 555 定时器和相应元件构成一个模拟报警发生器,其输出波形如图 6-45 所示,并画出电路图。

6.10 分析图 6-46 所示电路的工作原理和功能。

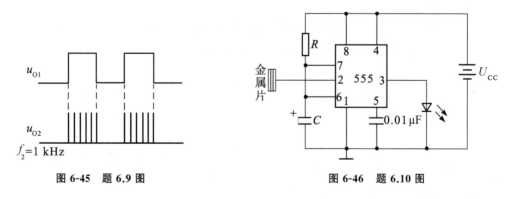

图 6-45 题 6.9 图   图 6-46 题 6.10 图

6.11 图 6-47 所示为一防盗报警电路,有一细铜丝放在入侵者的必经之处,m、n 两端由此铜丝接通。当入侵者闯入时铜丝将被碰断,扬声器即发出报警声。

(1) 说明此时 555 定时器接成基本电路的名称。

(2) 分析报警电路的工作原理。

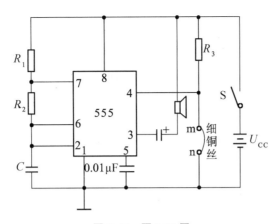

图 6-47   题 6.11 图

模块 7
数/模和模/数转换电路

◀ **学习目标**

(1) 了解 D/A 转换器的逻辑功能；

(2) 了解 A/D 转换器的逻辑功能；

(3) 了解温度传感器的常识；

(4) 掌握仿真测试 D/A 转换器的逻辑功能；

(5) 掌握仿真测试 A/D 转换器的逻辑功能；

(6) 能使用仿真软件进行 D/A 转换器、A/D 转换器应用电路的设计。

◀ 学习任务1 概 述 ▶

随着数字电子技术的快速发展,由数字电路构成的数字系统具有更强的可靠性和抗干扰能力,而且易于完成复杂信号的处理工作,在信号的存储、处理和传输上占有很大优势,因此,我们希望更多地利用数字电路来完成这些工作。但在自然界中大多数物理量都是像温度、流量、压力、时间、速度等这样连续变化的模拟量,这就需要把模拟量转换成数字量后才能送给数字电路进行处理,处理工作完成后再转换为模拟量来使用。能够实现这两种转换作用的电路就是模/数转换器和数/模转换器。

图 7-1 所示是一个典型的利用微型计算机实现的温度自动检测控制系统的原理框图。温度是一个非电量,通过传感器检测并转换成模拟电信号,这个信号一般非常微弱,要经过信号调理电路放大,然后送到模/数转换器实现模拟信号到数字信号的转换。微型计算机对数字信号进行实时处理,处理后产生的控制信号仍然是数字信号,不能直接用来控制执行机构,所以要再利用数/模转换器将数字信号转换为模拟信号,经功率放大后驱动执行机构动作,完成对温度的实时检测和自动控制的功能。可见,模/数转换器和数/模转换器起到了桥梁的作用,使数字电路和模拟电路充分发挥了各自的特点,因此,这两种转换器在现在的计算机自动控制系统、智能化仪表和数字化通信等系统中成为必不可少的重要器件。

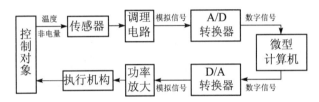

图 7-1 温度自动检测控制系统的原理框图

由上所述,把模拟信号转换成数字信号就是模/数转换,一般用 A/D 表示;把数字信号转换成模拟信号就是数/模转换,用 D/A 表示。能实现 A/D 转换的电路就是 A/D 转换器,简称 ADC(analog to digital converter);能实现 D/A 转换的电路就是 D/A 转换器,简称 DAC(digital to analog converter)。为了保证系统在检测、控制过程中的实时性和准确性,A/D 转换器和 D/A 转换器必须有较高的转换速度和足够的转换精度。因此,转换速度和转换精度是衡量 A/D 转换器和 D/A 转换器性能的两大重要指标,它们的优劣将影响到系统的最终转换结果。

◀ 学习任务2 D/A 转换器 ▶

一、D/A 转换器的基本原理

数字信号用二进制数表示,而二进制数是用 0、1 数码组合起来的一种有权码,每位数码都有一定的权值。D/A 转换器就是将输入的二进制数字量按权展开转换成模拟量,并以电压或电流的形式输出,因此,可以把 D/A 转换器看作一个译码器。

根据输入的数字量是串行输入还是并行输入,可以把 D/A 转换器分成串行 DAC 和并行 DAC,而并行 DAC 是在串行 DAC 的基础上增加控制电路和移位寄存器将串行数据转换为并行数据,然后再转换成模拟量输出,因此这里主要介绍的是并行输入方式的 D/A 转换器。

图 7-2 所示是并行 D/A 转换器的一般结构框图。n 位二进制数据 $D_{n-1}D_{n-2}\cdots D_0$ 是并行输入,并暂时存储于数据锁存器中。n 位数据锁存器的并行输出驱动对应数位上的模拟电子开关,通过分别控制 n 个电子开关的工作状态,将参考电压 U_{REF} 按位权关系加到电阻解码网络,然后将解码网络上获得的相应数位的权值送到运算放大电路求和,就可以得到与数字量相对应的以电压或电流形式输出的模拟量。输入输出之间的关系可以用下式来描述:

$$u_O(i_O)=K\cdot(D)_B=K(D_{n-1}\cdot 2^{n-1}+D_{n-2}\cdot 2^{n-2}+\cdots+D_1\cdot 2^1+D_0\cdot 2^0)$$

即

$$u_O(i_O)=K\sum_{i=0}^{n-1}D_i\cdot 2^i$$

式中,K 为转换比例系数。通过上式可以看出,D/A 转换的思想就是将输入的二进制数的每位数码按权的大小产生一个电压(或电流),即对于第 i 位数码 D_i,当 $D_i=1$ 时,按权的大小会产生一个电压(或电流)KD_i2^i(V 或 A),当 $D_i=0$ 时,产生电压(或电流)为 0(V 或 A),然后将这些模拟量求和就得到与输入数字量成正比的模拟量。下面以 $n=3$,输出为模拟电压 u_O 为例来说明。为方便起见设转换比例系数 $K=1$,则根据公式有

$$u_O=D_2\cdot 2^2+D_1\cdot 2^1+D_0\cdot 2^0$$

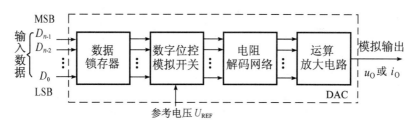

图 7-2 并行 D/A 转换器的一般结构框图

若输入的数字量为 110,对应的模拟电压输出即为 6 V,同理,其他的二进制输入代码也都有一个相应的输出。三位二进制输入时 D/A 的转换特性如图 7-3 所示,由图可见,相邻的

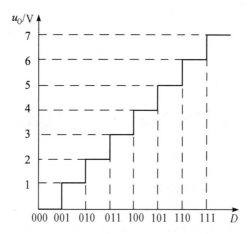

图 7-3 三位二进制输入时 D/A 的转换特性

两个数字量转换出来的数值不连续,并且存在较大的差值。当输入的数字信号的位数越多,相邻两个数字量转换出来的数值差值越小,输出的模拟电压越接近于连续的模拟信号。

图 7-2 所示为 D/A 转换器的一般结构,虽然不是所有的 D/A 转换器都具有这几个部分,但模拟开关和解码网络却是必不可少的。根据模拟开关电路和解码网络结构的不同,也可把 D/A 转换器做图 7-4 所示的分类。

$$\text{根据模拟开关电路的不同} \begin{cases} \text{双极型开关 D/A 转换器} \\ \text{CMOS 开关型 D/A 转换器} \end{cases}$$

$$\text{根据解码网络结构的不同} \begin{cases} \text{权电阻网络 D/A 转换器} \\ \text{T 形电阻网络 D/A 转换器} \\ \text{倒 T 形电阻网络 D/A 转换器} \\ \text{权电流 D/A 转换器} \end{cases}$$

图 7-4 D/A 转换器的分类

例 7.2.1 一个 8 位 D/A 转换电路,在输入为 00000001 时,输出电压为 5 mV,则输入数字量为 00001001 时,输出电压有多大?

解 当输入为 00000001 时,输出电压为

$$u_O = K \sum_{i=0}^{7} D_i \cdot 2^i = K = 5 \text{ mV}$$

因此,当输出数字量为 00001001 时,输出电压为

$$u_O = K \sum_{i=0}^{7} D_i \cdot 2^i = 5 \times (1 \times 2^3 + 1 \times 2^0) \text{ mV} = 45 \text{ mV}$$

即和输入数字量 00001001 相对应的模拟输出电压为 45 mV。

二、倒 T 形电阻网络 D/A 转换器

倒 T 形电阻网络 D/A 转换器使用的解码网络中只有 R 和 $2R$ 两种阻值的电阻,且呈倒 T 形排列,结构简单,有较高的转换速度和转换精度。这种结构在单片集成电路中使用较为广泛。

图 7-5 所示为 4 位倒 T 形电阻网络 D/A 转换器。S_0、S_1、S_2、S_3 为模拟开关,电阻 R、$2R$ 构成解码网络并呈倒 T 形排列,运算放大器和解码网络组成求和电路。模拟开关受输入数据的控制,当输入数据为 1 时,开关打向左边,将 $2R$ 所在支路接到运算放大器的反相端;当输入数据为 0 时,开关打向右边,$2R$ 所在支路接地。由于运算放大器的同相端接地,所以反

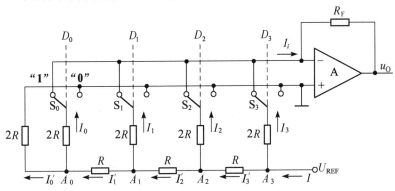

图 7-5 4 位倒 T 形电阻网络 D/A 转换器

相端为虚地,因此,不论模拟开关打在哪一边,$2R$ 所在支路总是相当于接地。从 A_0、A_1、A_2、A_3 四个结点向左看进去,每个二端网络(不包括结点本身所在的 $2R$ 支路)的等效电阻均为 $2R$,而每个结点对地电阻均为 R,如图 7-6 所示。

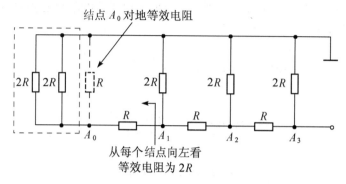

图 7-6 结点等效电阻

由于每个结点左边的二端网络等效电阻均为 $2R$,这样就与结点本身所在的 $2R$ 支路形成阻值相等的两条支路并联,流入结点的电流将被这两条支路平分,即

$$I_3 = I_3' = \frac{1}{2}I$$

$$I_2 = I_2' = \frac{1}{2}I_3' = \frac{1}{2^2}I$$

$$I_1 = I_1' = \frac{1}{2}I_2' = \frac{1}{2^3}I$$

$$I_0 = I_0' = \frac{1}{2}I_1' = \frac{1}{2^4}I$$

又每个结点对地电阻均为 R,即结点 A_3 对地电阻为 R,所以由基准电压源所提供的总电流 I 为

$$I = \frac{U_{REF}}{R}$$

因此,可得流入运算放大器反相端的总电流为

$$I_i = I_3 + I_2 + I_1 + I_0$$

$$= \frac{U_{REF}}{R}\left(\frac{D_3}{2^1} + \frac{D_2}{2^2} + \frac{D_1}{2^3} + \frac{D_0}{2^4}\right)$$

$$= \frac{1}{2^4} \cdot \frac{U_{REF}}{R}\sum_{i=0}^{3}D_i \cdot 2^i$$

输出电压为

$$u_O = -I_i R_F = -\frac{1}{2^4} \cdot \frac{R_F U_{REF}}{R}\sum_{i=0}^{3}D_i \cdot 2^i$$

将输入的数字量推广到 n 位,则得到输入输出之间的一般表达式为

$$u_O = -\frac{1}{2^n} \cdot \frac{R_F U_{REF}}{R}\sum_{i=0}^{n-1}D_i \cdot 2^i = K\sum_{i=0}^{n-1}D_i \cdot 2^i$$

式中，$K = -\dfrac{1}{2^n} \cdot \dfrac{R_F U_{REF}}{R}$ 为转换比例系数，可见 K 是一个常数。

相比较其他类型的 D/A 转换器，倒 T 形电阻网络 D/A 转换器主要有以下两个特点：

（1）电阻解码网络中只有 R 和 $2R$ 两种阻值的电阻，便于集成，精度较高。

（2）无论模拟开关打在哪一边，流过 $2R$ 支路的电流始终存在而且不变，不需要电流建立时间；同时，电阻网络呈倒 T 形排列，各支路电流直接流入运算放大器的输入端，传输时间一致，因此，倒 T 形电阻网络 D/A 转换器具有较高的转换速度。

三、D/A 转换器的主要技术指标及其应用

1. 转换精度

在 D/A 转换器中，转换精度一般通过分辨率和转换误差来描述。

1）分辨率

分辨率反映了 D/A 转换器对最小电压的分辨能力，定义为电路所能分辨的最小输出模拟电压 $u_{O(min)}$ 与最大输出模拟电压 $u_{O(max)}$ 之比。最小能分辨的输出模拟电压是指输入的最低有效位为 1 其余位为 0 的二进制数字量所对应的输出电压，最大输出模拟电压是指输入的所有位全为 1 的二进制数字量所对应的输出电压，因此，分辨率的表达式为

$$\text{分辨率} = \frac{u_{O(min)}}{u_{O(max)}} = \frac{K(0 \times 2^{n-1} + \cdots + 0 \times 2^1 + 1 \times 2^0)}{K(1 \times 2^{n-1} + \cdots + 1 \times 2^1 + 1 \times 2^0)} = \frac{1}{2^n - 1}$$

例如，8 位 D/A 转换器的分辨率为 $\dfrac{1}{2^8 - 1} \approx 0.003\,9$，10 位 D/A 转换器的分辨率为 $\dfrac{1}{2^{10} - 1}$ $\approx 0.000\,98$，显然，10 位 D/A 转换器比 8 位 D/A 转换器的分辨率高，对输入量的微小变化更加敏感，因为它的位数多，对输入模拟电压分离的等级数也越多。因此在实际应用中，也往往用输入数字量的位数表示 D/A 转换器的分辨率，在这种表示方法下，10 位 D/A 转换器的分辨率为 10 位，8 位 D/A 转换器的分辨率就为 8 位。

2）转换误差

在 D/A 转换器中，基准电压的波动、运算放大器的零点漂移、模拟开关的导通压降、解码网络电阻阻值的偏差等，都会导致输出电压的偏离，即产生了转换误差。转换误差反映了实际输出值与理想值之间的偏离程度，通常用输出电压满刻度的百分数表示。主要的误差有比例系数误差、失调误差、非线性误差等，其中，比例系数误差是由参考电压偏离标准值引起的，失调误差是由运算放大器零点漂移引起的，非线性误差是由模拟开关的导通压降和解码网络电阻阻值的偏差引起的。

由此可见，为了获得高精度的 D/A 转换器，不仅需要注意位数，还需要注意选用稳定的基准电源和低零漂的运算放大器等器件。

2. 转换速度

转换速度反映了 D/A 转换器在输入的数字量发生变化时，输出要达到相对应的量值所需要时间的快慢，一般用建立时间和转换速率来描述。

1）建立时间

输入的数字量发生变化时，输出的模拟量需要有一个过渡时间才能变到新的稳定值。

一般把输入的数字量从全 0 变为全 1 时,输出电压达到规定的误差范围所需要的时间定义为建立时间。D/A 转换器的建立时间很快,现在的单片集成 DAC 一般建立时间小于 0.1 μs,即使是内含基准电源和运放的集成 DAC,其建立时间也可达 1.5 μs。

2)转换速率

转换速率是指在较大信号工作状态下输出模拟量的最大变化率,不含基准电源和运放的集成 DAC 的转换速率较高。转换速率的单位通常用 V/μs 来表示。

除了这些参数,从手册上还可以查到工作电源电压、输入逻辑电平、功耗、输出方式等,在选用时也要综合考虑。

例 7.2.2 如图 7-5 所示,4 位倒 T 形电阻网络 D/A 转换器的参考电压 $U_{REF}=-6$ V,$R_F=R$。

(1)当输入为 0001 时,输出模拟电压是多少?

(2)当输入为 1111 时,输出模拟电压是多少?

(3)该转换器的分辨率是多少?

解 (1)当输入为 0001 时,输出为最小可分辨电压:

$$u_{O(min)} = -\frac{1}{2^n} \cdot \frac{R_F U_{REF}}{R} \sum_{i=0}^{n-1} D_i \cdot 2^i = \frac{6}{2^4} \times 1 = 0.375 \text{ V}$$

(2)当输入为 1111 时,相对应的为最大输出模拟电压:

$$u_{O(max)} = -\frac{1}{2^n} \cdot \frac{R_F U_{REF}}{R} \sum_{i=0}^{n-1} D_i \cdot 2^i = \frac{6}{2^4} \times (2^4 - 1) = 5.625 \text{ V}$$

(3)分辨率为

$$\frac{1}{2^4 - 1} \approx 0.067$$

3. 集成 D/A 转换器及其应用

集成 D/A 转换器品种很多,性能指标也各异。有的只含有模拟开关和解码网络,如 DAC0808、DAC0832、AD7530、AD7533 等,在使用时需要外接基准电源和运放;有的则将基准电源和运放也集成到芯片内部,如 DAC1203、DAC1210 等,这些都是并行输入方式。另外,还有串行输入的集成 DAC,如 AD7543、MAX515 等,它们虽然工作速度相对较慢,但接口方便,适用于远距离传输和数据线数目受限的场合。

集成 D/A 转换器在实际电路中得到广泛应用,不仅可作为微型计算机系统的接口电路实现数字量到模拟量的转换,还可以利用输入输出之间的关系来构成数字式可编程增益控制电路、脉冲波形产生电路、数控电源等。下面以 DAC0832 为例讨论集成 D/A 转换器的应用。

1)DAC0832 的结构及工作模式

DAC0832 是 CMOS 8 位倒 T 形电流输出 D/A 转换器。其引脚图如图 7-7(a)所示,内部结构框图如图 7-7(b)所示。

各引脚功能如下:

$D_0 \sim D_7$ 为 8 位数据输入端口,D_7 为最高位。

I_{OUT1}、I_{OUT2} 为电流输出端,两个端口输出电流之和为常数。I_{OUT1} 随输入的数字量线性变化,当输入数据全 0 时电流为 0,当输入数据全 1 时电流最大。

U_{DD} 为电源输入端,允许范围为 +5~+15 V。

U_{REF} 为参考电压输入,一般外接一个稳定的基准电源,范围为 -10~+10 V。

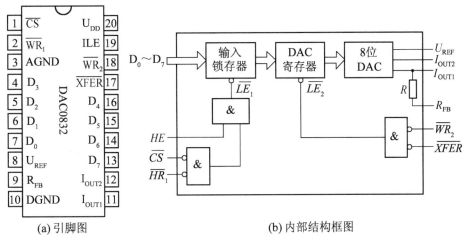

(a) 引脚图   (b) 内部结构框图

图 7-7 DAC0832 的引脚图和内部结构框图

AGND 为模拟地,DGND 为数字地。

R_{FB} 为反馈电阻端,在片内已经含有一个电阻 R,可以直接接到运放输出端作为运放的反馈电阻,如果增益不够,也可以外接反馈电阻与 R 串联共同作为运放的反馈电阻。

$\overline{CS}$ 为片选信号,低电平有效。

ILE 为输入锁存允许信号,高电平时表示允许输入锁存器接收数字量输入。

$\overline{XFER}$ 为数据传送控制信号,低电平有效。

$\overline{WR_1}$、$\overline{WR_2}$ 为写入命令信号,低电平有效。

后面的 5 个端子 $\overline{CS}$、ILE、$\overline{XFER}$、$\overline{WR_1}$、$\overline{WR_2}$ 为控制端,需要组合来使用。由图 7-7(b) 内部结构框图可见,当 $\overline{CS}=0$,$ILE=1$,$\overline{WR_1}=0$,即 3 个控制端都有效时,$\overline{LE_1}=1$,输入锁存器接收输入的数据,输出跟随输入变化;当这三个控制端有一个为无效时,任 $\overline{LE_1}=0$,输入锁存器将接收的数据锁存。当 $\overline{XFER}=0$,$\overline{WR_2}=0$,即这两个控制端都有效时,$\overline{LE_2}=1$,DAC 寄存器的输出跟随输入变化;若有一个为无效时,$\overline{LE_2}=0$,DAC 寄存器锁存数据。因此,DAC0832 具有两级缓冲控制,通过控制输入锁存器和 DAC 寄存器实现数据缓冲,可以使 DAC0832 工作在直通方式、单缓冲方式、双缓冲方式这三种工作模式下,灵活方便地适应各种工作场合,如图 7-8 所示。

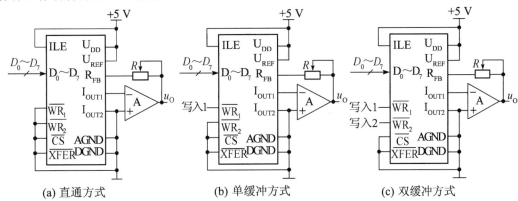

(a) 直通方式   (b) 单缓冲方式   (c) 双缓冲方式

图 7-8 DAC0832 三种工作模式

在直通方式下,如图 7-8(a)所示,5 个控制端均处于有效电平,相当于输入锁存器和 DAC 寄存器全部打开,输入数据可以直接通过它们送到 D/A 转换器转换并输出,输入的数字量发生变化。输出也随之发生变化。因此,直通方式适用于输入数据变化较慢的场合。当工作速度较高或使用总线传输时,就要对输入的数据进行锁存,以保证 D/A 转换器能正常工作。

单缓冲方式控制端的连接如图 7-8(b)所示,DAC 寄存器一直打开,而在写入信号的作用下,输入锁存器打开或是锁存数据,实现数据的缓冲。另外,也可以通过控制端的组合,使输入锁存器和 DAC 寄存器同时打开、同时锁存。

双缓冲方式控制端的连接如图 7-8(c)所示,在写入信号 1 和信号 2 的作用下,输入锁存器和 DAC 寄存器分别打开或是锁存数据,即输入数据依次经过两级锁存,再进行 D/A 转换。如在进行数据采集时,上一个数据在进行 D/A 转换的同时,输入端可以进行下一个数据的采集,并将数据锁存以备下一次转换,这样就可以实现采集和输出同时进行,提高了转换速度。在实际应用时,需要根据系统的要求来选择合适的工作模式。

DAC0832 的主要技术指标如下:

分辨率为 8 位;

数字输入逻辑电平为与 TTL 电平兼容;

电流建立时间为 1 μs;

增益温度系数为 0.002%/℃;

电源电压为 +5~+15 V;

功耗为 20 mW;

非线性误差为 0.4%。

2)DAC0832 的应用

DAC0832 是电流输出型的 D/A 转换器,通过外加运算放大器,可以实现单极性电压输出和双极性电压输出。如图 7-8 所示,在三种工作模式下都是单极性电压输出,输入的数字量是原码形式,输出是单一极性的模拟电压。双极性电压输出是在单极性电路的基础上增加一级运放构成,并且输入为原码的 2 的补码形式,即输入的是有正有负的数字量,如图 7-9 所示,经过转换,在输出端输出的 u_O 就是和输入数字量相对应的具有正、负极性的模拟电压。

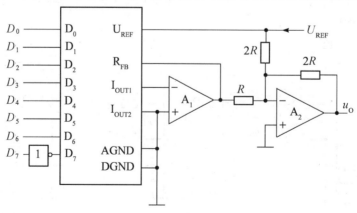

图 7-9 双极性电压输出 D/A 转换器

DAC0832 与处理器完全兼容,而且价格低廉,接口简单,容易控制转换,在单片机应用系统中得到了广泛的应用。图 7-10 所示为单片机 AT89S51 和 DAC0832 构成的简易数控电流源的原理框图。

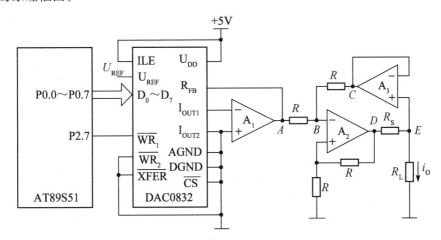

图 7-10 简易数控电流源的原理框图

单片机 89S51 的 P0 口接 DAC0832 的数据输入端,P2.7 接 DAC0832 的 $\overline{\text{WR}_1}$。根据 DAC0832 控制端的连接方式,可知 DAC0832 工作在单缓冲方式下,由单片机控制何时将数据送到 DAC0832 并进行锁存。运放 A_1 将 DAC0832 的电流输出转换为电压输出,由于输入的数字量是由单片机送来的,所以 A 点的输出电压 u_A 受单片机控制。运放 A_2、A_3 组成电压-电流源转换电路,其中 A_3 组成电压跟随器,因此有 $u_C = u_E$。由戴维南定理可得 B 点电压为

$$u_B = \frac{u_A R + u_C R}{R + R} = \frac{u_A + u_E}{2}$$

A_2 组成同相比例放大电路,其 D 点输出电压为

$$u_D = u_B\left(1 + \frac{R}{R}\right) = \frac{u_A + u_E}{2} \cdot 2 = u_A + u_E$$

因为流过负载电阻 R_L 上的电流 i_O 就是流过电阻 R_S 上的电流,所以

$$i_O = \frac{u_D - u_E}{R_S} = \frac{u_A}{R_S}$$

即输出电流 i_O 受单片机输出的数字量控制,与负载大小无关,所以此电路为一个数控电流源。这种电路通过单片机编程实现控制,具有方式灵活、精度高等优点。如果把 DAC0832 的片选端 $\overline{\text{CS}}$ 等其他控制端也接到单片机上,还可以实现更复杂的控制。

◀ 学习任务 3 A/D 转换器 ▶

一、A/D 转换器的基本原理

A/D 转换器将连续的模拟信号转变成离散的数字信号输出,因此转换过程一般都要经

过取样、保持、量化和编码这四个步骤,如图 7-11 所示。这些步骤在实际电路中有时是同时进行的,如对模拟信号的采样、保持利用采样-保持电路来同时完成,量化和编码也在转换过程中利用 A/D 转换电路同时实现,而且所占用的时间还是保持时间的一部分。

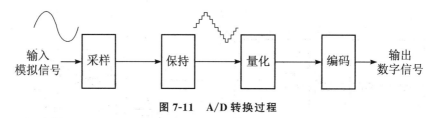

图 7-11　A/D 转换过程

1. 采样和保持

采样就是把时间上连续的模拟信号转换为时间上离散的模拟信号,根据输出的脉冲包络仍然可以看出原来信号幅度的变化趋势。由于采样后的信号总是需要一定的时间才能转换为相应的数字量,而输入信号又是连续变化的,因此在每次采样后,都必须把采样的电压保持一段时间,以便有足够的时间完成转换,所以采样与保持都在同一个过程里完成。

图 7-12(a)所示是一个实际的采样-保持电路,主要由运算放大器 A_1 和 A_2、保持电容 C、开关控制电路等组成。二极管 D_1、D_2 实现保护作用;运算放大器 A_1、A_2 具有较高的输入阻抗和较低的输出阻抗,以减小对输入信号的影响以及使电容上存储的电荷不易泄漏。当采样脉冲 $s(t)$ 到来时,开关 K 闭合,采样开始。由于 A_1、A_2 均接成电压跟随器形式,因此 u_1 通过 A_1、R_2 向电容快速充电,电容 C 上的电压就是 u_1,所以输出 $u_O = u_1$;当采样结束后,开关 K 断开,如果忽略电容漏电等因素,电容 C 上电压就是采样刚结束时 u_1 的值,并且会一直保持到下一个采样脉冲到来,因此输出电压在这一段时间内也保持不变。采样后的输出波形如图 7-12(b)所示,图中虚线为输入信号 $u_1(t)$ 波形,黑实线为采样保持信号 $u_O(t)$ 波形。由图可见,在采样脉冲持续期间对输入信号进行采样,在脉冲消失期间对采样值进行保持。

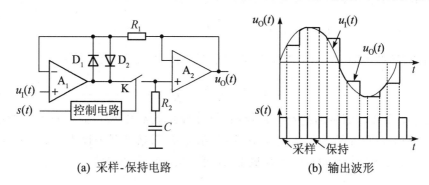

(a) 采样-保持电路　　　　　　　(b) 输出波形

图 7-12　采样-保持电路

为了保证采样后的信号能够正确反映输入信号的信息,要根据采样定理来选取合适的采样频率,即采样脉冲 $s(t)$ 的频率 f_s 与输入模拟信号 $u_1(t)$ 的最高频率 f_{imax} 必须满足下面的关系

$$f_s \geqslant 2f_{imax}$$

一般取 $f_s > 2f_{imax}$。

2. 量化和编码

如图 7-12（b）所示，采样后的信号在时间上是离散的，但在幅度上仍然是连续的，而数字信号在时间和幅度上都是离散的，也就是说，数字量的大小只能是某个规定的最小数量单位的整数倍。所以，采样后的信号还必须按照某种规则离散化，把采样电压化成这个最小数量单位的整数倍，这个过程就是量化。量化过程中所取的最小数量单位就是量化单位，一般用 Δ 表示，显然，最低有效位为 1 其余位为 0 的数字量（00…01）所对应的模拟量的大小就等于 Δ。由于采样电压是连续的，不一定能被 Δ 整除，因而必然会引入误差，称为量化误差，量化误差属于原理误差，是无法消除的。

把量化后的数值用二进制或其他进制代码表示出来就称为编码，编码后得到的代码就是 A/D 转换器的输出信号。

二、常见 A/D 转换器类型

A/D 转换器电路形式很多，按照转换过程，通常可分为直接型和间接型。直接型 A/D 转换器通过把采样保持后的模拟信号与量化级电压相比较，直接转换为输出的数字代码。这种方法工作速度快，调整方便，但精度不高。并行比较型、反馈比较型、逐次逼近型等都属于直接型 A/D 转换器。和直接型转换不同，间接型 A/D 转换器则借助于中间变量，先把待转换的输入模拟信号转换成时间 T 或频率 F，然后对这些中间变量再量化编码得到数字信号，这种方法工作速度较低，但精度可以做得较高。间接型 A/D 转换器有 V-T 变换型（电压-时间变换型）、V-F 变换型（电压-频率变换型）、双积分型等。两种类型的 A/D 转换器的特点比较和应用场合如表 7-1 所示。

表 7-1 A/D 转换器的特点比较和应用场合

类型		特点	应用场合
直接型	并行比较型	速度最快，电路规模庞大，精度较低，成本高	高速和超高速系统等
	逐次逼近型	速度中等，精度也较高，成本较低	中高速系统、检测系统等
间接型	双积分型	速度很慢，精度高，抗干扰能力较强	低速系统、数字仪表等
	V-F 变换型	速度很慢，精度高，抗干扰能力很强	遥测、遥控系统等

下面简单介绍常用的逐次逼近型 A/D 转换器的转换原理。

图 7-13 所示为逐次逼近型 A/D 转换器的原理框图。逐次逼近型 A/D 转换器由比较器、控制逻辑、数据寄存器、D/A 转换器组成。这种转换的基本思想就是将输入模拟电压与一系列的基准电压做比较，使量化的数字量逐渐逼近于输入模拟量。比较从高位开始，向低位逐位进行。首先把数据寄存器的最高位置 1，使其输出为 10…00，该数码经 D/A 转换器转换作为基准电压 u_A 送入比较器，与输入的模拟电压 u_I 相比较。如果 $u_I \geq u_A$，比较器输出为 1，说明数据寄存器送出的数码不够大，最高位 1 需要保留，同时设置次高位为 1；如果 $u_I < u_A$，比较器输出为 0，说明数据寄存器送出的数码过大，最高位 1 需要改为 0，同时设置次高位为 1。然后逐位依次进行下去决定各位的 1 是保留还是去掉，直到最低位比较完毕，此时数据寄存器中保留的就是转化完成后的数字量输出。

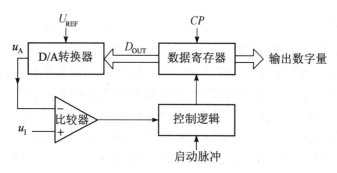

图 7-13　逐次逼近型 A/D 转换器的原理框图

现以 3 位 A/D 转换器为例分析一下具体的转换过程,此时图 7-13 中的 D/A 转换器输入 $D_2 D_1 D_0$ 与输出 u_A 之间的关系如表 7-2 所示。

表 7-2　D/A 转换器输入输出关系

D_2	D_1	D_0	u_A
0	0	0	0
0	0	1	$\frac{1}{8}U_{REF}$
0	1	0	$\frac{2}{8}U_{REF}$
0	1	1	$\frac{3}{8}U_{REF}$
1	0	0	$\frac{4}{8}U_{REF}$
1	0	1	$\frac{5}{8}U_{REF}$
1	1	0	$\frac{6}{8}U_{REF}$
1	1	1	$\frac{7}{8}U_{REF}$

设 $U_{REF} = 10$ V,$u_I = 2.8$ V。

(1) 启动脉冲到来时,将数据寄存器清零,准备开始转换。

(2) 在第一个 CP 脉冲作用下,数据寄存器输出第一次的数字比较量 $D_{OUT} = 100$,D/A 转换器将它转换为模拟电压 $u_A = \frac{1}{2}U_{REF} = 5$ V,将 u_I 与 u_A 进行比较,由于 $u_I < u_A$,比较器输出为 0。

(3) 在第二个脉冲作用下,根据比较器输出结果,数据寄存器将最高位置 0 并将次高位置 1,输出第二次的数字比较量 $D_{OUT} = 010$。经 D/A 转换器转换得模拟电压 $u_A = \frac{1}{4}U_{REF} = 2.5$ V,由于 $u_I > u_A$,比较器输出为 1。

(4) 在第三个脉冲作用下,根据比较器输出结果,数据寄存器将次高位 1 保留并将最后一位置 1,输出第三次的数字比较量 $D_{OUT}=011$。经 D/A 转换器转换得模拟电压 $u_A=\frac{3}{8}U_{REF}=3.75$ V,由于 $u_I<u_A$,比较器输出为 0。

(5) 在第四个脉冲作用下,根据比较器输出结果,数据寄存器将最后一位置 0。此时,由于所有位均已比较完毕,控制电路发出结束信号,并将数据寄存器中的数据 010 输出,即得到与输入电压成正比的数字量。要注意的是具体的电路结构不同,所用时间和输出的数字量代码会有所差异。

根据上述分析可见,逐次逼近型 A/D 转换器完成一次转换需要 $(n+1)$ 个 CP 脉冲,即所需要的时间与位数 n 和 CP 频率有关,位数越少,CP 频率越高,所需的转换时间就越短。逐次逼近型 A/D 转换器精度较高,速度快,接口电路简单,一般在对精度有一定要求而又需要较高速度的情况下多采用逐次逼近型 A/D 转换器。

例 7.3.1 如图 7-13 所示的逐次逼近型 A/D 转换器,$n=12$,当时钟频率为 1 MHz 时,完成一次转换需要多少时间? 如果要求在 10 μs 内完成一次转换,则时钟频率应为多少?

解 逐次逼近型 A/D 转换器完成一次转换需要 $(n+1)$ 个 CP 脉冲,即所需要时间为

$$t=(n+1)T_{CP}=13 \text{ μs}$$

若要求在 10 μs 内完成一次转换,则时钟频率为

$$f_{CP}=\frac{n+1}{t}=\frac{13}{10\times10^{-6}}=1.3 \text{ MHz}$$

三、A/D 转换器的主要技术指标及其应用

和 D/A 转换器一样,A/D 转换器的主要技术指标也是转换精度和转换速度。

1. 转换精度

在 A/D 转换器中,一般也通过分辨率和转换误差来描述转换精度。

1) 分辨率

A/D 转换器的分辨率以输出的数字量位数来表示,说明 A/D 转换器对输入信号的分辨能力。最大输入的模拟电压一旦确定,输出数字量的位数越多,分辨率越高,对输入信号的分辨能力也越强。如设输入的模拟电压最大为 10 V,如果 A/D 转换器是 8 位输出,它所能区分出的输入信号最小电压为 $\frac{1}{2^8}\times10\approx39.06$ mV;如果 A/D 转换器是 10 位输出,它所能区分出的输入信号最小电压为 $\frac{1}{2^{10}}\times10\approx9.77$ mV。显然,10 位 A/D 转换器对输入信号的分辨能力比 8 位 A/D 转换器要高得多。如果 A/D 转换器使用 8421BCD 码输出,如 $3\frac{1}{2}$ 位 A/D 转换器,就是指输出的最高位只能是 0 或 1,其他三位可以是 0～9 中的任何数,则表示输出的十进制数范围为 0～1 999,因此,它所能区分出的输入信号最小电压为 $\frac{1}{2\ 000}\times10=5$ mV。

2) 转换误差

转换误差指 A/D 转换器实际输出的数字量和理论上应当输出的数字量之间的差别,用

最低有效位(LSB)的倍数表示,一般用相对误差形式给出此参数。在实际使用中会受使用环境的影响而发生变化。例如,手册上给出某种 A/D 转换器的相对误差 $\leqslant \frac{1}{2}$LSB,就是表示此 A/D 转换器的转换误差,即实际输出的数字量和理论上输出的数字量之间的误差不大于最低有效位的 $\frac{1}{2}$。

2. 转换速度

转换速度指 A/D 转换器完成一次转换所用的时间,即从接到转换控制信号开始,到输出端得到稳定的数字信号输出所经历的时间。转换时间越短,A/D 转换器的转换速度越快。不同类型的 A/D 转换器转换速度有较大差别,一般并行比较型速度最快,其次是逐次逼近型,积分型速度最慢。

3. 集成 A/D 转换器及其应用

集成 A/D 转换器品种很多,常见的位数有 8 位、10 位、12 位以及以 BCD 码输出的 $3\frac{1}{2}$ 位、$4\frac{1}{2}$ 位等,有些芯片还集成了时钟电路、基准电压源等以增强功能。常用的逐次逼近型 A/D 转换器有 ADC0804、ADC0809、MAX166 等,双积分型 A/D 转换器有 AD7552、$3\frac{1}{2}$ 位的 7106、$4\frac{1}{2}$ 位的 7135 等。下面以 ADC0809 为例介绍集成 A/D 转换器的结构及其应用。

1) ADC0809 的结构及主要技术指标

ADC0809 是一种 8 位 CMOS 逐次逼近型 A/D 转换器,其引脚图和内部结构框图如图 7-14 所示。

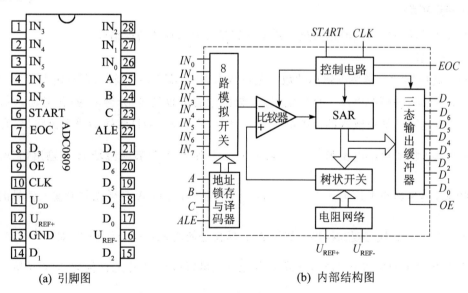

(a) 引脚图   (b) 内部结构图

图 7-14　ADC0809 的引脚图和内部结构框图

ADC0809 由 8 路模拟开关、地址锁存与译码器、电压比较器、逐次逼近寄存器 SAR、逻辑控制与定时电路、树状模拟开关、电阻网络、三态输出缓冲器等组成。输入端有 8 路模拟开关,可以接 8 路模拟量输入,但某一时刻只能有一路进行转换;输出端有三态缓冲器,可以直接接到数据总线上,为应用提供了方便。

ADC0809 共有 28 个引脚,各引脚端功能如下:

$IN_0 \sim IN_7$ 为 8 路模拟量输入端。

$D_7 \sim D_0$ 为 8 位数字量输出端,D_7 为最高位。

A、B、C 为 3 位地址码输入端,用来选择进行转换的通道,地址码与被选通模拟电压通道的关系如表 7-3 所示。

表 7-3 地址码与被选通模拟电压通道的关系

C	B	A	选通通道
0	0	0	IN_0
0	0	1	IN_1
0	1	0	IN_2
0	1	1	IN_3
1	0	0	IN_4
1	0	1	IN_5
1	1	0	IN_6
1	1	1	IN_7

ALE 为地址码锁存允许控制端,高电平有效,当该信号有效时,地址信号才能被锁存,并通过译码器译码选通需要进行转换的通道。

START 为启动脉冲输入端,在信号的上升沿时将所有内部寄存器清零,在下降沿时开始进行 A/D 转换。

CLK 为时钟脉冲输入端。

EOC 为转换结束信号输出端,在转换完成时此信号变为高电平,将转换结果送到缓冲器准备输出,此信号可以作为外部设备的中断信号。

OE 为输出允许控制端,高电平有效,该信号有效时,三态输出缓冲器打开,将转换结果送出。

U_{REF+}、U_{REF-} 为正、负参考电压输入端。

ADC0809 的主要技术指标有:

分辨率为 8 位;

转换时间为 100 μs;

模拟量输入范围为 0～+5 V;

电源电压为+5～+15 V;

输出电平与 TTL 电平兼容;

功耗为 15 mW。

2) ADC0809 的典型应用

A/D 转换器一般用于数据采集系统,由各种传感器采集被测数据,再经过 A/D 转换器转换成数字信号,送给单片机等微处理器进行实时处理。图 7-15 所示为温度数据采集系统示意图。

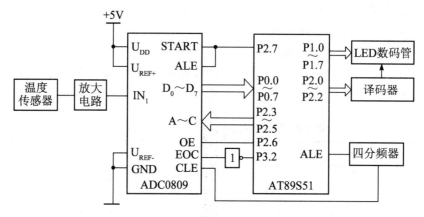

图 7-15 温度数据采集系统示意图

由 AT89S51 单片机和 ADC0809 组成系统的核心部分。温度传感器将采集到的数据经过放大后送到 ADC0809 的 IN_1 端作为输入的模拟信号。单片机需要采集数据时,发出指令使 P2.7 输出高电平,启动 A/D 转换器工作。ADC0809 根据送来的地址信号选通 IN_1 通道,然后对输入的模拟信号进行转换。转换结束时,EOC 输出高电平,经反相器产生中断请求信号通知单片机可以读取转换结果,单片机通过调用中断程序使 P2.6 输出高电平,从而读取转换后的数据。最后,单片机可以把采集到的温度数据经过处理后送到 LED 数码管进行显示。图中,89S51 使用的晶振频率为 12 MHz,因此单片机 ALE 信号的频率为 2 MHz,而 ADC0809 的时钟频率为 10~1 280 kHz,因此可以通过四分频器将单片机的 ALE 信号分频后作为时钟信号使用,四分频器可以用 74HC74 等构成。如果为了节省器件,此时钟信号也可以通过软件来实现,只要将 ADC0809 的 CLK 端接到单片机的某个 I/O 口即可。

ADC0809 与单片机的接口有多种方式,并且需要编写合适的软件才能实现其功能,具体应用可以查阅相关的单片机资料。集成 ADC 种类较多,性能差异也较大,在实际应用中,要注意掌握它们的主要技术指标和参数,根据其各自特点,综合考虑性能、成本等因素来实现设计要求。

◀ 技能实训 蔬菜大棚温度报警电路的设计与调试 ▶

一、项目制作目的

(1)了解并掌握蔬菜大棚温度报警电路的设计与调试方法。

(2)掌握使用仿真软件 Multisim 10 进行复杂应用电路仿真调试的方法。

二、项目要求

(1) 设计电路应能完全满足项目题目的要求。

(2) 绘出蔬菜大棚温度报警电路的逻辑图。

(3) 完成蔬菜大棚温度报警电路的仿真调试。

三、项目步骤

(一) 电路设计分析

在 8 通道蔬菜大棚温度报警系统中,蔬菜大棚不同位置传感器检测到的温度信号,由多路模拟开关选择其中的一路送入信号放大电路,信号经放大电路放大后输出到 A/D 转换器转变为数字量,该数字量可通过数码管显示出被测通道的温度值-控制电路按一定的频率轮流选通多路开关,可实现多路温度信号的循环检测。编码电路对控制信号进行编码,编码输出经数码管可显示当前的检测通道。数值比较电路将报警设定值和当前的温度值进行比较,产生温度超限报警。根据工作需要,设定了高温报警以及低温报警两种温度监测模式。

1. 8 路输入电路

8 路输入电路由计数器和模拟多路开关构成,如图 7-16(a) 所示。由 74LS161N 和 74LS10N 构成八进制计数器,计数器的输出为 $Q_C Q_B Q_A$。接模拟开关 ADG408TQ 的地址码输入端 $A_2 A_1 A_0$。当 $A_2 A_1 A_0$ 分别为 000~111 时,模拟多路开关依次选通 CH0~CH7 八路输入信号中的一路。多路输入电路的封装模块 X1,其输入引脚 CH0~CH7 接温度传感器输出信号。CLOCK 外接时钟脉冲,由时钟脉冲的频率控制八个通道温度检测转换的快慢,其输出 OUT 接信号放大电路的输入端 V_{IN},$Q_C Q_B Q_A$ 同时接通道显示数码管,用来显示哪个通道被选中进行温度检测,如图 7-16(b) 所示。

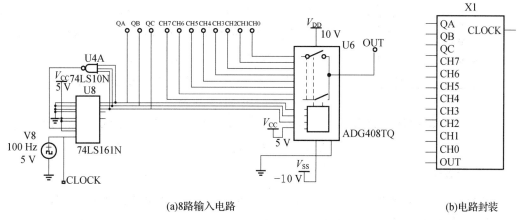

(a)8路输入电路　　　　　　　　　　　　　　(b)电路封装

图 7-16　8 路输入电路及电路封装

2. 信号放大电路

信号放大电路用来对输入的模拟信号进行放大,如图 7-17(a)所示。信号放大电路选用集成运放 OP07,集成运放 OP07 为低温漂高精度放大器。整个放大电路分两级,第一级由电阻 R_5 和 R_6 等构成比例放大电路,放大倍数为 5;第二级由电阻 R_2 和 R_3 等构成比例放大电路,放大倍数为 5。这样信号经两级放大电路放大以后,信号得到明显加强。信号放大电路的封装模块 X3,其输入引脚 V_{IN} 接多路输入电路的输出引脚 OUT,输出引脚 V_{OUT} 接 A/D转换电路的输入 V_{IN},放大电路的输出范围在 A/D 转换要求的范围内,如图 7-17(b)所示。图 7-17(a)中的示波器是用来进行放大电路调试所用,电路调试好后即可去除。

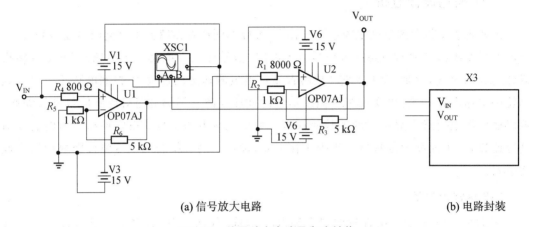

(a) 信号放大电路　　　　　　　　　　　　(b) 电路封装

图 7-17　信号放大电路及电路封装

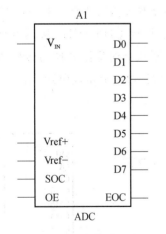

图 7-18　A/D 转换器件引脚排列

3. A/D 转换电路

Multisim 10 仿真软件中,A/D 转换器件用的是虚拟器件,其引脚排列如图 7-18 所示。V_{IN} 为模拟电压输入端子,将输入的模拟信号转换为 8 位的数字量,输出端为 D7~D0;Vref+为参考电压"+"输入端子(直流参考电源的电压),Vref-为参考电压"-"端(通常接地)。Vref+的大小按量化精度而定。SOC 是启动转换信号,它由低电平变为高电平时,转换开始,转换时间为 1 μs,转换期间 EOC 为低电平。EOC 是转换结束标志位,高电平表示转换结束;OE 为输出允许端子,可与 EOC 接在一起。A/D 转换电路的关键是输入信号的负极性要同参考电压 Vref-连在一起。

4. 报警设定电路

报警设定电路由计数器和数值比较器构成,能实现被测温度的超限报警,如图 7-19 所示。以高温报警电路设计为例,使用两片 74LS160N 组成 2 位计数器,设定报警值时,通过开关产生脉冲信号,计数器对脉冲信号计数产生需要设定的温度报警值。两片 74LS85N 级

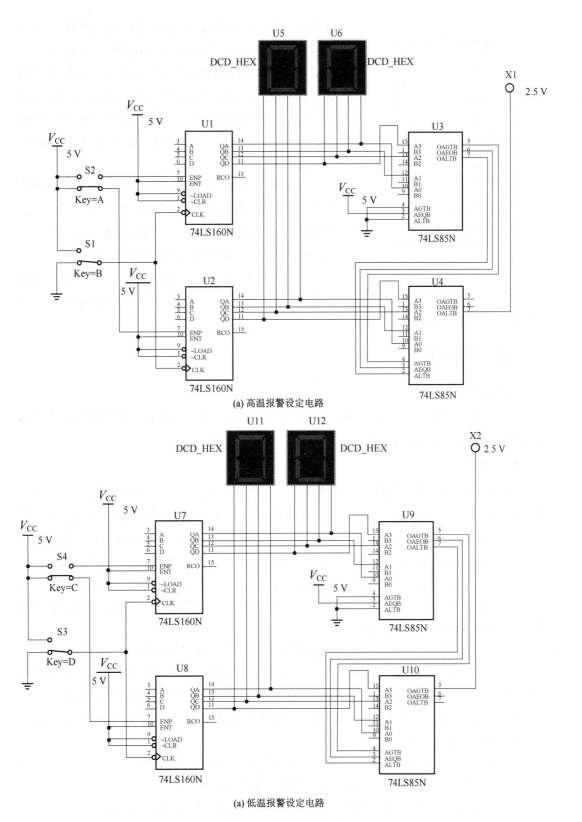

(a) 高温报警设定电路

(a) 低温报警设定电路

图 7-19 报警设定电路

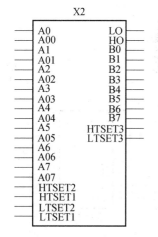

图 7-20　报警设定电路的封装模块

联组成 8 位二进制数值比较器,数值比较器将 A/D 转换器传来的温度数字量和设定的报警值进行比较,当实测温度值超过设定值时,产生报警输出。同理,低温报警电路的设计与此类似,只是在温度比较环节进行了调整,将 A/D 转换器传来的温度数字量和设定的报警值进行比较,当实测温度值低于设定值时,产生报警输出,进行低温报警。

报警设定电路的封装模块如图 7-20 所示,其输入引脚 B7 ~ B0 接 A/D 转换器传来的温度数字量,HTSET1 ~ HTSET3 为高温报警温度设定开关,LTSET1 ~ LTSET3 为低温报警温度设定开关;A0 ~ A7 接高温报警设定温度显示数码管,A00 ~ A07 接低温报警设定温度显示数码管;HO 接高温报警指示灯,LO 接低温报警指示灯。

(二) 电路组成

1. 方案一

蔬菜大棚温度报警电路的整体仿真电路如图 7-21 所示。该电路全部采用元件单独接线的方式进行导线的连接,可以看到,导线数量繁多,查线困难。

2. 方案二

针对蔬菜大棚温度报警电路仿真调试时导线繁多的缺点,方案二采用了总线式以及电路模块封装的方式。所谓封装,可以理解为使用者自己将一大片电路组成一个集成块的形式,该片电路需要与外部电路连接的导线,定义为该封装模块的管脚。这样最后总调试的时候,只需将各个模块连接调试就可以了,这也是仿真软件的一大功能(这是一项虚拟的功能,实际电路是不可能有的,但 CPLD 借鉴了这个思路,可以自定义芯片的管脚)。用好模块化设计,会大大简化电路的连接,提高总电路调试的效果。其他部件如显示器件、LED 数码管等放在封装电路外,以便观察输出结果。

具体封装的操作,以本项目中的温度检测 8 路输入电路为例说明如下。

(1) 添加模块引脚。对于温度检测系统 8 路输入电路,选择"Place"→"Connectors"→"HB"→"SC Connector"命令,放置模块引脚并连接在电路的各个输出端,并分别命名。

(2) 存储命名。单击"存储"按钮,将编辑的图形文件存盘,文件名为"温度检测 8 路输入电路封装.ms10",如图 7-22 所示。

(3) 模块封装。模块封装在总体电路设计调试环境中进行,步骤如下。

① 放置模块电路。单击"放置层次块"按钮,如图 7-23 所示。

② 在弹出的"打开"对话框中选择要封装的模块电路文件,如图 7-24 所示。

③ 单击"打开"按钮,即可实现对电路文件的封装,封装模型如图 7-25 所示。

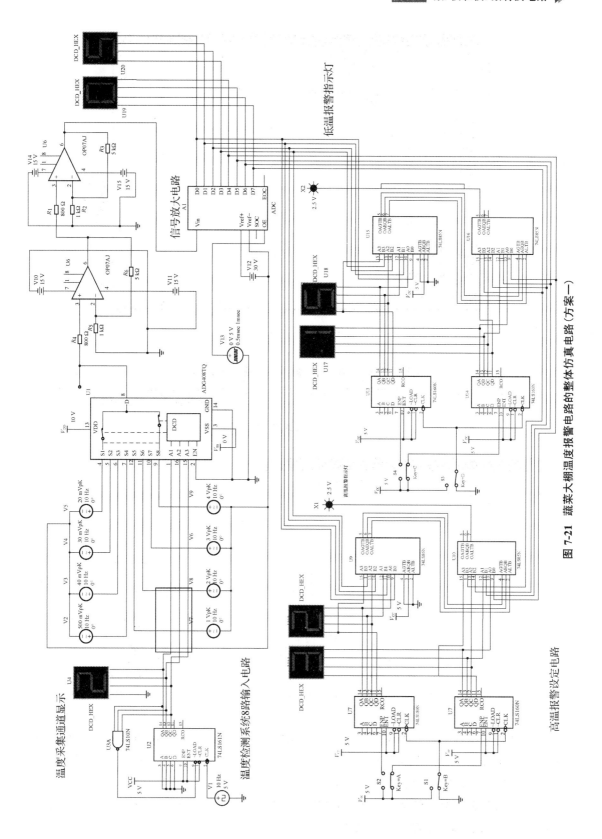

图7-21 蔬菜大棚温度报警电路的整体仿真电路（方案一）

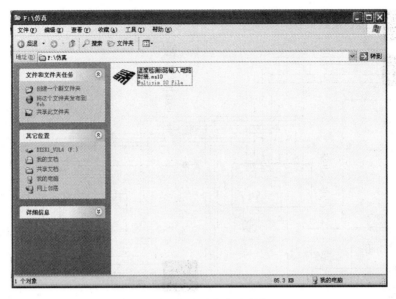

图 7-22 电路封装存储命名

图 7-23 单击"放置层次块"按钮

图 7-24 选择要封装的模块电路文件

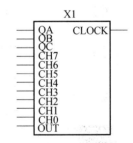

图 7-25 电路封装模型

④ 在模块图标上右击,选择"Edit Symbol"命令,可编辑封装模型的输入输出引脚。编辑时,通常将输入引脚放在模型的左边,将输出引脚放在模型的右边。在模块图标上双击,可对模块内部电路重新调整和编辑。本封装模块没有进行管脚的调整。

⑤ 依次放置其他电路模块,在元器件库中选择开关、数码管和指示灯等其他需要的元器件,创建蔬菜大棚温度报警电路,如图 7-26 所示。

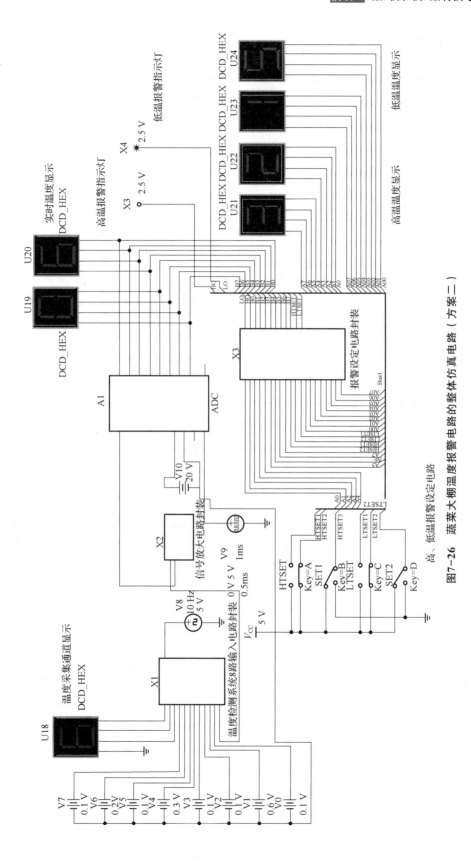

图7-26 蔬菜大棚温度报警电路的整体仿真电路（方案二）

（三）仿真分析

打开仿真开关,用开关设定报警所需温度,高温设为 32 ℃,低温设为 15 ℃,仿真结果显示,此时温度检测通道为 6,测定温度为 6 ℃,低于低温报警温度,所以低温报警指示灯亮,该电路达到设计指标的要求。

>》➔ 小提示 ......

（1）实际应用中,温度传感器种类繁多,功能强大,有的甚至已将报警温度设定集成在传感器元件中,这样的设计大大减少了电路使用中的故障现象,代表了现代电路设计的发展方向。

（2）随着 CPLD 及单片机技术的发展及 CPLD 芯片价格的下降,很多复杂的温度控制可以靠编程并灌入芯片的方式实现,这样做的好处是电路大大简化,性能更加稳定,调试更加方便,功能更加完善。所以,本项目从应用层面来讲,仅可作为学习数字电路的一种练习。

四、注意事项

由于仿真软件中不包含温度传感器元件,所以在电路的设计时传感器的数据由小信号的电压源代替,在实际电路的设计中要注意这里的区别。

五、项目考核

班级		姓名		组号		扣分记录	得分
项目	配分	考核要求		评分细则			
多路输入电路	10 分	能正确仿真调试 8 路输入电路		（1）不能正确调试出结果,扣 5 分; （2）电路出现错误,每处扣 5 分			
信号放大电路	10 分	能正确仿真调试信号放大电路		（1）不能正确调试出结果,扣 10 分; （2）电路出现错误,每处扣 5 分			
A/D 转换电路	15 分	能正确仿真调试 A/D 转换电路		（1）连接方法不正确,每处扣 5 分; （2）出现问题,不能调试,每次扣 5 分			

班级		姓名		组号		扣分记录	得分
项目	配分	考核要求		评分细则			
报警设定电路	15 分	能正确仿真调试报警设定电路		（1）不能仿真调试高温报警电路出结果，扣 10 分； （2）不能仿真调试低温报警电路出结果，扣 10 分； （3）出现问题，不能调试，每次扣 5 分			
蔬菜大棚温度报警电路的整体仿真电路	40 分	能正确仿真调试蔬菜大棚温度报警电路的整体电路		（1）不能按照方案一正确调试出结果，扣 10 分； （2）不能按照方案二正确调试出结果，扣 10 分； （3）不会使用电路的封装，扣 10 分； （4）不会使用总线式结构组成电路，扣 5 分； （5）电路接线错误，每处扣 5 分			
安全文明操作	10 分	（1）安全用电，无人为损坏仪器、元件和设备； （2）保持环境整洁，秩序井然，操作习惯良好； （3）小组成员协作和谐，态度正确； （4）不迟到、早退、旷课		（1）违反操作规程，每次扣 5 分； （2）工作场地不整洁，扣 5 分			
总分							

模块小结

（1）能实现模拟信号转换成数字信号的电路是 A/D 转换器，简称 ADC；能实现数字信号转换成模拟信号的电路是 D/A 转换器，简称 DAC。

随着微处理器和微型计算机的广泛应用，A/D 转换器和 D/A 转换器已成为组成自动化控制系统、智能仪表等现代数字系统的重要器件。衡量 A/D 转换器和 D/A 转换器性能的两大重要指标是转换速度和转换精度，它们的优劣将影响到整个系统的最终转换结果。

（2）D/A 转换的思想就是将输入的二进制数的每位数码按权的大小产生一个电压（或电流），然后将这些模拟量求和就得到与数字量成正比的模拟量。输入输出之间的关系可以用下式来描述：

$$u_O(i_O) = K \sum_{i=0}^{n-1} D_i \cdot 2^i$$

（3）D/A 转换器的核心是模拟开关和解码网络。根据模拟开关电路和解码网络结构的不同，可把 D/A 转换器做如下分类：

$$\text{根据模拟开关电路的不同} \begin{cases} \text{双极型开关 D/A 转换器} \\ \text{CMOS 开关型 D/A 转换器} \end{cases}$$

$$\text{根据解码网络结构的不同} \begin{cases} \text{权电阻网络 D/A 转换器} \\ \text{T 形电阻网络 D/A 转换器} \\ \text{倒 T 形电阻网络 D/A 转换器} \\ \text{权电流 D/A 转换器} \end{cases}$$

由于倒 T 形电阻网络 D/A 转换器使用的解码网络中只有 R 和 $2R$ 两种阻值的电阻，结构简单，有较高的转换速度和转换精度，在 CMOS 单片集成电路中较为常见。

（4）A/D 转换过程一般包括取样、保持、量化和编码这四个步骤，这些步骤在实际电路中有时是同时进行的。为了保证采样后的信号能够正确反映输入信号的信息，要根据采样定理来选取合适的采样频率，即采样频率 f_s 与输入模拟信号的最高频率 f_{imax} 必须满足下面的关系：

$$f_s \geqslant 2f_{imax}$$

（5）A/D 转换器按照转换过程，通常可分为直接型和间接型两大类。直接型 A/D 转换器通过把采样保持后的模拟信号与量化级电压相比较，直接转换为输出的数字代码。这种方法工作速度快，调整方便，但精度不高。

间接型 A/D 转换器则借助于中间变量，先把待转换的输入模拟信号转换成时间 T 或频率 F，然后对这些中间变量再量化编码得到数字信号，这种方法工作速度较低，但精度可以做得较高。一般间接型 A/D 转换器的精度要比直接型的高。A/D 转换器的分类及特点如表 7-4 所示。

表 7-4　A/D 转换器的分类及特点

类　　型		特　　点	应用场合
直接型	并行比较型	速度最快，电路规模庞大，精度较低，成本高	高速和超高速系统等
	逐次逼近型	速度中等，精度也较高，成本较低	中高速系统，检测系统等
间接型	双积分型	速度很慢，精度高，抗干扰能力较强	低速系统、数字仪表等
	V-F 变换型	速度很慢，精度高，抗干扰能力很强	遥测、遥控系统等

（6）在实际应用中，为了得到较高的转换精度，不仅要注意选择较高分辨率的 A/D 转换器和 D/A 转换器，还要保证基准电源和供电电源的稳定度，选用低零漂的运算放大器，减少环境温度的变化等。

思考与练习

7.1 简述 D/A 转换的概念及其基本原理。

7.2 如果 8 位 D/A 转换电路可分辨的最小输出电压为 10 mV,则输入数字量为 10000001 时,输出电压有多大?

7.3 已知 8 位倒 T 形电阻网络 DAC 如图 7-27 所示,参考电压 $U_{REF} = -10$ V,$R_F = R$。

(1)当输入为 00000001 时,输出模拟电压是多少?

(2)当输入为 11111111 时,输出模拟电压是多少?

(3)该转换器的分辨率是多少?

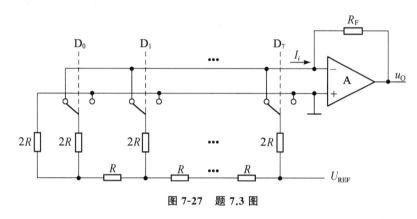

图 7-27 题 7.3 图

7.4 已知 8 位倒 T 形电阻网络 D/A 转换器如图 7-27 所示,$R_F = R$。

(1)试求输出电压的范围。

(2)当输入的数字量为 80H 时,对应的模拟输出电压为 3 V,则参考电压 U_{REF} 的大小为多少?

7.5 倒 T 形电阻网络 D/A 转换器的特点有哪些?

7.6 某数字系统中有一个 D/A 转换器,如果希望该系统 D/A 转换器的转换误差不大于 0.45%,至少应选择多少位的 D/A 转换器才能满足要求?

7.7 已知输入模拟信号的最大幅值为 4.85 V,现通过 A/D 转换器将其转换为数字信号,要求最小能分辨出 5 mV 输入信号的变化,试选择所用 A/D 转换器的位数。

7.8 已知输入模拟电压 $u_I = 4.89$ V,参考电压 $U_{REF} = 5$ V,如果选用 8 位逐次逼近型 A/D 转换器,对应的数字量输出为多少?如果选用 10 位的逐次逼近型 A/D 转换器,对应的数字量输出为多少?

7.9 8 位逐次逼近型 A/D 转换装置所用时钟频率为 2 MHz,则完成一次转换所需时间是多少?应选多大采样频率?为保证不失真输出,输入信号的频率最高不应超过多大?

7.10 已知 8 位 A/D 转换器的最大输出电压为 10 V,现在对输入信号幅值为 0.35 V 的电压进行模数转换,请问可以实现正确转换吗?如果使用的是逐次逼近型转换器,要求完成一次转换的时间小于 100 μs,应选用多大的时钟频率?

模块 8
半导体存储器和可编程逻辑器件

◀ **学习目标**

（1）了解可编程逻辑器件的种类；

（2）了解数字电路的发展趋势；

（3）掌握仿真软件中可编程逻辑器件的识别；

（4）能使用仿真软件在仿真中用可编程逻辑器件实现计数器。

◀ 学习任务 1　半导体存储器 ▶

　　存储器是数字计算机和其他数字系统中存放信息的重要器件,正是有了存储器,数字系统才有了记忆能力,可以对数字信息进行有条不紊的运算和处理。随着大规模集成电路的发展,半导体存储器因具有集成度高、功耗低、存取速度快、使用寿命长等特点,已广泛应用于各种数字系统中。

　　半导体存储器按功能和存储信息的原理,分为只读存储器 ROM(read-only memory)和随机存取存储器 RAM(read access memory)两类。只读存储器 ROM 是一种只能读出但不能写入的存储器。即使断电,ROM 中存放的数据也不会丢失,所以 ROM 通常用来存放永久性的、不变的数据。随机存取存储器 RAM 是一种既可以读、又可以写的存储器,这种存储器断电后,数据将全部丢失,用于存放一些临时性的数据或中间结果。

一、只读存储器

　　早期的只读存储器 ROM 存储的内容是固定不变的,信息一旦写入后就固定下来,即使切断电源,信息也不会丢失,所以又称为固定存储器。根据编程和擦除方法的不同,ROM 可分为掩膜 ROM、可编程只读存储器 PROM、可擦除可编程只读存储器 EPROM、电可擦除只读存储器 EEPROM 和闪存 Flash 等不同类型。

1. 只读存储器 ROM 的基本结构

ROM 由地址译码器、存储矩阵和读出电路三部分组成,其基本结构图如图 8-1 所示。

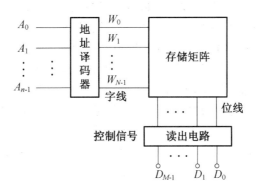

图 8-1　ROM 的基本结构图

　　$A_{n-1}\cdots A_1A_0$ 为输入的地址码。$W_0,W_1,\cdots,W_{N-1}$ 称为字单元的地址选择线,简称字线。$D_0,D_1,\cdots,D_{M-1}$ 称为输出信息的数据线,简称位线。地址译码器的作用是将输入的地址译成相应的控制信息码,利用这个控制信号从存储矩阵中把指定的单元选出,并把其中的数据送到读出电路。也就是说,根据输入的地址码 $A_{n-1}\cdots A_1A_0$,从 $W_0,W_1,\cdots,W_{N-1}$ 共 $N=2^n$ 条字线中选择一条字线,被选中的那条字线所对应的字单元中的各位数码便经过位线 $D_0,D_1,\cdots,D_{M-1}$ 传送到数据输出端。读出电路的作用有两个:一是提高存储器的带负载能力;二是实现对输出状态的三态控制,以便于系统的总线连接。

存储矩阵是存储器的主体部分,由存储单元组成。一个存储单元只能存储 1 位二进制数 1 或 0。存储器的容量可用存储单元的数量来表示,一个具有 N 条字线和 M 条位线的存储器,其存储容量为:存储容量＝字线数×位线数＝$N \times M$(位)。

2. 只读存储器 ROM 的工作原理

以掩膜 ROM 为例,介绍只读存储器 ROM 的工作原理。图 8-2(a)所示为二极管 ROM 的原理图,其存储容量为 4×4。

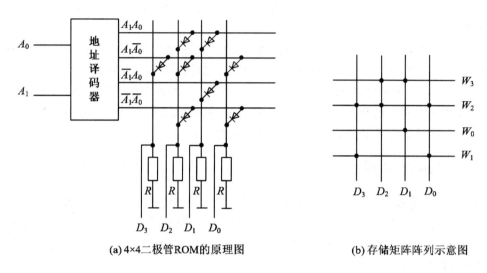

(a) 4×4二极管ROM的原理图　　　　　(b) 存储矩阵阵列示意图

图 8-2　只读存储器 ROM 原理图

读数主要是根据地址码将指定存储单元中的数据读出来。例如,当地址码 $A_1 A_0 = 00$ 时,只有字线 W_0 为高电平,其他字线均为低电平,故只有与字线 W_0 相连接的两个二极管导通,此时,输出 $D_3 D_2 D_1 D_0 = 0101$;同理可知,当地址码 $A_1 A_0 = 01$、10、11 时,$D_3 D_2 D_1 D_0$ 依次输出为 0010、1101、0110。由此可见,在字线和位线的交叉处接有二极管时表示存储信息为 1,在字线和位线的交叉处没有二极管时表示存储信息为 0。因此,可以用简化的阵列图来表示存储矩阵中的存储信息,如图 8-2(b)所示。在该阵列图中,每个交叉点表示一个存储单元,有二极管的存储单元用黑点"·"表示,意味该存储单元中存储的数据是 1;没有二极管的存储单元不用黑点"·"表示,意味该存储单元中存储的数据是 0。

存储矩阵也可由双极型三极管或 MOS 型场效应管构成。字线和位线的交叉处接有三极管或场效应管时表示存储信息为 1;不接时表示存储信息为 0。它们的工作原理与二极管 ROM 相似。

3. ROM 的分类

最早研制的 ROM 需要用专用工具写入数据,而且不可修改,现在研制的 ROM 使用起来更加方便,可以随时修改数据和重新写入数据。根据编程和擦除的方法不同,ROM 可分为以下几种类型。

1) 掩膜 ROM

掩膜 ROM 中存放的信息是由生产厂家采用掩膜工艺专门为用户制作的,这种 ROM 出厂时其内部的信息就已经固化了,所以也称为固定 ROM。它在使用时只能读出,不能写入,通常用来存放固定数据,如电视机、洗衣机等微处理器使用的控制程序等,适合产品的大批量生产,成本低廉。但由于存储数据在生产芯片时就已经固化了,用户无法更改其内部存储内容,从而无法对成型产品进行升级等操作。

2) 可编程只读存储器(programmable ROM,PROM)

用户可直接写入信息的只读存储器,称为可编程只读存储器,简称 PROM。向芯片写入信息的过程称为对存储器芯片编程。PROM 是在固定 ROM 的基础上发展来的,其存储单元的结构仍然是用二极管、晶体管作为受控开关,不同的是在等效开关电路中串接了一个熔丝。在 PROM 中,每个字线和位线的交叉点都接有一个这样的熔丝,在没有编程前,全部熔丝都是连通的,所有存储单元都相当于存储了 1。对 PROM 的编程是通过计算机在编程器上进行的,使用时,当需要将某些单元改写为 0 时,则只要给这些单元通以足够大的电流,把熔丝烧断即可。PROM 的熔丝被熔断不能恢复,因而只能编程一次,一旦编好,就不能再修改,所以又称为一次编程型 ROM。由于熔丝开关占用较大的芯片面积,不利于集成,这种方法适合定型产品的小批量生产。PROM 的存储单元结构如图 8-3 所示。

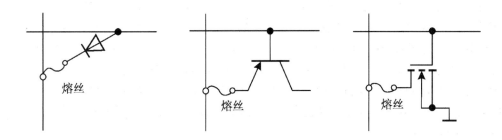

图 8-3 **PROM 的存储单元结构**

3) 可擦除可编程只读存储器(erasable programmable ROM,EPROM)

可擦除可编程只读存储器可实现多次编程,它允许对芯片进行反复改写,即可以把写入的信息擦除,然后再重新写入信息。因此,这种芯片用于开发新产品,或对设计进行修改都很方便经济,并且降低了用户的风险。芯片写入信息后,在使用时,仍然是只能读出,不再写入,所以仍属于只读存储器。

EPROM 采用紫外线擦除方式。它的存储单元结构是用一个特殊的浮栅 MOS 管。它在专用的编程器下,用幅度较大的编程脉冲作用后,使浮栅中注入电荷,成为永久导通态,相当于熔丝接通,存储信息 1。如将它置于专用的紫外线擦除器中受强紫外线照射后,可消除浮栅中的电荷,成为永久截止态,相当于熔丝断开,从而擦除信息 1,而成为存储了信息 0。这种电写入、紫外线擦除的只读存储器芯片上的石英窗口,就是供紫外线擦除芯片用的。在向 EPROM 芯片写入信息后,一定要用不透光材料将石英窗口密封,以防紫外线照射,丢失芯片内的信息。由于具有擦除功能,因此非常适合进行产品开发,现在由于新器件的出现,已很少使用。

4) 电可擦除只读存储器(electrical erasable programmable ROM,EEPROM)

电可擦除只读存储器采用电信号擦除方式,它的存储结构类似于 EPROM,只是它的浮栅上增加了一个隧道二极管,利用它由编程脉冲控制向浮栅注入电荷或消除电荷,使它成为导通态或截止态,从而实现电写入信息和电擦除信息。EEPROM 可以对存储单元逐个擦除改写,因此它的擦除与改写可以边擦除边写入一次完成,速度比 EPROM 快得多,可重复改写的次数也比 EPROM 多,通常可达 10^6 次。电可擦除只读存储器可用于智能卡等断电后仍然需要保存信息的场合。

5）快闪存储器（Flash）

快闪存储器是新一代电信号擦除的可编程 ROM,于 20 世纪 80 年代末期问世。它的写入方法和 EPROM 相同,即利用雪崩注入的方法使浮栅充电。擦除方法是利用隧道效应进行的。它的存储结构类似于 EPROM,但采用单管叠栅结构的存储单元,因此集成度可以做得很高,容量做得很大,擦除快捷方便。快闪存储器在编程时是以字节或字进行的,需要对存储器选址,而在擦除时是以块（block）进行的,不要选址,因此在擦除时速度非常快,已达到可在线随机读写状态。因此它非常适合用在移动设备上,如笔记本电脑、相机和手机等。闪存的一个典型应用 U 盘已经成为计算机系统之间传输数据的常用方式,并且在越来越多的高科技产品如数码相机、移动电话、汽车导航等中得到广泛应用。

4. ROM 的应用

在数字系统中,ROM 的应用十分广泛,可以实现组合逻辑函数、存储计算机的数据和程序等功能。ROM 的地址译码器是一个全译码器,它可以产生对应于地址码的全部最小项,是与阵列,可以实现对输入变量的与运算;而存储矩阵为或阵列,实现了对有关字线变量的或运算。因此,ROM 实际上是由与阵列和或阵列构成的组合逻辑电路,可方便地实现与-或逻辑功能。而所有的组合逻辑函数都可变换为标准与-或式,所以都可以用 ROM 实现。实现的方法就是把逻辑变量从地址线输入,把逻辑函数值写入相应的存储单元中,而数据输出端就是函数输出端。

例 8.1.1 试用 ROM 实现下列逻辑函数:
$$Y_1=\overline{A}BC+A\overline{B}C+AB\overline{C}+ABC \quad Y_2=\overline{A}\,\overline{B}+AC+BC$$

解 （1）将函数化为标准与-或式,即
$$Y_1=\overline{A}BC+A\overline{B}C+AB\overline{C}+ABC$$
$$Y_2=\overline{A}\,\overline{B}\,\overline{C}+\overline{A}\,\overline{B}C+ABC+\overline{A}BC+A\overline{B}C$$

（2）确定存储单元内容。由函数最小项表达式可知函数 Y_1 有 4 个存储单元为 1,Y_2 有 5 个存储单元为 1。

（3）画出用 ROM 实现的逻辑图,如图 8-4 所示。

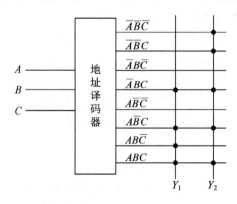

图 8-4 例 8.1.1 的阵列图

利用 ROM 不仅可实现逻辑函数,而且可以用来构成序列信号发生器和字符发生器,以

及存放数学函数表(如快速乘法表、指数表、对数表、三角函数表)等。

5. 集成电路 ROM

常用的 EPROM 典型芯片有 2716(2K×8)、2732A(4K×8)、2764(8K×8)、27128(16K ×8)、27256(32K×8)和 27512(64K×8)等;EEPROM 的典型芯片有 2864(8K×8)、28C010 (1 兆)、28C020(2 兆)等。EPROM 基本电路结构的差别不大,现以 Intel 2716 为例,介绍集成电路 ROM 的结构及其工作原理。

1) 电路结构

Intel 2716 EPROM 的内部结构框图如图 8-5(a)所示,图 8-5(b)为其引脚图。它由存储矩阵、地址译码器、数据输出电路和控制电路等组成。它有 $A_{10} \sim A_0$ 共 11 位地址码,其中 $A_3 \sim A_{10}$ 是 8 位行地址码,可译出 $2^8 = 256$ 条行地址线;$A_2 \sim A_0$ 是 3 位列地址码,它通过 8 个 8 选一数据选择器从 64 条位线中选出 8 条位线组成一个字输出。当给定地址码后,由行译码器选中某一行,再由列译码器通过 8 个数据选择器选出 8 位数据,经输出电路输出。

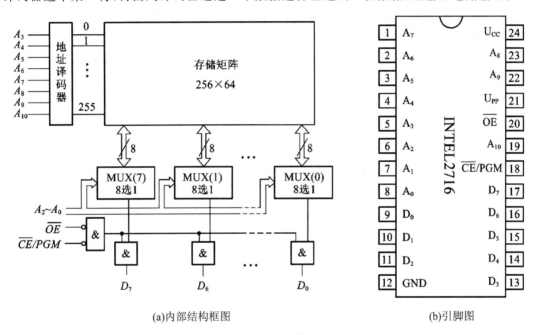

(a)内部结构框图   (b)引脚图

图 8-5 EPROM 芯片 2716 的基本结构图和引脚图

通常用位(bit)和字节(byte)作为存储器的存储单位。位用来表示一个二进制信息的 0 和 1,是最小的存储单位。在微型计算机中信息大多以字节形式存放。一个字节由 8 个信息位组成;字是计算机进行数据处理时,一次存取、加工和传递的一组二进制位,它的长度是字长。字长是衡量计算机性能的一个重要指标。2716EPROM 是 8 位存储器(每个字 8 位),也即字长 8 位。它的存储容量为 $2^{11} \times 8 = 2\ 048 \times 8$(位)(习惯上记为 2K×8),即它的存储矩阵有 16K 个存储单元。

2716EPROM 的引脚功能如下:

$A_{10} \sim A_0$ 为地址码输入端。

$D_7 \sim D_0$ 为 8 位数据线。正常工作时为数据输出端,编程时为写入数据输入端。

U_{CC} 和 GND 为 +5 V 工作电源和接地。

$\overline{\text{CE}}$/PGM 具有两种功能。一是在正常工作时,为片选使能端,低电平有效。$\overline{\text{CE}}$/PGM =0 时,芯片被选中,处于工作状态;$\overline{\text{CE}}$/PGM=1 时,芯片处于维持态。二是在对芯片进行编程时,为编程控制端。

$\overline{\text{OE}}$为输出允许端,低电平有效。当$\overline{\text{OE}}$=0 时,允许读出数据;当$\overline{\text{OE}}$=1 时,不能读出。

U_{pp}为编程高电压输入端。编程时,加+25 V 电压;正常工作时,加+5 V 电压。

2)工作方式

根据$\overline{\text{CE}}$/PGM、$\overline{\text{OE}}$和 U_{PP} 的不同组态,2716EPROM 有五种工作方式。

(1)读数据方式:当$\overline{\text{CE}}$/PGM=0,$\overline{\text{OE}}$=0,并且有地址码输入时,从 $D_7 \sim D_0$ 读出该地址单元的数据。

(2)维持方式:当$\overline{\text{CE}}$/PGM=1 时,数据输出端 $D_7 \sim D_0$ 呈高阻状态,此时芯片处于维持状态,电源电流下降到维持电流 25 mA 以下。

(3)编程方式:当$\overline{\text{OE}}$=1,在 U_{PP} 加入 25 V 编程电压,在地址线上输入单元地址,数据线上输入要写入的数据后,在$\overline{\text{CE}}$/PGM 端输入 50 ms 宽度的编程正脉冲,数据就被写入由地址码确定的存储单元中。

(4)编程禁止方式:在编程方式下,如果$\overline{\text{CE}}$/PGM 端不输入编程正脉冲,而保持低电平,则芯片不能被编程,此时为编程禁止方式,数据端为高阻隔离状态。

(5)编程校验方式:当 U_{PP}=+25 V,$\overline{\text{CE}}$/PGM 和$\overline{\text{OE}}$均为有效低电平时,输入地址码时,则可以直接读出存储单元的数据,以便校验。

上述工作方式特点归纳如表 8-1 所示。

表 8-1　Intel 2716 EPROM 的工作方式

工作方式	$\overline{\text{CE}}$/PGM	$\overline{\text{OE}}$	U_{PP}	数据输出端
读数据	0	0	+5 V	数据输出
读数据禁止	0	1	+5 V	高阻隔离
维持	1	×	+5 V	高阻隔离
编程写入	50 ms 脉冲	1	+25 V	数据写入
编程禁止	0	1	+25 V	高阻隔离
编程校验	0	0	+25 V	数据输出

二、随机存取存储器 RAM

随机存取存储器 RAM 可以在任意时刻,对任意选中的存储单元进行信息的写入和读出操作。与只读存储器相比,随机存取存储器最大的优点是存取方便、使用灵活,缺点是一旦断电,所存内容全部丢失。

1. RAM 的基本结构和工作原理

随机存取存储器 RAM 由存储矩阵、地址译码器和读/写控制电路组成,其基本结构如图 8-6 所示。

$A_{n-1}\cdots A_1 A_0$ 为输入的地址码,$W_0, W_1, \cdots, W_{N-1}$ 为字单元的地址选择线(字线),D_0,

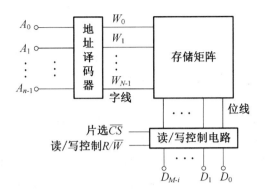

图 8-6 RAM 的基本结构

$D_1, \cdots, D_{M-1}$ 为输出信息的数据线(位线)。通常信息的读出和写入以字为单位,为了区别各个不同的字,给每个字都赋予一个唯一的编号,这个编号称为地址。地址的选择通过地址译码器来实现。地址译码器分为行地址译码器和列地址译码器,行地址译码器和列地址译码器的输出即为行、列选择线,由它们共同确定欲选择的地址单元。

如图 8-7 所示是容量为 1 024×4(1K×4,有 1K 个字,每个字 4 位)的 RAM 存储矩阵。因为 $2^{10}=1\,024$,故 1 024 个字需要 10 位二进制地址码 $A_9 \sim A_0$。地址码的低 6 位 $A_5 \sim A_0$ 经行地址译码器译码后产生 64 根行选择线 $X_0 \sim X_{63}$。地址码的高 4 位 $A_9 \sim A_6$ 经列地址译码器译码后产生 16 根列选择线 $Y_0 \sim Y_{15}$,每根列线同时选中 4 位存储单元,只有被行选择线和列选择线都选中的单元才能被访问。例如,当输入地址码 $A_9 \sim A_0 = 1100001101$ 时,$Y_{12}=l$、$X_{13}=1$,位于 Y_{12} 和 X_{13} 交点处的字单元可以进行读写操作,而其他单元未被选中。

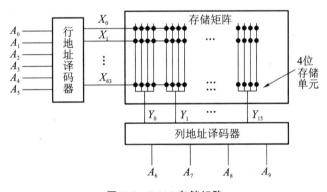

图 8-7 RAM 存储矩阵

由图可见,对于容量为 1 024×4 的 RAM,共有 4 096 个存储单元,每个存储单元可以存储一位二进制数(1 或 0)。这些存储单元构成 n 行×m 列存储矩阵,通常排列成此处的 64 行×64 列的矩阵形式。

数字系统中的 RAM 一般由多片组成,而系统每次读/写时,只对其中的一片(或几片)进行读/写。在每片 RAM 上均加有片选信号 $\overline{CS}$,只有 $\overline{CS}=0$ 的 RAM 芯片才被选中,可以进行读/写操作;$\overline{CS}=1$ 的 RAM 芯片,其 I/O 端为高阻状态,不能进行任何操作。读/写操作利用控制信号 $R/\overline{W}$ 来完成,是分时进行的,当读/写控制信号 $R/\overline{W}=1$ 时,执行读操作,将存储单元里的数据送到输入/输出端上;当 $R/\overline{W}=0$ 时,执行写操作,加到输入/输出端上的数据被写入存储单元中。

2. RAM 存储单元的类型

根据所采用的存储单元工作原理的不同,随机存储器分为静态存储器 SRAM(static random access memory)和动态存储器 DRAM(dynamic random access memory)两种类型。

1) 静态随机存取存储器 SRAM

静态存储单元由触发器和门控管组成,基本结构和 ROM 相类似。静态存储单元靠触发器的自保功能存储数据。存储单元使用的触发器是由引线将 4～6 个晶体管连接而成,无须刷新,这使得静态 RAM 要比动态 RAM 快得多。但是由于构造比较复杂,静态 RAM 单元要比动态 RAM 占据更多的芯片空间,因此静态 RAM 的价格也要贵得多。

SRAM 的存储单元有 CMOS 型、NMOS 型和双极型等。双极型存储单元的工作速度快,但工艺复杂、功耗大、成本高,仅用于工作速度要求较高的场合;CMOS 型存储单元具有微功耗、集成度高的特点,尤其在大容量存储器中,这一特点越发具有优势,因此大容量静态存储器都采用 CMOS 型的存储单元。

2) 动态随机存取存储器 DRAM

动态存储单元是由 MOS 管的栅极电容和门控管组成的。数据以电荷的形式存储在栅极电容上,电容上的电压高表示存储数据 1;电容没有储存电荷,电压为 0,表明存储数据 0。尽管 MOS 管的栅极电阻很高,但仍不可避免地存在漏电,使电容存储的信息不能长久保持。为防止信息丢失,就必须定时地给电容补充电荷,这种操作称为"刷新",正是由于需要不断地刷新,所以才称为动态存储。由于动态存储器存储单元的结构非常简单,所以它能达到的集成度远高于静态存储器;但是动态存储器的存取速度不如静态存储器快。

总之,静态 RAM 速度快但价格贵,动态 RAM 要便宜一些,但速度慢,因此,静态 RAM 常用来组成 CPU 中的高速缓存,而动态 RAM 能组成容量更大的系统内存空间。

3. 集成静态存储器 SRAM

常用的集成静态存储器 SRAM 典型芯片有 2114(1K×4)、6116(2K×8)、6264(8K×8)等。以 Intel 2114A 为例,介绍一下 SRAM 的电路结构及其工作原理。

1) 电路结构

Intel 2114A 是单片 1K×4 位(有 1K 个字,每个字 4 位)的静态存储器(SRAM)。它是双列直插 18 脚封装器件,采用 5 V 供电,与 TTL 电平完全兼容。图 8-8 所示为集成静态存储器 2114A 的电路结构框图和引脚图。

2114A 的存储器由 CMOS 6 管静态存储单元组成,排列成 64×64 的矩阵,其中每一行存储单元又分成 16 个字,每个字 4 位。它有 10 条地址线,对应于 $A_9 \sim A_0$ 十位地址码,其中 $A_8 \sim A_3$ 为 6 位行地址码,经行译码器译码后产生 $2^6 = 64$ 条行选择线,每次选中存储矩阵中的一行。$A_2 \sim A_0$ 和 A_9 为 4 位列地址码,经列地址译码器译码后产生 $2^4 = 16$ 条列选择线,每条列选线同时选中 4 位(4 列)存储单元,即选中一个字,因此每次同时对 4 位数进行读/写操作,总存储容量为 $64 \times 16 \times 4 = 1\ 024 \times 4$ 位,习惯上称为 1K×4 位。

2114A 的引脚功能如下:

$A_9 \sim A_0$ 为地址码输入端。

$I/O_3 \sim I/O_0$ 为 4 条双向数据线。

$\overline{CS}$ 为片选控制信号,低电平有效。

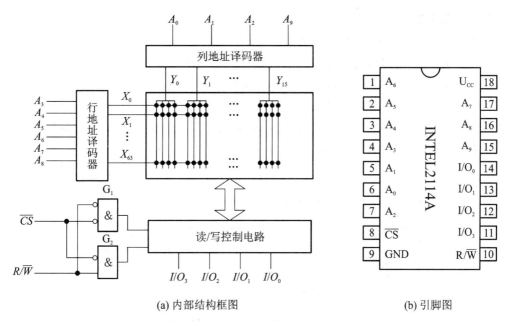

(a) 内部结构框图　　　　　　　　　(b) 引脚图

图 8-8　集成静态存储器 2114A 的电路结构框图和引脚图

R/$\overline{W}$ 为读写控制信号,当 R/$\overline{W}$ 为高电平时,读出数据;当 R/$\overline{W}$ 为低电平时,向存储单元中写入数据。

U_{CC} 和 GND 为＋5 V 工作电源和接地端。

2) 工作方式

读/写操作由片选信号 $\overline{CS}$ 和读写信号 R/$\overline{W}$ 控制。$\overline{CS}$ 决定芯片是否工作,当 $\overline{CS}$ 为高电平时,门 G_1、G_2 输出均为 0,使读/写控制电路处于禁止状态,不能对芯片进行读/写操作;只有当 $\overline{CS}$＝0 时,芯片才允许读/写操作。此时,R/$\overline{W}$ 控制读/写操作,当 R/$\overline{W}$＝0 时,G_2 门输出低电平,G_1 门输出高电平,控制读/写电路进行写入操作,外部数据被写入到存储单元中;当 R/$\overline{W}$＝1 时,G_1 门输出低电平,G_2 门输出高电平,控制读/写电路进行读操作,存储单元中的数据被读出。具体状态如表 8-2 所示。

表 8-2　2114A 的工作方式

工作方式	$\overline{CS}$	R/$\overline{W}$	$I/O_4 \sim I/O_1$
未选中	1	×	高阻
读操作	0	1	输出
写操作	0	0	输入

三、存储器容量的扩展

在数字系统或计算机中,单片存储器芯片往往不能满足存储容量的要求,这时可把若干存储器芯片进行组合,扩展成大容量存储器。存储器容量的扩展方法主要有位扩展和字扩展两种。

1. 位扩展方式

当存储器的字数够用，而每个字的位数不够用时，可以通过把地址线并接进行位扩展，从而组成位数更多的存储器。下面以 RAM 的位扩展为例来说明其连接方法。如图 8-9 所示，Intel 2114A 的存储容量为 $1K\times4$ 位，用 2 片 Intel 2114A 按照图中连线方法，就可以扩展成一个 $1K\times8$ 位的 RAM。因此，位扩展实际上就是把几片相同 RAM 的地址线、片选控制线 $\overline{CS}$、读/写控制线 $R/\overline{W}$ 相应地并接在一起，而每个芯片的输入/输出双向数据线作为扩展后字的各个位线，这样就实现了位扩展。

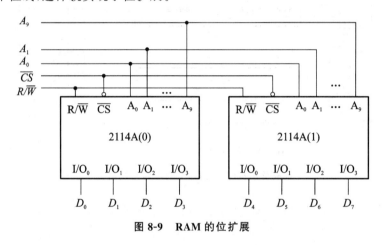

图 8-9 RAM 的位扩展

ROM 芯片没有读/写控制线 $R/\overline{W}$，在进行位扩展时其余引出端的连接方法和 RAM 完全相同，只是不需要考虑读/写控制线 $R/\overline{W}$ 了。

2. 字扩展方式

当存储芯片每个字的位数够用，而字数不够时，就要进行字扩展，从而组成字数更多的存储器。同样，下面以 RAM 为例来说明字扩展的连接方法。字扩展是通过外加译码器来控制芯片的片选端 $\overline{CS}$ 来选择不同的芯片进行工作的。如图 8-10 所示，用 8 片 $1K\times4$ 位的 Intel 2114A 扩展为 $8K\times4$ 位存储器，把数据线并接在一起作为共用输入输出端（位不变），读/写控制线 $R/\overline{W}$ 也并接在一起。由于需要选择 8 片 RAM 分别工作，需要再增加 3 位地址线 $A_{10}\sim A_{12}$，通过一个 3 线-8 线译码器 74LS138，将译码器的 8 个输出端分别控制 8 片 RAM 的片选端 $\overline{CS}$。这样，当输入一组地址时，由于译码器的作用，只有一个芯片被选中，从而实现字扩展。可见，实现字扩展实质上就是将地址线加以扩展，用扩展的地址线通过译码器去控制各片 RAM 的片选信号。

ROM 芯片没有读/写控制线 $R/\overline{W}$，因此在进行字扩展时也不需要考虑读/写控制线，其余引出端的连接方法则与 RAM 完全相同。

3. 同时位扩展和字扩展方式

存储器芯片的字长和容量均不符合存储器系统的要求时，应将位扩展和字扩展两种方法结合起来，从而满足存储容量的要求。例如，用 $1K\times4$ 的 2114A 芯片扩展成 $2K\times8$ 的存储器系统。由于芯片的字长为 4 位，因此首先需要采用位扩展的方法，用两片芯片扩展成 $1K\times8$ 的存储器；然后再采用字扩展的方法来扩充容量，使用两组经过上述位扩展的 $1K\times8$ 的芯片组来完成，即可得到 $2K\times8$ 的存储器系统。

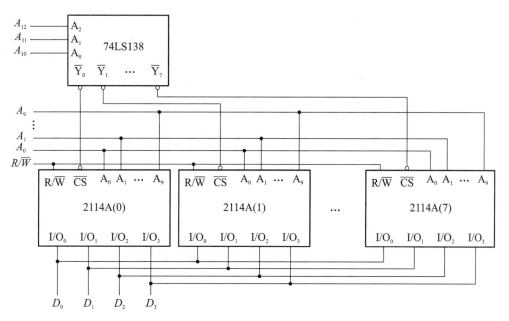

图 8-10　RAM 的字扩展

◀ **学习任务 2　可编程逻辑器件** ▶

一、可编程逻辑器件概述

1. 可编程逻辑器件的发展概况

集成电路问世以来,电子技术发生了巨大的变化。随着微电子技术和计算机技术的发展,集成电路不断更新换代,电子电路的设计方法和设计手段也发生了很大变化。数字集成电路根据逻辑功能的特点,可以分为通用型和专用型两类。通用型又称标准型或者非用户定制器件,中、小规模数字集成电路(如 74 系列及其改进系列、CC4000 系列、74HC 系列等)都属于通用型数字集成电路。这类器件逻辑功能比较简单且固定不变,但因集成度低而功能有限,构成系统时灵活性差,芯片间往往有大量的连线,最终导致系统可靠性差,费用高,功耗和体积大等缺点。20 世纪 70 年代中期,专用集成电路 ASIC(application specific integrated circuit)问世,ASIC 有全定制和半定制两种类型。全定制 ASIC 是按照特定电路的功能而专门制造的。半定制 ASIC 是按一定规格预先加工好的半成品芯片,然后按具体要求进行加工和制造的。可编程逻辑器件(programmable logic device,PLD)是厂家作为通用器件生产的半定制 ASIC,由用户利用软、硬件工具对器件进行设计和编程,使之实现所需要的逻辑功能。PLD 的出现为数字系统设计带来了崭新的变化。传统的设计方法是对电路板进行设计,器件种类多,连线复杂,系统板体积大,可靠性差。利用电子设计自动化(electronic design automation,EDA)软件进行 PLD 开发,是通过设计芯片来实现系统功能,增强了设计的灵活性,可减少芯片数量、缩小系统体积、降低功耗、提高系统的速度和可靠性。熟练地利用 EDA 软件进行 PLD 开发已成为电子工程师必须掌握的基本技能。

PLD 经历了从低密度可编程逻辑器件(low-density PLD,LDPLD)到高密度可编程逻辑器件(how-density PLD,HDPLD)的发展。最早出现的是可编程只读存储 PROM,之后出现可编程逻辑阵列(PLA)、可编程阵列逻辑(PAL)和通用阵列逻辑(GAL),这四种 PLD 结构简单,具有成本低、速度高、设计简便等优点,但规模较小,难以实现复杂的逻辑功能,它们都属于低密度可编程逻辑器件。20 世纪 80 年代后期出现的复杂可编程逻辑部件(complex programmable logic device,CPLD)、现场可编程门阵列(field programmable gate array,FPGA)等属于高密度可编程逻辑器件。

2. 可编程逻辑器件的特点

PLD 具有以下几个特点。

1) 功能集成度高

单片 PLD 可替代多个中小规模集成电路芯片。使用 PLD 能减少芯片数量,降低功耗,提高系统可靠性。

2) 开发效率高

由于 PLD 的可编程特性和灵活性,用它来设计一个系统的时间远远小于传统设计所需的时间;同时,在现场设计过程中,修改电路的逻辑功能也十分方便,可以在任意阶段修改设计方案的某些任意部分,而不需要增加器件。这可充分发挥设计者的创造性,设计出更好的电子产品。

3) 系统工作速度快

采用 PLD 可以简化系统设计,降低系统成本。使用 PLD 的"与或"两级结构设计比 SSI、MSI 器件设计时所用器件少,从而减少了级间延迟时间和器件的测试时间。随着新型工艺的应用,PLD 的集成密度不断提高,集成元件尺寸不断减小,寄生电容量降低,大大提高了元件的工作速度。

3. 可编程逻辑器件的表示方法

逻辑电路通常用逻辑图来表示,而传统的表示方法对于大规模集成电路的描述很困难。因此,一般在 PLD 中有专用的简化表示方法。

1) 输入、输出缓冲器

图 8-11 (a)所示为输入缓冲器的画法,输入信号 A 经过缓冲器后,在输出端产生互补的原变量 A 和反变量 $\overline{A}$,如图 8.11(b)所示为三态输出缓冲器。

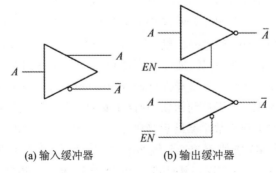

(a) 输入缓冲器　　　　　(b) 输出缓冲器

图 8-11　输入输出缓冲器表示法

2）与门表示法

图 8-12 所示为一个 4 输入端的与门，竖线为 4 个输入信号 A、B、C、D，用与横线交叉的点的状态表示相应输入信号是否接到了该与门的输入端上。其中，交叉点为黑点"·"表示固定连接，不能通过编程改变；交叉点为"×"表示可编程连接，可以通过编程将其断开；在交叉点若无黑点或"×"，则表示断开。图中，如果编程连接点没有断开，则输出为 $Y = ABC$；如果编程连接点断开了，则输出为 $Y = AC$。

3）或门表示法

图 8-13 所示为一个 4 输入端的或门，交叉点状态的表示方法同与门相似。如果编程连接点没有断开，则输出为 $Y = A + B + C$；如果编程连接点断开了，则输出为 $Y = A + C$。

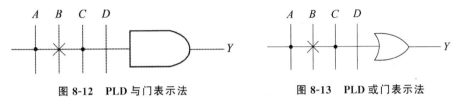

图 8-12　PLD 与门表示法　　　　　图 8-13　PLD 或门表示法

4. 可编程逻辑器件的基本结构

PLD 的基本结构如图 8-14 所示。电路的主体是由与门和或门构成的"与阵列"和"或阵列"，可以实现组合逻辑函数。输入电路由缓冲器组成，可以使输入信号具有足够的驱动能力，并产生互补的原变量和反变量。输出电路可以提供不同的输出结构，可以直接输出（组合方式），也可以通过寄存器输出（时序方式）。输出端一般采用三态输出结构，可以通过三态门控制数据直接输出或反馈到输入端。

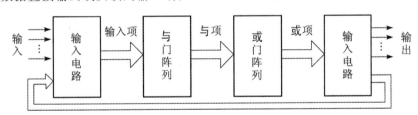

图 8-14　PLD 的基本结构

二、低密度可编程逻辑器件及其应用

低密度可编程逻辑器件有可编程只读存储 PROM、可编程逻辑阵列 PLA、可编程阵列逻辑 PAL 和通用阵列逻辑 GAL。表 8-3 列出这四种 PLD 的结构特点。

表 8-3　四种 PLD 的结构特点表

器件名	与阵列	或阵列	输出电路	编程方式
PROM	固定	可编程	固定	熔丝
PLA	可编程	可编程	固定	熔丝
PAL	可编程	固定	固定	熔丝
GAL	可编程	固定	可组态	电可擦除

表中 PROM、PAL、GAL 只有一种阵列可编程,所以又称为半场可编程逻辑器件;而 PLA 两个阵列均可编程,故称为全场可编程逻辑器件。PROM、PLA、PAL 采用的都是熔丝编程方式,熔丝熔断后就不能恢复,因而只能编程一次;而且,熔丝开关要占用较大的芯片面积,不利于集成度的提高。GAL 采用的是电可擦除的编程方式,不仅可以反复编程,而且节省了芯片的面积,利于集成度的提高。

1. PROM 及其应用

PROM 由固定的与阵列和可编程的或阵列构成,如图 8-15(a)所示为 PROM 的逻辑图。在 PLD 中,由于缓冲器、与阵列、或阵列间的相互关系固定,缓冲器、与阵列、或阵列的符号可以省略不画,故可用图 8-15(b)表示 PROM 的简化阵列图。

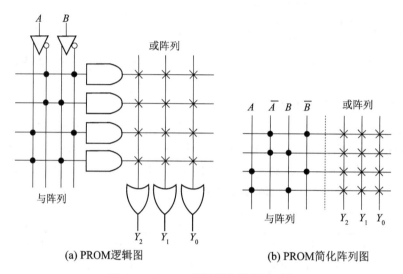

(a) PROM逻辑图　　　　　　(b) PROM简化阵列图

图 8-15　PROM 逻辑图和简化阵列图

PROM 可以作为计算机中的存储器,也可以方便地实现任何组合逻辑函数。

例 8.2.1　用 PROM 实现逻辑函数:

$$Y_1 = AC + \overline{B}C \qquad Y_2 = \overline{A}\,\overline{B} + AC + BC$$

解　(1)将函数化为标准与-或式,即

$$Y_1 = ABC + A\overline{B}C + \overline{A}\,\overline{B}C \qquad Y_2 = \overline{A}\,\overline{B}\,\overline{C} + \overline{A}\,\overline{B}C + ABC + \overline{A}BC + A\overline{B}C$$

(2)确定存储单元内容。由函数最小项表达式可知函数 Y_1 和 Y_2 相应的存储单元中各有 4 个存储单元为 1。

(3)画出用 ROM 实现的逻辑图,如图 8-16 所示。

用 PROM 实现组合逻辑函数的方法与 ROM 相同。PROM 采用熔丝编程方式,编程前,PROM 的存储矩阵中所有熔丝都是通的,即存储单元存 1。交叉点表示存储单元,这时或阵列的全部交叉点为"×",是可编程的。对或阵列进行编程后,部分存储单元的熔丝熔断了,存储单元改写为 0,其对应的交叉点上的"×"没有了,表示断开。PROM 的与阵列是一个全译码的阵列,当输入变量为 n 时,与阵列的规模为 2^n,有部分的输入组合在实现逻辑功能时并没有用到。当输入信号较多时,PROM 实现函数的效率很低。

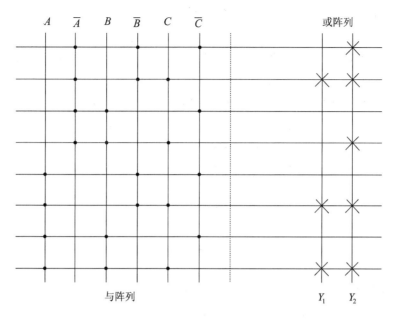

图 8-16　例 8.2.1 的阵列图

2. PLA 及其应用

　　PLA 由可编程的与阵列和可编程的或阵列构成,图 8-17 所示为 PLA 的阵列结构图。PLA 的与阵列不要求像 PROM 一样实现全译码,而是实现部分译码。PLA 的与阵列和或阵列都可以按需要产生任意的与项和或项。因此,PLA 可以实现逻辑函数的最简与或表达式,器件的利用率比 PROM 高。但可编程开关占用较多的芯片面积,引起较大的信号延迟,不利于器件的集成;而且 PLA 的价格贵,编程工具也比较贵。

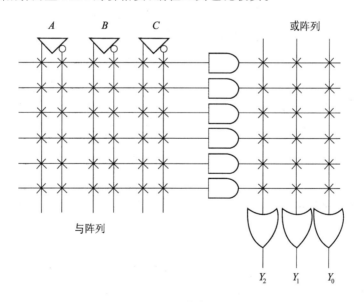

图 8-17　PLA 的阵列结构图

例 8.2.2 用 PLA 实现例 8.2.1 的逻辑函数：

$$Y_1 = AC + \overline{B}C \qquad Y_2 = \overline{A}\,\overline{B} + AC + BC$$

根据逻辑函数表达式，只需要 5 个与门和 2 个或门，就可以实现逻辑函数。先在与阵列中按所需的与项编程，再在或阵列中按函数的最简与或表达式编程，如图 8-18 所示。与例 8.2.1 相比较，对于同一组逻辑函数，用 PLA 比用 PROM 的利用率要高。

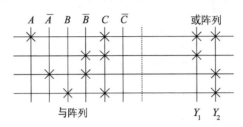

图 8-18　例 8.2.2 的阵列图

3. PAL 及其应用

PAL 由可编程的与阵列和固定的或阵列构成，但其输出方式固定而不能重新组态，编程是一次性的，使用起来有很大的局限性。

PAL 有许多型号，不同型号的与阵列的结构基本相同，但输出结构不同，常见的有以下四种。

1）专用输出结构

如图 8-19 所示，它包括常用的门阵列结构，这种结构的输出端只能输出信号，不能反馈到输入端。这种输出结构适用于组成逻辑函数。

2）可编程 I/O 结构

如图 8-20 所示，它的输出端是一个具有可编程控制端的三态缓冲器，控制端由与逻辑阵列的一个乘积项给出。同时，输出端又经过一个互补输出的缓冲器反馈到与逻辑阵列上。三态缓冲器被禁止时，I/O 作为输入用；三态缓冲器被选通时，I/O 作为输出用。

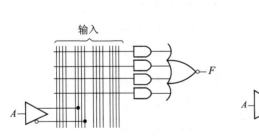

图 8-19　PAL 专用输出结构

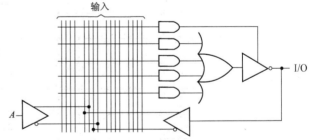

图 8-20　PAL 可编程 I/O 结构

3）寄存器输出结构

如图 8-21 所示，这种结构是在与或阵列的输出和三态缓冲器之间加入 D 触发器得到的。在时钟 CP 的上升沿，或门的输出存入 D 触发器，同时 Q 端通过 EN 控制的三态门输出。另外，触发器的状态信号经缓冲器反馈至与门阵列，这样 PAL 便成了具有记忆功能的时序网络，从而满足了设计时序电路的需要。

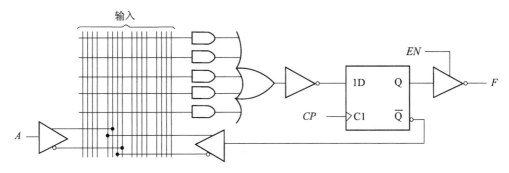

图 8-21 PAL 寄存器输出结构

4）异或型输出结构

如图 8-22 所示,这种结构同寄存器输出结构的区别是多增加了一个异或门,适合构成带异或激励函数的时序逻辑电路。

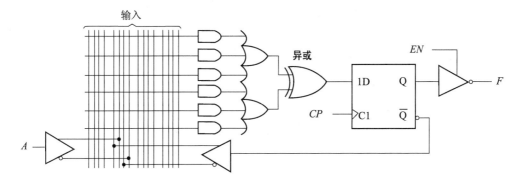

图 8-22 PAL 异或型输出结构

PAL 比中小规模的组合逻辑器件的通用性好,可以更加灵活地设计和使用,速度也较快,但由于多数使用双极型熔丝工艺,一般只能实现一次编程。

4. GAL 及其应用

GAL 阵列结构同 PAL 一样,也是由可编程的与阵列和固定的或阵列构成。但其输出电路采用了逻辑宏单元(output logic macro cell,OLMC)结构,通过对逻辑宏单元进行编程,用户可以根据需要对输出方式自行组态,功能更强。GAL 采用的是电可擦除的编程方式,不仅可以反复编程,而且节省了芯片的面积,利于集成度的提高,可以实现较为复杂的逻辑函数。

图 8-23 所示为 GAL16V8 的逻辑结构图。16V8 的含义是与阵列有 16 个输入信号,电路中有 8 个逻辑宏单元。

（1）GAL 的基本结构。以 GAL16V8 为例介绍 GAL 的基本结构。GAL16V8 由以下四个部分构成:

① 8 个输入缓冲器和 8 个输出反馈/输入缓冲器。

② 8 个输出逻辑宏单元 OLMC 和 8 个三态缓冲器,每个 OLMC 对应 1 个 I/O 引脚。

③ 由 8×8 个与门构成的与阵列,共形成 64 个乘积项,每个与门有 32 个输入项,由 8 个输入的原变量、反变量(16)和 8 个反馈信号的原变量、反变量(16)组成,故可编程与阵列共

有 $32\times8\times8=2\,048$ 个可编程单元。

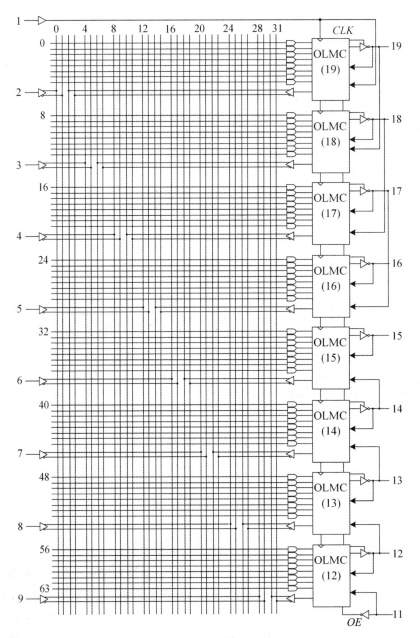

图 8-23　GAL16V8 的逻辑结构图

④ 系统时钟 CLK 和三态输出选通信号 OE 的输入缓冲器。GAL 器件没有独立的或阵列结构,或门放在各自的 OLMC 中。

(2) GAL 的输出逻辑宏单元 OLMC。如图 8-24 所示,由 1 个 8 输入或门、1 个异或门、1 个 D 触发器和 4 个数据选择线构成,8 输入或门构成 GAL 的或阵列。AC_0、$AC_1(n)$ 是编程软件中所设置的结构控制字中的一位数据,通过对结构控制字编程,可以设定 OLMC 的工作模式。

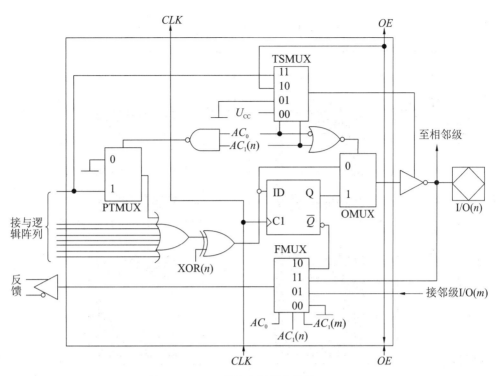

图 8-24　GAL 的输出逻辑宏单元 OLMC

三、高密度可编程逻辑器件及其应用开发

20 世纪 80 年代后期出现的复杂可编程逻辑器件(complex programmable logic device, CPLD)、现场可编程门阵列(field programmable gate array,FPGA)属于高密度可编程逻辑器件。同以往的 PAL、GAL 相比,FPGA/CPLD 的规模比较大,适合于时序、组合逻辑电路的应用。它可以替代几十甚至上百块通用 IC 芯片。这种芯片具有可编程和实现方案容易改动等特点。几乎所有应用门阵列、PLD 和中小规模通用数字集成电路的场合均可应用 CPLD/FPGA 器件。

1. 复杂可编程逻辑器件 CPLD

CPLD 基本上沿用了 GAL 的阵列结构,在一个器件内集成了多个类似 GAL 的大模块,大模块之间通过一个可编程集中布线区连接起来。在此以 Altera 公司生产的 MAX7000A 产品为例介绍 CPLD 的基本结构。如图 8-25 所示,它包括三种结构,即可编程逻辑宏单元 LAB(logic array block)、可编程内部连线 PIA(programmable interconnect array)、可编程 I/O 单元。逻辑宏单元内部主要包括与或阵列、可编程触发器和多路选择器等电路,能独立地配置为时序或组合工作方式。可编程连线阵列的作用是在各逻辑宏单元之间以及逻辑宏单元和 I/O 单元之间提供互联网络。各逻辑宏单元通过可编程连线阵列接收来自专用输入或输入端的信号,并将宏单元的信号反馈到其需要到达的目的地。这种互连机制有很大的灵活性,它允许在不影响引脚分配的情况下改变内部的设计。

低密度可编程逻辑器件需要专用的编程器才能编程。20 世纪 90 年代初,Lattice 公司

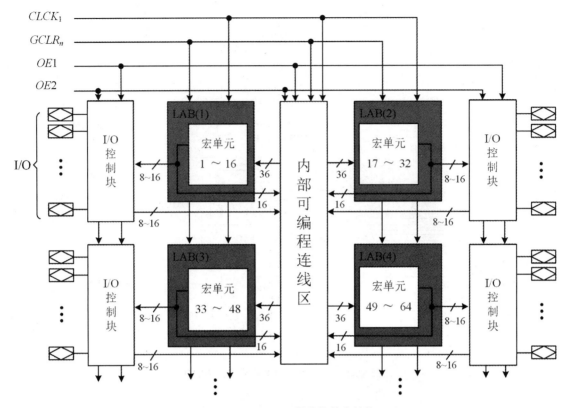

图 8-25　MAX7000A 器件的基本结构

率先在其 CPLD 中实现了在系统可编程技术 ISP(in-system programmability),器件无须专用的编程器就可编程。只要通过计算机接口和编程电缆,就可以直接在目标系统或印刷电路板上进行编程。ISP 技术有利于提高系统的可靠性,便于调试和维修。

以往在生产过程中对电路板的检验是由人工或测试设备进行的,但随着集成电路密度的提高,集成电路的引脚越来越密,这给测试带来困难。边界扫描测试技术 JTAG(join test action group)正是用来解决高密度引线器件和高密度电路板上的元件的测试问题的。标准的边界扫描测试技术只需要几根信号线就能够对电路板上所有支持边界扫描的芯片内部逻辑和边界管脚进行测试。

ISP 技术还可以与边界扫描可测试技术合为一体,既能在线编程,又能进行测试。ISP 技术使 CPLD 的开发过程变得简单,对器件、电路甚至整个系统有进行现场升级和功能重构的能力。

2. 现场可编程门阵列 FPGA

现场可编程门阵列 FPGA 是 Xilinx 公司于 1985 年首家推出的,它是一种新型的高密度 PLD,采用 CMOS-SRAM 工艺制作。目前的 FPGA 产品主要有 Xilinx 的 XC 系列、Altera 的 FIEX 系列等。FPGA 是由普通的门阵列发展而来的,其结构与门阵列 PLD 不同,内部由许多独立的可编程逻辑模块组成,逻辑块之间可以灵活地相互连接。FPGA 结构一般分为三部分:可编程逻辑块 CLB(configurable logic block),可编程 I/O 模块 IOB(I/O block）和可编程互连资源 IR（interconnect resource）。如图 8-26 所示，可编程逻辑模块 CLB 是实现逻辑功能的基本单元，通常规则地排成一个阵列，散布在整个芯片；可编程输入/输出模块 IOB 主要完成芯片上的逻辑与外部封装脚的接口，一般在芯片的四周；可编程互连资源 IR 包括连线线段和可编程连接开关，将各个 CLB 及 IOB 连接起来，构成特定功能的电路。开关矩阵的作用如同一个可以实现多根导线转接的接线盒。通过对开关矩阵的编程，可以将来自任何方向上的一根导线转接到其他方向的某根导线上，实现相邻连线的连接。

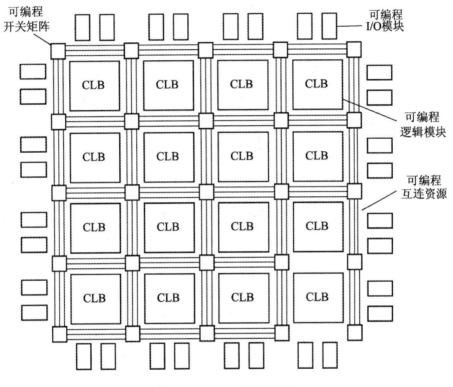

图 8-26　FPGA 的基本结构

FPGA 采用的编程技术为在线配置技术（in-circuit reconfiguration，ICR）。由于采用 SRAM 存储技术，FPGA 编程信息在系统断电时丢失，每次上电时，必须将编程信息重新写入 SRAM 中，故 FPGA 的编程称为配置。配置数据可以存储在片外的 EPROM 或者计算机上，设计人员可以控制加载过程，在现场修改器件的逻辑功能。SRAM 的写入次数是没有限制的，FPGA 的编程次数没有限制。

ICR 技术也可以与边界扫描可测试技术合为一体，实现在线编程和测试。

虽然 CPLD 和 FPGA 都是可编程 ASIC 器件，在很多方面都有许多共同的特征，但是由于 CPLD 和 FPGA 在结构上存在较大的差异，其各自特点也很明显，在不同的场合具有各自优势。两种器件的比较如表 8-4 所示。

表 8-4 CPLD 与 FPGA 特点比较

CPLD	FPGA
集成度高	集成度更高
通过修改具有固定内连电路的逻辑功能来编程,无须外部存储器	通过改变内部连线的布线来编程,需要外部存储器
逻辑块级编程,速度快	门级编程,速度较慢
连续式布线结构,时序延迟可预测	分段式布线结构,结构复杂,时序延迟不可预测
功耗大,集成度越高越明显	功耗较低
适合完成各种算法和组合逻辑电路,替代像地址译码器、特殊计数器等以前要用很多逻辑电路才能实现的功能	适合于完成时序逻辑电路,如高速相关运算、高速 FFT 运算、做 ASIC 的先期验证等

3. 硬件描述语言

硬件描述语言(HDL)被广泛地应用于 CPLD/FPGA 开发设计的各个阶段,包括建模、仿真、验证和综合等。它是利用形式化的方法描述数字电路和系统的一种语言,利用这种语言可以从抽象到具体、从上层到下层逐层描述自己的设计思想,然后经过仿真验证,把其中需要变为实际电路的模块进行组合,通过自动综合工具转换成门级电路网表,最后用专用工具把网表转换为要实现的具体电路布线结构。据统计,目前在美国硅谷约有 90% 以上的 ASIC 和 FPGA 的开发设计是采用硬件描述语言来进行的。

硬件描述语言种类繁多,并且一般各自面向特定的设计领域和层次,目前最主要的硬件描述语言是 VHDL(very high speed integrated circuit HDL)和 Verilog HDL。这两种语言都已被确定为 IEEE 的工业标准硬件描述语言,便于不同的开发系统之间实现兼容性。当今主流市场通用的用 VHDL/Verilog HDL 语言开发可编程逻辑电路的流程主要有以下几个步骤:

(1) 文本编辑。用任何文本编辑器都可以,但通常在专用的 HDL 编辑环境中进行。

(2) 功能仿真。将文件调入 HDL 仿真软件进行功能仿真,检查逻辑功能是否正确。

(3) 逻辑优化与综合。将源文件调入逻辑综合软件进行逻辑分析处理,即将高层次描述(行为或数据流级描述)转化为低层次的网表输出(寄存器与门级描述),逻辑综合软件会生成 EDIF(electronic design interchange format)格式的 EDA 工业标准文件。这一步在 PLD 的开发过程中最为关键,影响综合质量的因素有两个,即代码质量和综合软件性能。

(4) 适配与分割。如果整个设计超出器件的宏单元或 I/O 单元资源,可以将设计划分到多片同系列的器件中。

(5) 装配或布局布线。将 EDIF 文件调入 PLD 厂家提供的软件中进行装配(对于 CPLD)或布局布线(对于 FPGA),即将设计好的逻辑写入 CPLD/FPGA 器件中。

(6)时序仿真。即延时仿真。由于不同器件、不同布局布线给延时造成的影响不同,因此对系统进行时序仿真,检验设计性能,消除竞争冒险是必不可少的步骤。

4. PLD 的设计过程

CPLD/FPGA 器件的设计一般可以分为设计输入、设计实现、设计校验和下载编程四个步骤。

（1）设计输入。设计输入是将设计的电路以开发软件要求的形式表达，并输入相应的软件中。最常用的有原理图和硬件描述语言两种输入方式。原理图输入方式效率低，但容易实现仿真；硬件描述语言输入方式采用文本方式描述设计，逻辑描述能力强，但不适合描述接口和连接关系。

（2）设计实现。设计实现主要由 EDA 开发工具根据设计输入文件自动生成用于器件编程、波形仿真以及延时分析等所需的数据文件。通常设计实现由 EDA 开发工具自动完成，设计者只是通过设置一些控制参数来控制其过程。

（3）设计校验。设计校验包括功能仿真和时序仿真两部分。利用编译器产生的数据文件自动完成逻辑功能仿真和时序特性仿真。在仿真文件中加载不同的激励，观察中间结果及输出波形。如果有问题，可以方便地修改错误。仿真是 EDA 设计中很重要的步骤。

（4）下载编程。下载编程是将设计阶段生成的熔丝图文件或位流文件装入可编程器件中。

5. PLD 开发工具

在用 PLD 进行系统开发时，还需要选择合适的器件和开发系统。每个 PLD 厂家为了方便用户都提供适合自己产品的集成开发环境，如 Altera 公司，它是最大的可编程逻辑器件供应商之一，在推出各种可编程逻辑器件的同时，也在不断升级其相应的开发工具软件。其开发工具从早期的 A＋PLUS、MAX＋PLUS 发展到 MAX＋PLUSⅡ、Quartus，再到现在的 QuartusⅡ。QuartusⅡ是目前 Altera 公司可编程逻辑器件开发工具中的主流软件，可以通过它实现逻辑设计、综合、布局布线、仿真验证、对器件编程等设计开发。图 8-27 所示为使用 QuartusⅡ的设计流程。

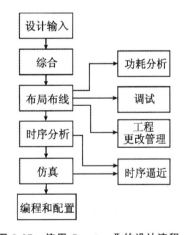

图 8-27 使用 Quartus Ⅱ 的设计流程

由图 8-27 可见，在进行开发设计时，首先要根据实际情况选择合适的器件和方案，采用从上层到下层的方法对系统进行描述，包括对模块的设计、系统级设计及软件开发。然后对逻辑功能进行验证和综合，把各个层次的模块化文件合并为网表文件，由软件来完成对各逻辑元件的布局和元件之间的布线。再通过使用包含延时信息的编译网表对整个设计项目进行时序分析仿真，以评估测试设计的性能。最后，就可以将编程数据写入器件完成整个项目的设计。

◀ 技能实训 用可编程逻辑器件实现计数器 ▶

一、项目制作目的

（1）掌握使用仿真软件调试可编程逻辑器件实现计数器的简单方法。

（2）了解仿真软件中可编程逻辑器件的简单功能。

二、项目要求

（1）了解仿真软件中可编程逻辑器件的种类。

（2）能使用仿真软件调试可编程逻辑器件实现计数器功能。

（3）能实现六十进制计数功能。

三、项目步骤

（一）电路设计分析

完成六十进制模块的设计。

1. 管脚分布

脉冲输入端：CLK。

预置控制端：LOAD。

清零端：CLRN。

使能端：EN。

数据预置端：$Da[3,\cdots,0]$、$Db[2,\cdots,0]$。

输出端：$Qa[3,\cdots,0]$、$Qb[2,\cdots,0]$。

进位输出端：$RCO = EN\ AND\ Qa0\ AND\ Qa2\ AND\ Qb0\ AND\ Qb2$。

2. 真值表

六十进制计数模块的真值表见表 8-5。

表 8-5　六十进制计数模块的真值表

控制端				十位预置	个位预置	十位输出	个位输出
CLK	$CLRN$	$LOAD$	EN	$Db[2\cdots0]$	$Da[3\cdots0]$	$Qb[2\cdots0]$	$Qa[3\cdots0]$
×	0	×	×	×	×	0	0
—	1	0	×	B	A	B	A
—	1	1	0	×	×	Q(不变)	

续表

控制端				十位预置	个位预置	十位输出	个位输出
CLK	$CLRN$	$LOAD$	EN	$Db[2\cdots0]$	$Da[3\cdots0]$	$Qb[2\cdots0]$	$Qa[3\cdots0]$
—	1	1	1	$\times$	$\times$	$Q=Q+1$ （最高数到 59）	—

3. 封装电路

封装电路如图 8-28 所示。

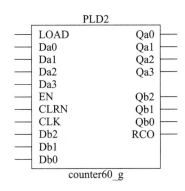

图 8-28　封装电路

（二）元件选取及电路组成

1. 元件选取

仿真电路所用元件及选取途径如下。

首先执行"Place"→"New PLD Subcircuit"菜单命令，如图 8-29 所示。

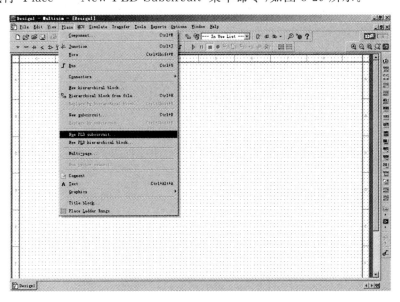

图 8-29　执行"Place"→"New PLD Subcircuit"菜单命令

在弹出的对话框中选择"Create empty PLD",单击"Next"按钮,如图 8-30 所示。

在对话框中输入要建立的 PLD 的名称,在此输入"clock_g",单击"Finish"按钮,这样一个 PLD 就建好了,如图 8-31 和图 8-32 所示。

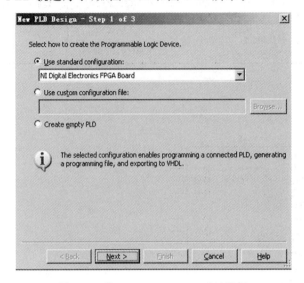

图 8-30 "New PLD Subcircuit"对话框   图 8-31 建立名称为 clock_g 的 PLD

双击该器件,出现图 8-33 所示的界面。

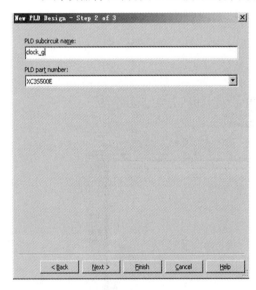

图 8-32 器件名称输入对话框   图 8-33 器件编辑对话框

单击"Edit HB"→"SC",进入 PLD 内部结构编辑界面,如图 8-34 所示。

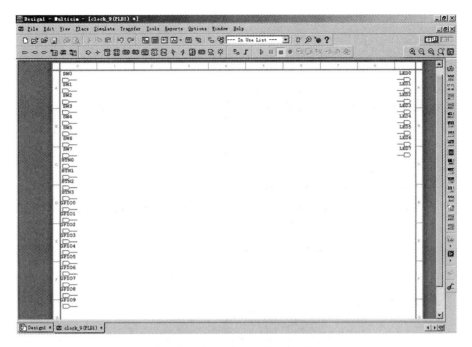

图 8-34 PLD 内部结构编辑界面

2. 电路组成

由于六十进制计数器模块由一个异步清零六进制计数器和一个十进制计数器共同组成,所以先做六进制计数器。执行"Place"→"New subcircuit"菜单命令,如图 8-35 所示。

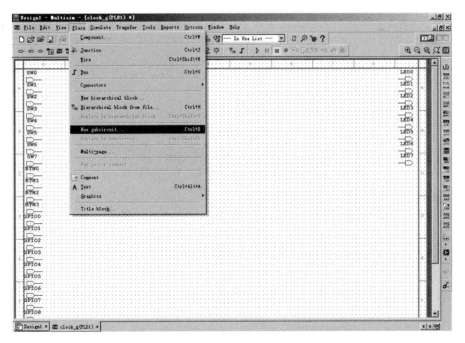

图 8-35 执行"Place"→"New subcircuit"菜单命令

在弹出的对话框中输入子电路的名称,这里命名为 counter60_g,单击"OK"按钮,如图 8-36 所示。

在编辑界面出现一个模块,如图 8-37 所示。

图 8-36 "subcircuit Name"对话框

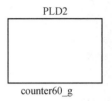

PLD2

counter60_g

图 8-37 建立的名为 counter6_g 模块

双击该模块,进入子电路编辑界面,再次执行"Place"→"New subcircuit"菜单命令,新建一个名为 counter6_g 的子电路,打开其内部结构编辑界面,此时整个的界面如图 8-38 所示。

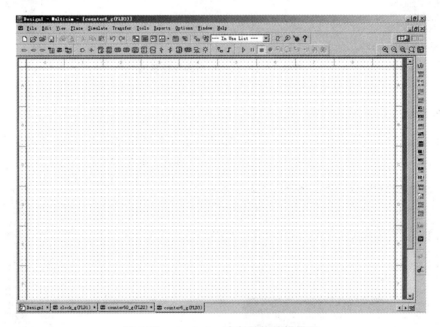

图 8-38 counter6_g 内部结构编辑界面

"counter6_g"内部结构编辑界面左下角有四个任务栏,分别是"Design1"、"clock_g(PLD1)"、"counter60_g(PLD2)"、"counter6_g(PLD3)",分别单击每个任务可以对其进行编辑。

(三)仿真分析

将 LOAD、EN、CLRN 端置 1,CLK 端接一个频率为 10 kHz 的脉冲信号(便于观察),Hb 等预置端暂时不接,将 QHb 等输出端接到数码管上,如图 8-39 所示。

仿真分析完全达到设计要求,实现六十进制循环。

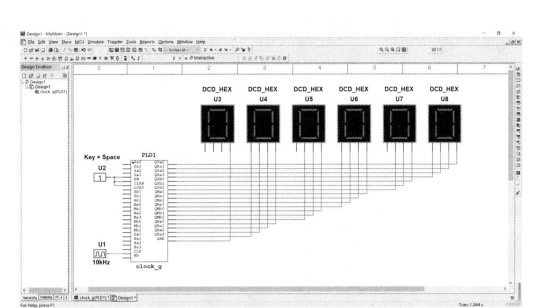

图 8-39 用可编程逻辑器件实现计数器仿真电路

四、注意事项

（1）本项目的仿真实现需要 Multisim 11 版本以上软件的支持。

（2）本项目仅仅是作为一个可编程逻辑器件简单应用的展示，因此未做更多复杂知识的介绍，学习者只需体会可编程逻辑器件在使用中与传统数字电路芯片应用的不同点即可。

五、项目考核

班级		姓名		组号		扣分记录	得分
项目	配分	考核要求		评分细则			
建立 PLD 模块	15 分	能正确建立 PLD 模块		（1）不能正确建立 PLD 模块，扣 10 分； （2）电路出现错误，每处扣 5 分			
进入 PLD 内部结构编辑界面	15 分	能正确进入 PLD 内部结构编辑界面		（1）不能进入 PLD 内部结构编辑界面，扣 10 分； （2）不能编辑电路，每处扣 5 分			
构成六十进制计数器	60 分	能正确构成六十进制计数器		（1）连接方法不正确，每处扣 5 分； （2）不能编辑电路，每处扣 5 分； （3）出现问题，不能调试，每次扣 5 分			

班级		姓名		组号		扣分记录	得分
项目	配分	考核要求		评分细则			
安全文明操作	10分	(1) 安全用电,无人为损坏仪器、元件和设备; (2) 保持环境整洁,秩序井然,操作习惯良好; (3) 小组成员协作和谐,态度正确; (4) 不迟到、早退、旷课		(1) 违反操作规程,每次扣5分; (2) 工作场地不整洁,扣5分			
总 分							

🔆 模块小结

(1) 存储器是数字计算机和其他数字系统中存放信息的重要器件。半导体存储器按功能和存储信息的原理,分为只读存储器 ROM 和随机存取存储器 RAM 两类。两者的存储单元结构不同,ROM 属于组合逻辑电路,RAM 属于时序逻辑电路。

(2) 只读存储器 ROM 通常用来存放永久性的数据,工作时只能读出信息,不能随时写入信息。即使断电,ROM 中存放的数据也不会丢失。

根据编程和擦除方法的不同,ROM 可分为:掩膜 ROM、可编程只读存储器 PROM、可擦除可编程只读存储器 EPROM、电可擦除只读存储器 EEPROM、快闪存储器 Flash。

(3) 随机存取存储器 RAM 是一种既可以读又可以写的存储器,但断电后,数据将全部丢失,一般用于存放一些临时性的数据或中间结果。

根据所采用的存储单元工作原理的不同,RAM 可分为:静态存储器 SRAM、动态存储器 DRAM。

(4) 存储器的存储容量用存储的二进制字数与每个字位数的乘积来表示。当存储器芯片的存储量不够用时,可以将多片存储器芯片组合起来,构成一个更大容量的存储器。扩展方法有位扩展和字扩展。

位扩展:把各片存储器的地址线、片选线、读/写控制线等相对应地并接,每个芯片的输出数据线作为扩展后的位线。

字扩展:增加地址线,通过译码器控制各片存储器的片选信号分时工作,各芯片输出数据线相对应并接作为扩展后的位线。

(5) 可编程逻辑器件(PLD)是 21 世纪迅速发展起来的一种新型半导体数字集成电路,它可以由用户通过编程来设置其逻辑功能。PLD 比通用集成电路具有更大的灵活性,特别适合新产品的开发。目前的 PLD 及其开发工具种类很多,结构及性能各异。用户可以根据所设计的目标选择合适的 PLD 及适当的开发工具完成 PLD 的设计工作。

(6) 可编程逻辑器件在发展过程中,经历了从低密度可编程逻辑器件到高密度可编程逻辑器件的发展。低密度可编程逻辑器件的种类及特点比较如表 8-6 所示。

表 8-6 低密度可编程逻辑器件的种类及其特点

器件名	与阵列	或阵列	输出电路	编程方式
PROM	固定	可编程	固定	熔丝
PLA	可编程	可编程	固定	熔丝
PAL	可编程	固定	固定	熔丝
GAL	可编程	固定	可组态	电可擦除

(7) 高密度可编程逻辑器件包括复杂可编程逻辑器件 CPLD、现场可编程门阵列 FPGA 等器件。CPLD 和 FPGA 在结构上存在差异,各自特点比较如表 8-7 所示。

表 8-7 CPLD 和 FPGA 的性能比较

CPLD	FPGA
集成度高	集成度更高
通过修改具有固定内连电路的逻辑功能来编程,无须外部存储器	通过改变内部连线的布线来编程,需要外部存储器
逻辑块级编程,速度快	门级编程,速度较慢
连续式布线结构,时序延迟可预测	分段式布线结构,结构复杂,时序延迟不可预测
功耗大,集成度越高越明显	功耗较低
适合完成各种算法和组合逻辑电路,替代像地址译码器、特殊计数器等以前要用很多逻辑电路才能实现的功能	适合于完成时序逻辑电路,如高速相关运算、高速 FFT 运算、做 ASIC 的先期验证等

 思考与练习

8.1 试比较 ROM、PROM、EPROM、EEPROM 、Flash 的异同点。

8.2 ROM 和 RAM 的主要区别是什么?它们各应用于哪些场合?

8.3 某型号 RAM 设置有 12 位地址线,8 位并行数据输入/输出端,试问它的存储容量是多少。

8.4 某台计算机的内存储器设置有 32 位的地址线、16 位并行数据输入/输出端,试计算它的最大存储量是多少。

8.5 有一个容量为 1 024×8 位的 RAM,试问它有多少个存储单元,有多少根地址线,有多少根数据线。

8.6 试用 ROM 实现组合逻辑函数 $Y_1 = \overline{A}BC + \overline{BC}$,$Y_2 = A + \overline{BC}$。

8.7 试用八片 1 024×1 位的 RAM,扩展成 1 024×8 位的 RAM,并画出接线图。

8.8 试用 256×8 位的 RAM 扩展成 1 024×8 位的 RAM,并画出接线图。

8.9 可编程逻辑器件有哪些种类?试说明 PLD 设计数字系统的优越性。

8.10 简述低密度可编程逻辑器件的结构与特点。

8.11 图 8-40 所示为已编程的 PLA 阵列图,试写出所实现的逻辑函数表达式。

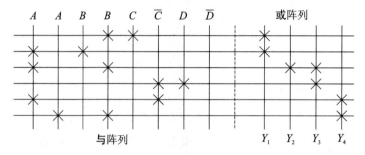

图 8-40 题 8.11 图

8.12 现场有功率为 10 kW 的设备两台(A 和 B),功率为 5 kW 的设备两台(C 和 D),均由 Y_1、Y_2 两台发电机组供电。已知 Y_1 的功率为 15 kW,Y_2 的功率为 20 kW。试用 PLA 设计一个控制电路来驱动这几台设备以节约能源,并画出阵列图。

8.13 试比较典型 CPLD 与 FPGA 的主要异同点。

附录 A　VHDL 简介

VHDL(Very-High-Speed Integrated Circuit Hardware Description Language)诞生于 1982 年。1987 年底,VHDL 被 IEEE(电气和电子工程师协会)和美国国防部确认为标准硬件描述语言。自 IEEE 公布了 VHDL 的标准版本——IEEE-1076(简称 87 版)之后,各 EDA 公司相继推出了自己的 VHDL 设计环境。此后,VHDL 在电子设计领域得到了广泛的应用,并逐步取代了原有的非标准的硬件描述语言。1993 年,IEEE 对 VHDL 进行了修订,从更高的抽象层次和系统描述能力上扩展 VHDL 的内容,公布了新版本的 VHDL,即 IEEE 标准的 1076-1993 版本(简称 93 版)。现在,VHDL 作为 IEEE 的工业标准硬件描述语言,在电子工程领域已成为通用硬件描述语言。

VHDL 主要用于描述数字系统的结构、行为、功能和接口。除了含有许多具有硬件特征的语句外,VHDL 的语言形式、描述风格和句法都十分类似于一般的计算机高级语言。VHDL 的程序结构特点是将一项工程设计(或称设计实体,可以是一个元件,也可以是一个电路模块或一个系统)分成外部(或称可视部分)和内部(或称不可视部分),即涉及实体的内部功能和算法完成部分。在对一个设计实体定义了外部界面后,一旦其内部开发完成后,其他的设计就可以直接调用这个实体。这种将设计实体分成内外部分的概念是 VHDL 系统设计的基本点。

一个 VHDL 程序包含实体(Entity)、结构体(Architecture)、配置(Configuration)、包集合(Package)、库(Library)五个部分。其中实体是一个 VHDL 程序的基本单元,它由实体说明和结构体两部分组成:实体说明用于描述设计系统的外部接口信号;结构体用于描述系统的行为、系统数据的流程或系统组织结构形式。配置用于从库中选取所需单元来组成系统设计不同规格的不同版本,使被设计系统的功能发生变化。包集合用于存放各设计模块能共享的数据类型、常数、子程序等。库用于存放已编译的实体、构造体、包集合、配置。库有两种:一种是用户自行建成的 IP 库,有些集成电路设计中心开发了大量的工程软件,有不少好的范例,可以重复使用,所以用户自行建库是专业 EDA 公司的重要任务之一;另一种是 PLD、ASIC 芯片制造商提供的库,用户可以直接引用,不必编写。

应用 VHDL 进行工程设计的优点是多方面的,具体如下:

(1)与其他的硬件描述语言相比,VHDL 具有更强的行为描述能力。

(2)VHDL 丰富的仿真语句和库函数,使得在任何大系统的设计早期,人们就能利用 VHDL 查验设计系统功能的可行性,随时可对设计进行仿真模拟。

(3)VHDL 语句的行为描述能力和程序结构决定了它具有支持大规模设计的分解和已有设计的再利用功能。

(4)对于用 VHDL 完成的一个确定的设计,可以利用 EDA 工具进行逻辑综合和优化,并自动地把 VHDL 描述设计转变成门级网表(根据不同的实现芯片)。

(5)VHDL 对设计的描述具有相对独立性,设计者可以不懂硬件的结构,也不必管最终设计实现的目标器件是什么,而进行独立的设计。

(6)由于 VHDL 具有类属描述语句和子程序调用等功能,对于已完成的设计,在不改变源程序的条件下,只需改变类属参量或函数,就能轻易地改变设计的规模和结构。

附录 B   ASCII 码表(部分)

ASCII 码表前 0~127 是标准 ASCII 字符。

ASCII 值	字符	ASCII 值	字符	ASCII 值	字符	ASCII 值	字符	ASCII 值	字符	ASCII 值	字符	ASCII 值	字符	ASCII 值	字符
0	NUT	16	DLE	32	(space)	48	0	64	@	80	P	96	、	112	p
1	SOH	17	DC1	33	!	49	1	65	A	81	Q	97	a	113	q
2	STX	18	DC2	34	"	50	2	66	B	82	R	98	b	114	r
3	ETX	19	DC3	35	#	51	3	67	C	83	S	99	c	115	s
4	EOT	20	DC4	36	$	52	4	68	D	84	T	100	d	116	t
5	ENQ	21	NAK	37	%	53	5	69	E	85	U	101	e	117	u
6	ACK	22	SYN	38	&	54	6	70	F	86	V	102	f	118	v
7	BEL	23	TB	39	,	55	7	71	G	87	W	103	g	119	w
8	BS	24	CAN	40	(	56	8	72	H	88	X	104	h	120	x
9	HT	25	EM	41	)	57	9	73	I	89	Y	105	i	121	y
10	LF	26	SUB	42	*	58	:	74	J	90	Z	106	j	122	z
11	VT	27	ESC	43	+	59	;	75	K	91	[	107	k	123	{
12	FF	28	FS	44	,	60	<	76	L	92	/	108	l	124		
13	CR	29	GS	45	—	61	=	77	M	93	]	109	m	125	}
14	SO	30	RS	46	.	62	>	78	N	94	^	110	n	126	`
15	SI	31	US	47	/	63	?	79	O	95	_	111	o	127	DEL

附录 C 部分思考与练习答案

模块 1

1.1 该波形表示的二进制数为 0111010。

1.2 (1) $(26)_D = (11010)_B = (1A)_H = (0010\ 0110)_{8421BCD}$

(2) $(87)_D = (1010111)_B = (57)_H = (1000\ 0111)_{8421BCD}$

(3) $(255)_D = (11111111)_B = (FF)_H = (0010\ 0101\ 0101)_{8421BCD}$

(4) $(11.375)_D = (1011.011)_B = (B.6)_H = (0001\ 0001.0011\ 0111\ 0101)_{8421BCD}$

1.3 (1) $(1011)_B = (11)_D = (B)_H$

(2) $(1111111111)_B = (1023)_D = (3FF)_H$

(3) $(11000101)_B = (197)_D = (C5)_H$

(4) $(1010101.101)_B = (85.625)_D = (55.A)_H$

1.4 (1) $(3E)_H = (62)_D = (111110)_B$

(2) $(7D8)_H = (2008)_D = (11111011000)_B$

(3) $(3AF.E)_H = (943.875)_D = (1110101111.111)_B$

1.8 (1) $F' = (\overline{A} + \overline{B}) \cdot (C + D)$

(2) $F' = \overline{\overline{A \cdot B \cdot \overline{C} \cdot \overline{D} \cdot E}}$

(3) $F' = (A + B) \cdot \overline{(B + \overline{C})\overline{C} + D}$

(4) $F' = (A + \overline{B} + C) \cdot \{[\overline{A} \cdot (\overline{B} + \overline{C})] + AC\}$

1.9 (1) $\overline{F} = (A + B) \cdot (\overline{C} + \overline{D})$

(2) $\overline{F} = \overline{\overline{\overline{A}\overline{B}C\overline{D} \cdot \overline{E}}}$

(3) $\overline{F} = (\overline{A} + \overline{B}) \cdot \overline{(\overline{B} + C)\overline{\overline{C} + \overline{D}}}$

(4) $\overline{F} = (\overline{A} + \overline{\overline{B}} + \overline{C}) \cdot \{[A \cdot (B + C)] + \overline{AC}\}$

1.11 (1) $F = \overline{C}$

(2) $F = 1$

(3) $F = B$

(4) $F = BD$

(5) $F = AC + \overline{B}\overline{C}$

(6) $F = \overline{A}\overline{C} + \overline{B}\overline{C}$

(7) $F = AB + \overline{A}C + \overline{B}\overline{C}$

(8) $F = A\overline{D} + C + \overline{B}$

1.12 $\overline{A}\overline{B}C$、$\overline{A}B\overline{C}$、$AB C$。

模块 2

2.1 能够实现基本和常用逻辑关系具体器件构成的电子线路,称为逻辑门电路。基本门电路是指与门、或门、非门等电路。

2.2 分立元件门电路是由晶体管及电阻等构成的。集成逻辑门电路是把构成门电路的元器件和连接线集成在一片半导体芯片上制成的电路和系统。TTL 门电路是由三极管-三极管构成的集成逻辑门电路。COMS 门电路是由互补 MOS 管组成的单极型集成电路。

2.3 (a)$F=AB+C$;(b) $F_2=\overline{A}$。

2.6 (a)截止状态;(b)导通状态;(c)截止状态;(d)导通状态。

2.9 (a)F_1 输出为高电平;(b)F_2 输出为低电平;(c)F_3 输出为低电平;(d)F_4 输出为低电平。

2.10 $F=\overline{A+B}$。

模块 3

3.1 该电路具有多数表决的功能。

3.2 $F=AB+A+B=A+B$。

3.19 (1)无论 A、B、C、D 如何变,不存在 $X\cdot\overline{X}$ 或 $X+\overline{X}$ 关系,所以无竞争冒险。

(2) 有可能产生 1 型冒险。

模块 4

4.2 正确。

模块 5

5.1 该电路为三进制减法计数器。

5.2 该电路为三进制减法计数器。

5.8 该电路为具有自启动能力的六进制计数器。

5.9 该电路为四进制加法计数器。

5.10 单拍工作方式的寄存器接收数码时要一个控制脉冲,双拍工作方式的寄存器接收数码时要两个控制脉冲。

5.15 四十二进制计数器。

5.16 三十五进制计数器。

5.17 十二进制计数器。

模块 6

6.4 电路是由施密特触发器构成的多谐振荡器。

6.6 $t_w = 1.1$ ms。

6.7 $q(\%) = \dfrac{R_A}{R_A + R_B} \times 100\%$。

模块 7

7.2 $u_o = 1.29$ V。

7.3   (1) $u_O \approx 0.039$ V；(2) $u_O \approx 9.96$ V；(3)分辨率 $\approx 0.003\ 9$。

7.4   (1)输出电压范围为 $0 \sim -U_{REF}$；(2) $U_{REF} = -6$ V。

7.6   应选 8 位的 D/A 转换器。

7.7   可选用 10 位 A/D 转换器。

7.9   输入信号的频率最高不应超过 110 kHz。

7.10   时钟频率为 $f_{CP} > \dfrac{8+1}{100}$ Hz $= 90$ kHz。

模块 8

8.3   存储容量为 $4K \times 8$ 位。

8.4   存储容量为 $2^{32} \times 16 \approx 68.7 \times 10^9 = 68.7G$ 位。

8.5   有 8 192 个存储单元,10 根地址线,8 根数据线。

8.11 $Y_1 = \overline{B}C + AB$；$Y_2 = A\overline{B}$；$Y_3 = A\overline{B} + \overline{C}D$；$Y_4 = A\overline{C} + \overline{A}\overline{B}$。

参考文献 CANKAOWENXIAN

[1] 康华光.电子技术基础数字部分[M].5 版.北京:高等教育出版社,2006.

[2] 阎石.数字电子技术基础[M].5 版.北京:高等教育出版社,2006.

[3] 余孟尝.数字电子技术基础简明教程[M].2 版.北京:高等教育出版社,1999.

[4] 徐丽香,黎旺星.数字电子技术[M].北京:电子工业出版社,2006.

[5] 张志良.数字电子技术基础[M].北京:机械工业出版社,2007.

[6] 王毓银.脉冲与数字电路[M].3 版.北京:高等教育出版社,1999.

[7] 李士雄,丁康源.数字集成电子技术教程[M].北京:高等教育出版社,1993.

[8] 康晓明.数字电子技术[M].北京:国防工业出版社,2005.

[9] 秦曾煌.电工学[M].6 版.北京:高等教育出版社,2004.

[10] 陈瑞.数字电子技术基础[M].北京:清华大学出版社,北京交通大学出版社,2007.

[11] 杨晖,张凤言.大规模可编程器件与数字系统设计[M].北京:北京航空航天大学出版
社,1998.

[12] 王金明,杨吉斌.数字系统设计与 Verilog HDL[M].北京:电子工业出版社,2002.

[13] 江晓安,董秀峰.数字电子技术学习指导与题解[M].西安:西安电子科技大学出版
社,2003.

[14] 王公望.数字电子技术基础典型题解析及自测试题[M].西安:西北工业大学出版
社,2002.

[15] 陈传虞.脉冲与数字电路习题集[M].北京:高等教育出版社,1997.

[16] 何希才.常用集成电路简明速查手册[M].北京:国防工业出版社,2006.

[17] 沈任元.常用电子元器件简明手册[M].北京:机械工业出版社,2004.